普通高等院校"十三五"规划教材

# 自动控制原理及应用

曹 伟 主编　　　马志晟　王妍玮　副主编

ZIDONG KONGZHI YUANLI
JI YINGYONG

U0319928

化学工业出版社

·北京·

**图书在版编目（CIP）数据**

自动控制原理及应用/曹伟主编. —北京：化学工业出版社，2019.2

ISBN 978-7-122-33404-6

Ⅰ.①自⋯　Ⅱ.①曹⋯　Ⅲ.①自动控制理论　Ⅳ.①TP13

中国版本图书馆 CIP 数据核字（2018）第 283178 号

---

责任编辑：高墨荣　　　　　　　　　　文字编辑：孙凤英
责任校对：张雨彤　　　　　　　　　　装帧设计：王晓宇

---

出版发行：化学工业出版社（北京市东城区青年湖南街 13 号　邮政编码 100011）
印　　装：北京市白帆印务有限公司
787mm×1092mm　1/16　印张 14½　字数 356 千字　　2019 年 3 月北京第 1 版第 1 次印刷

---

购书咨询：010-64518888　　　　　　　售后服务：010-64518899
网　　址：http://www.cip.com.cn
凡购买本书，如有缺损质量问题，本社销售中心负责调换。

---

定　　价：46.00 元　　　　　　　　　　　　　　　　版权所有　违者必究

# 前言
## Foreword

　　自动控制是指应用自动化仪器仪表或自动控制装置代替人自动地对仪器设备或工程生产过程进行控制，使之达到预期的状态或性能指标。对传统的工业生产过程采用自动控制技术，可以有效提高产品的质量和企业的经济效益。对一些恶劣环境下的操作，自动控制显得尤其重要。

　　自动控制理论是与人类社会发展密切联系的一门学科，是自动控制科学的核心。在已知控制系统结构和参数的基础上，求取系统的各项性能指标，并找出这些性能指标与系统参数间的关系就是对自动控制系统的分析；而在给定对象特性的基础上，按照控制系统应具备的性能指标要求，寻求能够全面满足这些性能指标要求的控制方案并合理确定控制器的参数，则是对自动控制系统的分析和设计。自动控制理论在发展初期是以反馈理论为基础的自动调节原理，随着科学技术的进步，现已发展成为一门独立的学科。根据自动控制理论发展的不同阶段，自动控制理论一般可分为"经典控制理论"和"现代控制理论"两大部分。本书介绍的是"经典控制理论"部分。

　　自动控制原理是一门工程应用非常广泛的基础课程，所讲述的是控制科学与工程中的基本原理。并且，这门课程的特点是理论性较强，与数学的结合比较紧密。在修读本课程之前应熟练掌握大学高等数学、电路理论、模拟电子技术、电机学等课程相关知识。同时，自动控制原理课程也是控制类的一门基础课程，是运动控制系统、过程控制系统、自适应控制、人工智能等课程最重要的先修课程。

　　学习自动控制原理的目的是掌握自动控制的基本理论和分析设计控制系统的基本技能，进而能够发现、分析并解决工程中的实际问题，同时也为后续专业课的学习打下基础。

　　本书比较全面、系统地介绍了自动控制理论的基本内容和控制系统的分析、校正及综合设计方法。内容主要包括自动控制的基本概念，系统数学模型的建立，用以对控制系统进行分析、校正的时域法、根轨迹法和频域法，线性离散系统的分析与校正方法，分析非线性系统的相平面法和描述函数法，MATLAB 在控制系统中的应用等，并配有适当的习题和部分习题参考答案。

　　本书是以编者近 20 年的教学讲义为基础，集编者多年教学经验而总结出来的。本书具有以下特点：基本概念、基本方法、基本原理归纳清晰；注重前后联系，融会贯通，保持知识的连贯性；注重理论与实践相结合，结合工程实际问题，培养学生实践能力；注重仿真分析，利用 MATLAB 软件分析控制系统的基本理论。全书共 9 章和 1 个附录，其中，第 1~3 章由齐齐哈尔大学马志晟讲师编写，第 4~5 章，第 7~8 章由齐齐哈尔大学曹伟副教授编写，第 6 章由哈尔滨石油学院张耘讲师编写，第 9 章和附录由哈尔滨石油学院王妍玮副教授编写。

本书可作为高等学校自动化、电气工程及其自动化、检测技术与自动化装置和过程控制等专业的教材，也可作为电子信息工程和机电类各专业的教学用书，还可供自动控制等专业领域的工程技术人员参考。

由于水平有限，书中难免存在不妥之处，恳请广大读者批评指正。

编者

# 目录
CONTENTS

# 第1章
# 自动控制的基本概念

在科学技术飞速发展的今天，自动控制技术正在迅猛地发展，并作为一种技术手段已经广泛应用于农业生产、交通运输、国防建设和航空航天事业等领域中。本章介绍自动控制的基本概念、自动控制系统的构成和特点、自动控制系统的几种类型等。

## 1.1 概述

随着现代生产和科学技术的发展，自动控制技术起着越来越重要的作用。自动控制带动了生产力的进步和发展，反过来现代技术和现代工程要求又促进了自动控制理论的发展。

所谓自动控制，是指在没有人参与的情况下，利用控制器的作用使生产过程或被控对象的一个或多个物理量，能维持在某一给定水平或按照期望的规律变化。自动控制技术的广泛应用，不仅使生产过程实现了自动化，极大地提高了生产效率，同时也减轻了人们的劳动强度。例如，数控车床按照预定程序自动地切削工件，化学反应炉的温度或压力自动地维持恒定，人造卫星准确地进入预定轨道运行并回收，宇宙飞船能够准确地在月球着陆并返回地面等，都是以应用高水平的自动控制技术为前提的。

自动控制理论是控制工程的理论基础，是研究自动控制共同规律的技术科学。自动控制理论按其发展过程分成"经典控制理论"和"现代控制理论"两大部分。

20世纪40年代"经典控制理论"正式诞生，代表作是维纳（Wiener）1948年出版的《控制论》（Cybernetics or Control and Communication in the Animal and the Machine）。到20世纪50年代末，经典控制理论已形成比较完整的体系，它主要以传递函数为基础，研究单输入、单输出反馈控制系统的分析和设计问题，其基本内容有时域法、频域法、根轨迹法等。

现代控制理论是20世纪60年代在经典控制理论的基础上，随着科学技术的发展和工程实践的需要而迅速发展起来的，它以状态空间法为基础，研究多变量、变参数、非线性、高精度等各种复杂控制系统的分析和综合问题，其基本内容有线性系统基本理论、系统辨识、最优控制等。近年来，由于计算机和现代应用数学研究的迅速发展，控制理论继续向纵深方向发展。目前，自动控制理论正向以控制论、信息论、仿生学为基础的智能控制理论深入发展。

## 1.2　自动控制的基本原理

### 1.2.1　自动控制系统举例

目前，在人们的日常生活和工农业生产中都有许多自动控制系统的例子。下面以两个工业生产过程的自动控制系统为例，介绍自动控制系统的工作原理和基本构成。

（1）温度控制系统

在机械加工行业，为了消除被加工工件的内部应力，提高其力学性能，一般需要对工件进行热处理。为了完成这一加工任务而设计的一个自动控制系统如图 1-1 所示。对自动控制系统的要求是：随时调整直流伺服电动机的转动方向，并以此来改变调压变压器，从而达到对电阻炉温度的控制。同时又要保证工件温度尽量不受加工条件和外部干扰的影响，如环境温度的变化和电压的波动等。

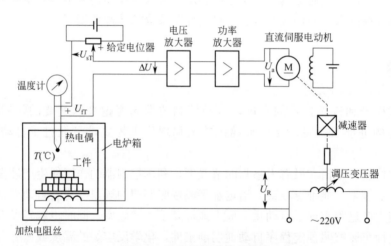

图 1-1　电阻炉温度控制系统

自动控制系统的工作原理是：图 1-1 中热电偶将检测到的温度信号 $T$ 转变成电压信号 $U_{fT}$ 并以负反馈形式返回输入端与给定信号 $U_{sT}$ 相比较，得到偏差电压 $\Delta U$，此偏差电压 $\Delta U$ 经过电压放大器、功率放大器放大后，改变直流伺服电动机的转速和方向，并通过减速器带动调压变压器，实现对炉温的闭环控制。

在图 1-1 中，输出量直接（或间接）地反馈到输入端形成闭环，使输出量参与系统的控制，这样的系统称为反馈控制系统，又称为闭环控制系统。在这里，控制装置和被控对象不仅有顺向作用，而且输出端和输入端之间存在反馈关系。图 1-2 表示电阻炉温度控制系统框图。由于系统是按偏差调节原则设计的，所以反馈连接和闭合回路是必然存在的，而且反馈信号应与给定值相减，以便得到偏差信号，故这种反馈又称为负反馈。负反馈是按偏差调节的自动控制系统在结构上和信号传递上的重要标志。

（2）角位置随动系统

某角位置随动系统的工作原理图如图 1-3 所示。两个相同的电位器由同一直流电源供电，电位器 1 的滑臂由指令机构转动，相应的电位为 $u_r$，电位器 2 的滑臂随工作机构转动，

相应的电位为 $u_c$。以 $u_r - u_c$ 作为放大装置的输入，然后驱动电动机转动。电动机的转轴经变速箱后拖动工作机构按照给定的要求转动。

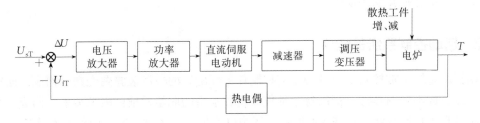

图 1-2　电阻炉温度控制系统框图

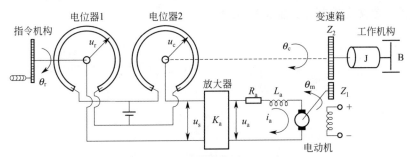

图 1-3　角位置随动系统工作原理图

此系统控制的任务是控制工作机械角位置 $\theta_c$ 跟踪手柄转角 $\theta_r$。工作机械是被控对象，工作机械的角位置是被控量，手柄角位移是给定量。

自动控制系统的工作原理是：当工作机械转角 $\theta_c$ 与手柄转角 $\theta_r$ 一致时，两环行电位器组成的桥式电路处于平衡状态，输出电压 $u_s = 0$，电动机不动。系统相对静止。

如果手柄转角 $\theta_r$ 变化了，而工作机械仍处于原位，则电桥输出 $u_c \neq 0$，此电位器信号经放大器放大后驱动电动机转动，经变速箱拖动工作机械向 $\theta_r$ 要求的方向偏转。当 $\theta_c = \theta_r$ 时，电动机停转，系统达到新的平衡状态，从而实现角位置跟踪目的。

由此看出，此控制系统通过机械传动机构和电位器来测量 $\theta_c$，将工作机构的角位移转换为便于处理的电位信号，并与指令机构 $\theta_r$ 产生的电位信号进行比较而产生偏差信号，再通过放大器和电动机来控制 $\theta_c$，所以仍是按偏差调节的反馈控制系统。角位置随动系统框图如图 1-4 所示，图中同样存在着一个负反馈闭合回路。

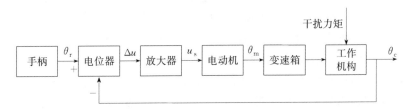

图 1-4　角位置随动系统框图

通过上述两个实例概括出自动控制系统的基本工作原理：通过测量装置随时监测被控量，并与给定值进行比较，产生偏差信号；根据控制要求对偏差信号进行计算和信号放大，并且产生控制量，驱动被控量维持在希望值附近。无论是干扰造成的，还是给定值发生变化或系统内部结构参数发生变化引起的，只要被控量与希望值出现偏差，控制系统就自行纠偏，故称这种控制方式为按偏差调节的闭环控制。由于是将输出量反馈到输入端进行比较，并产生偏差信号，所以这种控制系统称为反馈控制系统。显然，这种反馈控制方式在原理上提供了实现高精度控制的可能性。

## 1.2.2　自动控制系统的构成

自动控制系统由被控对象以及为完成控制任务而配置的控制装置两大部分构成，而控制装置又可以分成不同的部件。根据每个部件或装置承担的职能及前后因果关系，构成一个用框图表示的自动控制系统，如图 1-5 所示。图中以方框表示各种职能，以箭头和连线表示各部分的联系。图中，被控对象是控制系统控制和操作的对象，即被控制的机器、设备、过程或系统。被控对象接受控制量并输出被控量。

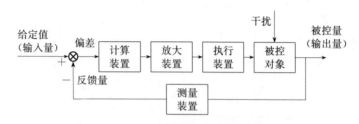

图 1-5　自动控制系统原理框图

控制系统中除被控对象以外的元部件统称控制装置。但依控制元件在系统中的作用不一样，可将控制装置分为以下几类：

① 计算装置：它是控制装置的核心，决定着控制系统性能的好坏。它的职能是根据控制要求，对偏差信号进行各种计算并形成适当的控制作用。校正装置就是可以实现某种控制规律的计算装置，而对复杂的运算可以利用计算机完成。

② 放大装置：它对偏差信号进行放大，使之成为适合控制器执行的信号。常用放大装置有放大器、晶闸管整流器、液压伺服放大器等。

③ 测量装置：测量装置又称为反馈环节，它用来测量被控量的实际值，并将其转换为与被控量有对应关系且与输入量为同一物理量的信号的装置。常用的测量元件有测速电机、编码器、自整角机等。

④ 比较装置：它的职能是把测量信号与给定信号进行比较，求出它们之间的偏差（图1-5 中反馈量端的"－"号表示负反馈；如果是正反馈，则用"＋"号表示，可以省略）。通常采用的比较装置有差动放大器、电桥、机械的差动装置等。

⑤ 执行装置：它的职能是用来实现控制动作，直接操纵被控对象的元件。常用执行元件有：交、直流伺服电机，液压马达，传动装置和调节阀门等。

当上述控制装置与控制对象所组成的系统不能满足要求的性能指标时，控制系统中还要加入一些元件或装置以提高系统的性能，这些元件或装置构成校正环节。在本书第 6 章中将详细描述。

除此之外，自动控制系统框图中还有以下常用的名词术语：

① 输入量：输入到控制系统中的指令信号（参考输入或给定值）。

② 输出量：被控对象的输出量，即控制系统的被控量。

③ 反馈量：系统的输出量经过变换、处理后送到系统的输入端的信号。

④ 控制量：被控对象的输入量，它是偏差量的函数，故可将偏差量看作控制量。偏差量是输入量与反馈量之差。

⑤ 干扰量：除输入信号外，对系统产生不利影响的信号。干扰来自系统内部或外部。

⑥ 反馈通道：从被控量端（输出）到给定值端（输入）所经过的通路。

⑦ 前向通道：从给定值端（输入）到被控量端（输出）所经过的通路。

## 1.3　控制系统的控制方式

自动控制系统的基本控制方式有开环控制、闭环控制和复合控制，分别叙述如下。

### 1.3.1　开环控制

开环控制系统是指系统的输出端和输入端不存在反馈关系，系统的输出量对控制作用不发生影响的系统。这种系统既不需要对输出量进行测量，也不需要将输出量反馈到输入端与输入量进行比较，控制装置与被控对象之间只有顺向作用，没有反向联系。根据信号传递的路径不同，开环控制系统有两种：一种是按给定值操作的开环控制系统；另一种是按干扰补偿的开环控制系统。其系统框图分别如图 1-6 和图 1-7 所示。

图 1-6　按给定值操作的开环控制系统框图　　　图 1-7　按干扰补偿的开环控制系统框图

开环控制系统的优点是系统结构和控制过程简单，稳定性好，调试方便，成本低。缺点是抗干扰能力差，当受到来自系统内部或外部的各种扰动因素影响而使输出量发生变化时，系统没有自动调节能力，因此控制精度较低。一般用于对控制性能要求不高，系统输入-输出之间的关系固定，干扰较小或可以预测并能进行补偿的场合。

### 1.3.2　闭环控制

闭环控制是指被控量有反馈的控制，相应的控制系统称为闭环控制系统，或反馈控制系统。闭环控制系统中，输入量通过控制器去控制被控量，而被控量又被反馈到输入端与输入量进行比较，比较的结果为偏差量，偏差量经由控制器适当的变换后控制被控量。这样整个控制系统就形成了一个闭合的环路。图 1-8 表示闭环控制系统框图。

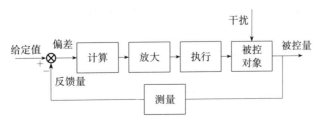

图 1-8　闭环控制系统框图

　　闭环控制系统的突出优点是控制精度高，抗扰能力强，适用范围广。无论出现什么干扰，只要被控量的实际值偏离给定值，闭环控制就会通过反馈产生控制作用来使偏差减小。这样就可使系统的输出响应对外部干扰和内部参数变化不敏感，因而有可能采用不太精密且成本较低的元件来构成比较精确的控制系统。

　　闭环控制也有其固有的缺点：一是结构复杂，元件较多，成本较高；二是稳定性要求较高。由于系统中存在反馈环节和元件惯性，而且靠偏差进行控制，因此偏差总会存在，时正时负，很可能引起振荡，导致系统不稳定。可见控制精度与稳定性是闭环系统的基本矛盾。

### 1.3.3　复合控制

　　为了降低系统误差，在反馈控制系统中从输入顺馈补偿，如图 1-9 所示，顺馈补偿与反馈控制相结合，就构成复合控制。顺馈补偿与偏差信号一起对被控对象进行控制。

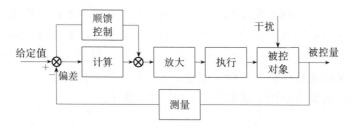

图 1-9　按输入顺馈补偿的复合控制

　　若扰动是可测量的，应用如图 1-10 所示的复合控制可补偿扰动信号对系统输出的影响。这种复合控制是在可测扰动信号的不利影响产生之前，通过顺馈控制的通道对其进行补偿，以减小或抵消干扰对系统输出的影响。

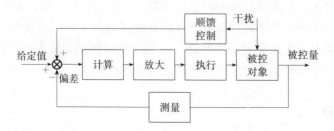

图 1-10　按扰动顺馈补偿的复合控制

## 1.4　控制系统的分类

　　自动控制系统分类方法很多，常见的主要有以下几种分类方法和基本类型。

### 1.4.1　按输入信号的变化规律分

　　（1）恒值控制系统

　　此类系统中，输入信号在某种工作状态下一经给定就不再变化，控制的任务就是抑制各种干扰因素的影响，使被控量也维持恒定。如生产过程中的温度、压力、流量和液位等自动控制系统多属于此类。

（2）程序控制系统

此类系统中，输入信号按预定的规律变化，并要求被控量也按照同样的规律变化。如热处理温度控制系统就属于此类，因为它的升温、保温和降温过程就是按照预先设定的变化规律进行控制的。

（3）随动系统

此类系统中，输入信号的变化规律是预先不能确定的，并要求被控量精确地跟随输入量变化。如雷达天线跟随系统、火炮自动瞄准系统就属于此类。

## 1.4.2　按系统传输的信号特征分

（1）连续控制系统

此类系统中，所有信号的变化均为时间 $t$ 的连续函数，因此系统的运动规律可用微分方程来描述。

（2）离散控制系统

此类系统中，至少有一处信号是脉冲序列或数字量，因此系统的运动规律必须用差分方程来描述。如果用计算机实现采样和控制，则称为数字控制系统。

## 1.4.3　按系统各环节输入-输出关系的特征分

（1）线性控制系统

此类系统中，所有环节或元件的输入-输出关系都是线性关系，因此满足叠加原理和齐次性原理，可用线性系统理论来分析。

（2）非线性控制系统

此类系统中，至少有一个元件的输入-输出关系是非线性的，因此不满足叠加原理和齐次性原理，必须采用非线性系统理论来分析。如存在死区、间隙和饱和特性的系统就是非线性控制系统。

## 1.4.4　按系统参数的变化特征分

（1）定常参数控制系统

此类系统中，所有参数都不会随着时间的推移而发生改变，因此描述它的微分方程也就是常系数微分方程，而且对它进行观察和研究不受时间限制。只要实际系统的参数变化不太明显，一般都视作定常系统，因为绝对的定常系统是不存在的。

（2）时变参数控制系统

此类系统中，部分或全部参数将会随着时间的推移而发生变化，因此描述它的运动规律就要用变系数微分方程，系统的性质也会随时间变化，当然也就不允许用此刻观测的系统性能去代替另一时刻的系统性能。

此外，按照系统的结构特征，控制系统还可分为开环控制系统和闭环控制系统，已如前述。

对于线性控制系统，有许多解析和图解的方法进行分析与综合校正。作为自动控制理论的基础理论，本书主要介绍单输入单输出线性定常连续反馈控制系统的分析与综合校正。

## 1.5　对控制系统的性能要求

在分析和设计自动控制系统的时候，需要一个评价控制系统性能优劣的标准，这个标准通常用性能指标来表示。对于线性定常系统，经典控制理论所使用的性能指标主要包括三方面内容：稳定性能、动态性能和稳态性能。

### 1.5.1　稳定性能

系统的稳定性是指系统在受到外部作用后，其动态过程的振荡倾向和能否恢复平衡状态的能力。由于系统中存在惯性，当其各个参数匹配不好时，将会引起系统输出量的振荡。如果这种振荡是发散或等幅的，系统就是不稳定或临界稳定的，它们都没有实际意义的稳定工作状态，因而也就失去了工作能力，没有任何使用价值（这里不包括振荡器）。尽管系统振荡常常不可避免，但只有这种振荡随着时间的推移而逐渐减小乃至消失，系统才是稳定的，才有实际工作能力和使用价值。

由此可见，系统稳定是系统能够正常工作的首要条件，对系统稳定性的要求也就是第一要求。而且后面的分析会表明，线性控制系统的稳定性是由系统自身的结构和参数所决定的，与外部因素无关，同时它也是可以判别的。

### 1.5.2　动态性能

由于控制系统总包含一些储能元件，所以当输入量作用于系统时，系统的输出量不能立即跟随输入量发生变化，而是需要经历一个过渡过程，才能达到稳定状态。系统在达到稳定状态之前的过渡过程，称为动态过程。表征这个过渡过程的性能指标称为动态性能指标。通常用系统对突加给定信号时的动态响应来表征其动态性能指标。

动态性能指标通常用相对稳定性和快速性来衡量，其中相对稳定性一般用最大超调量 $\sigma\%$ 来衡量。最大超调量反映了系统的稳定性，最大超调量越小，则说明系统过渡过程进行得越平稳。

系统响应的快速性是指在系统稳定的前提下，通过系统的自动调节，最终消除因外作用改变而引起的输出量与给定量之间偏差的快慢程度。快速性一般用调节时间来衡量，理论上的大小也是可以计算的。毫无疑问，对快速性的要求当然是越快越好。但遗憾的是，它常常与系统的相对稳定性相矛盾。

### 1.5.3　稳态性能

系统响应的稳态性能指标是指在系统的自动调节过程结束后，其输出量与给定量之间仍然存在的偏差大小，也称稳态精度。稳态性能指标（即准确性）一般用稳态误差 $e_{ss}$ 来衡量，它是评价控制系统工作性能的重要指标，理论上同样可以计算。对准确性的最高要求就是稳态误差为零。

综上所述，对控制系统的基本要求就是稳、快、准。但在同一系统中，稳、快、准是相互制约的。快速性好，可能引起剧烈振动；改善稳定性特别是提高相对稳定程度，可能会使响应速度趋缓，稳态精度下降。因此，对实际系统而言，必须根据被控对象的具体情况，对稳、快、准的要求各有侧重。例如，恒值系统对准确性要求较高，随动系统对快速性要求较高。有关系统稳定性、动态性能指标和稳态性能指标的详细内容见第3章。

从理论上分析线性控制系统的性能，定义并求算相应的性能指标，同时寻求改善控制性能的措施和方法，正是本课程的主要任务之一。

## 习　题

1-1　什么是开环控制和闭环控制？它们各有什么特点？并各举一例说明其控制原理。

1-2　简述反馈控制系统的基本组成和基本原理。

1-3　自动控制系统一般包括哪几部分？论述各部分的职能。

1-4　某热水箱温度控制系统，使用时流出热水，同时补充等量冷水。试借助草图解释控制系统的操作原理以及水温的变化过程，并说明为什么不能使用简单的开环控制系统来代替它。

1-5　图 1-11 所示为仓库大门自动控制系统原理示意图，试说明系统自动控制大门开、闭的工作原理，并画出系统方框图。

1-6　闭环液面控制系统如图 1-12 所示。要求在运行中容器的液面高度保持不变。试简述其工作原理，并画出系统原理结构图。

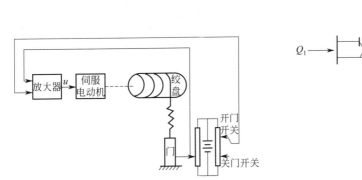

图 1-11　仓库大门自动控制系统原理

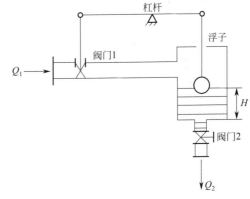

图 1-12　闭环液面控制系统

1-7　图 1-13 为发电机电压调节系统，该系统通过测量电枢回路电流 $i$ 产生附加的激励电压 $U_b$ 来调节输出电压 $U_c$。试分析在电枢转速 $\omega$ 和激励电压 $U_g$ 恒定不变而负载变化的情况下系统的工作原理并画出原理方框图。

1-8　炉温控制系统如图 1-14 所示，要求：①指出系统输出量、给定输入量、扰动输入量、被控对象和自动控制器的各组成部分，并画出其方框图；②说明该系统是怎样消除或减少偏差的？

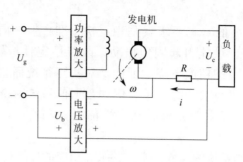

图 1-13　发电机电压调节系统

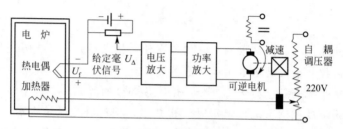

图 1-14　炉温控制系统

第 2 章

# 控制系统数学模型的建立

控制系统的数学模型是描述系统输入、输出以及内部各变量之间关系的数学表达式。建立描述控制系统的数学模型是控制理论分析与设计的基础。一个系统，无论它是机械的、电气的、热力的、液压的，还是化工的等都可以用微分方程加以描述。对这些微分方程求解，就可以获得系统在输入作用下的响应（即系统的输出）。对数学模型的要求是，既要能准确地反映系统的动态本质，又便于系统的分析和计算工作。

本章首先讨论建立控制系统微分方程的方法及非线性微分方程线性化的方法；然后介绍传递函数概念、建立传递函数的方法和典型线性环节的传递函数及特性；最后阐述传递函数的方框图和信号流图的建立及化简方法。

## 2.1 控制系统微分方程的建立

建立控制系统的数学模型一般采用解析法和实验法两种。解析法是对系统各部分的运动机理进行分析，根据所依据的物理规律或化学规律（例如，电学中有基尔霍夫定律、力学中有牛顿定律、热力学中有热力学定律等）分别列写相应的运动方程。实验法是人为地给系统施加某种测试信号，记录其响应，按照物理量随时间的变化规律，用适当的数学模型去逼近，这种方法又称为系统辨识。近些年来，系统辨识已发展成一门独立的学科分支。本章主要采用解析法建立系统的数学模型。

数学模型有多种形式。时域中常用的数学模型有微分方程、差分方程和状态方程；复域中有传递函数、结构图；频域中有频率特性等。本章只研究微分方程、传递函数和结构图等数学模型的建立及应用。

微分方程是在时域中描述系统（或元件）动态特性的数学模型。利用它还可以得到描述系统（或元件）动态特性的其他形式的数学模型。列写微分方程的一般步骤如下：

① 确定系统的输入量、输出量。

② 建立初始微分方程组。按照信号的传递顺序，从系统的输入端开始，根据各个变量所遵循的物理规律，列写各个环节的动态微分方程，并由此建立初始微分方程组。

③ 消除中间变量并将微分方程标准化。由初始微分方程组消除中间变量并得到描述系统输入量、输出量之间关系的微分方程后，再将其标准化。即将与输出量有关的各项放在方程的左侧，与输入量有关的各项放在方程的右侧，且各阶导数项按降幂排列。

下面举几个例子说明。

## 2.1.1 典型控制系统举例

（1）电气系统的微分方程

电气系统的微分方程根据欧姆定律、基尔霍夫定律、电磁感应定律等物理定律来进行列写，下面通过举例来说明列写方法。

[**例 2-1**]　图 2-1 所示为一无源 $RC$ 低通滤波电路，试写出以输出电压 $u_o(t)$ 和输入电压 $u_i(t)$ 为变量的微分方程。

[**解**]　根据基尔霍夫定律，可写出下列电压方程式：

$$\begin{cases} i(t)R + \dfrac{1}{C}\int i(t)\mathrm{d}t = u_i(t) \\ \dfrac{1}{C}\int i(t)\mathrm{d}t = u_o(t) \end{cases} \tag{2-1}$$

消去中间变量 $i(t)$ 后得到：

$$RC\frac{\mathrm{d}u_o(t)}{\mathrm{d}t} + u_o(t) = u_i(t) \tag{2-2}$$

式（2-2）就是所求系统的微分方程。

[**例 2-2**]　图 2-2 所示为有源电路，试写出以输出电压 $u_c(t)$ 和输入电压 $u_r(t)$ 为变量的微分方程。

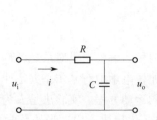

图 2-1　无源 $RC$ 低通滤波电路

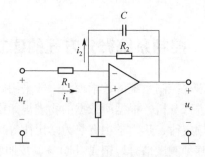

图 2-2　有源电路

[**解**]　令通过电阻 $R_1$ 的电流为 $i_1$，通过电阻 $R_2$ 和电容 $C$ 的电流为 $i_2$，则

$$i_1(t) = \frac{u_r(t)}{R_1} \tag{2-3}$$

$$i_2(t) = -C\frac{\mathrm{d}u_c(t)}{\mathrm{d}t} - \frac{u_c(t)}{R_2} \tag{2-4}$$

消去中间变量 $i_1(t)$ 和 $i_2(t)$ 后得到

$$R_2C\frac{\mathrm{d}u_c(t)}{\mathrm{d}t} + u_c(t) = -\frac{R_2}{R_1}u_r(t) \tag{2-5}$$

式（2-5）就是所求系统的微分方程。

[**例 2-3**]　列写图 2-3 所示他励直流电动机在电枢控制情况下的微分方程。

[**解**]　①$u_d$ 为给定输入量，$\omega$ 为输出量，电枢电流为 $i_a$，$T_L$ 为负载干扰。

② 建立初始微分方程。电动机电枢回路的方程为

$$L\frac{\mathrm{d}i_a}{\mathrm{d}t}+i_aR+e_d=u_d \qquad (2\text{-}6)$$

当磁通不变时，反电动势 $e_d$ 与转速 $\omega$ 成正比，即

$$e_d=k_d\omega$$

式中，$k_d$ 为反电动势常数。将 $e_d=k_d\omega$ 代入式 (2-6)，有

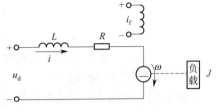

图 2-3　他励直流电动机

$$L\frac{\mathrm{d}i_a}{\mathrm{d}t}+i_aR+k_d\omega=u_d \qquad (2\text{-}7)$$

电动机的动力学方程为

$$J\frac{\mathrm{d}\omega}{\mathrm{d}t}=T-T_L \qquad (2\text{-}8)$$

式中，$J$ 为转动部分折合到电动机轴上的总转动惯量。当励磁磁通固定不变时，电动机的电磁力矩 $T$ 与电枢电流 $i_a$ 成正比。即

$$T=k_mi_a \qquad (2\text{-}9)$$

式中，$k_m$ 为电动机电磁力矩常数。将式(2-9) 代入式(2-8) 得

$$J\frac{\mathrm{d}\omega}{\mathrm{d}t}=k_mi_a-T_L \qquad (2\text{-}10)$$

③ 消除中间变量并标准化微分方程。

联合式(2-7) 和式(2-10) 消去中间变量 $i_a$，可得

$$\frac{LJ}{k_dk_m}\times\frac{\mathrm{d}^2\omega}{\mathrm{d}t^2}+\frac{RJ}{k_dk_m}\times\frac{\mathrm{d}\omega}{\mathrm{d}t}+\omega=\frac{1}{k_d}u_d-\frac{L}{k_dk_m}\times\frac{\mathrm{d}T_L}{\mathrm{d}t}-\frac{R}{k_dk_m}T_L \qquad (2\text{-}11)$$

令 $L/R=T_a$，$RJ/(k_dk_m)=T_m$，$1/k_d=C_d$，$T_m/J=C_m$，则得到他励直流电动机的微分方程：

$$T_aT_m\frac{\mathrm{d}^2\omega}{\mathrm{d}t^2}+T_m\frac{\mathrm{d}\omega}{\mathrm{d}t}+\omega=C_du_d-C_mT_a\frac{\mathrm{d}T_L}{\mathrm{d}t}-C_mT_L \qquad (2\text{-}12)$$

式(2-12) 为二阶常系数线性微分方程，转速 $\omega$ 既由 $u_d$ 控制，又受干扰 $T_L$ 影响。

（2）流体过程系统的微分方程

[例 2-4]　单储水槽系统如图 2-4 所示，水经过控制阀不断地流入水槽，又通过节流阀不断流出，工艺上要求水槽的液位保持一定，试列写该系统的微分方程。

[解]　设系统的输入量为 $Q_i$，输出量为液面高度 $H$，则它们之间的微分方程为：

① 设流体是不可压缩的。根据物质守恒定律，可得

$$S\mathrm{d}H=(Q_i-Q_o)\mathrm{d}t \qquad (2\text{-}13)$$

式中，$H$ 为液面高度，m；$Q_i$ 为流入体积流量，$\mathrm{m}^3/\mathrm{s}$；$Q_o$ 为流出体积流量，$\mathrm{m}^3/\mathrm{s}$；$S$ 为液罐横截面积，$\mathrm{m}^2$。

② 求出中间变量 $Q_o$ 与其他变量关系。由于通过节流阀的流体是紊流，按流量公式可得

$$Q_o=\alpha\sqrt{H} \qquad (2\text{-}14)$$

式中，$\alpha$ 为节流阀的流量系数，$\mathrm{m}^{2.5}/\mathrm{s}$，当液体变化不大时，可近似认为只与节流阀的开度有关。现在设节流阀开度保持一定，则 $\alpha$ 为常数。

③ 消去中间变量 $Q_o$，就得输入-输出关系式为

$$\frac{dH}{dt} + \frac{\alpha}{S}\sqrt{H} = \frac{1}{S}Q_i \tag{2-15}$$

式(2-15)是一阶非线性微分方程。

(3) 机械系统的微分方程

[**例 2-5**]  求图 2-5 所示弹簧-质量-阻尼器位移系统的微分方程。图中，$m$ 为质量块，$k$ 为弹簧刚度，$f$ 为阻尼系数，$F(t)$ 为作用在质量块上的外力，$y(t)$ 为质量块的位移。

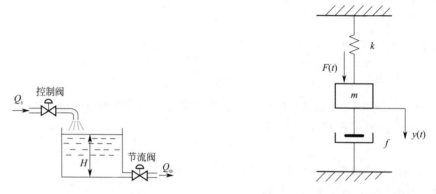

图 2-4  单储水槽系统          图 2-5  弹簧-质量-阻尼器位移系统

[**解**]  由牛顿第二定律有 $ma(t) = \sum F(t)$，即

$$m\frac{d^2 y(t)}{dt^2} = F(t) - F_f(t) - F_k(t) = F(t) - f\frac{dy(t)}{dt} - ky(t)$$

整理得

$$\frac{m}{k} \times \frac{d^2 y(t)}{dt^2} + \frac{f}{k} \times \frac{dy(t)}{dt} + y(t) = \frac{1}{k}F(t) \tag{2-16}$$

式中，$m$ 为运动物体质量，kg；$y$ 为运动物体位移，m；$f$ 为阻尼器黏性阻尼系数，N·s/m；$F_f(t)$ 为阻尼器黏滞摩擦阻力，它的大小与物体移动的速度成正比，方向与物体移动的方向相反，$F_f(t) = f\frac{dy(t)}{dt}$；$k$ 为弹簧刚度，N/m；$F_k(t)$ 为弹簧的弹性力，它的大小与物体位移（弹簧拉伸长度）成正比，$F_k(t) = ky(t)$。

式(2-16)即为此机械位移系统的微分方程。

## 2.1.2  线性系统的重要性质

以上所讨论的系统除例 2-4 以外，均具有线性微分方程，将具有线性微分方程的控制系统称为线性系统。对于一般研究的系统，其微分方程式的系数均为常数，称为线性定常（或线性时不变）系统。线性系统具有以下重要特性：

① 叠加性。线性系统满足叠加原理，即几个外作用施加于系统所产生的总响应等于各个外作用单独作用时产生的响应之和。

② 均匀性。均匀性也称为齐次性。线性系统具有均匀性，就是说当加于同一线性系统的外作用数值增大几倍时，则系统的响应亦相应地增大几倍。

在线性系统分析中，线性系统的叠加性和齐次性是很重要的。

## 2.1.3　线性系统微分方程的通用形式

以上通过几个例子说明了如何建立一个控制系统微分方程式的过程。对于线性系统，描述系统动态方程的标准形式为

$$a_n \frac{\mathrm{d}^n y(t)}{\mathrm{d}t^n} + a_{n-1} \frac{\mathrm{d}^{n-1} y(t)}{\mathrm{d}t^{n-1}} + \cdots + a_1 \frac{\mathrm{d}y(t)}{\mathrm{d}t} + a_0 y(t) =$$
$$b_m \frac{\mathrm{d}^m x(t)}{\mathrm{d}t^m} + b_{m-1} \frac{\mathrm{d}^{m-1} x(t)}{\mathrm{d}t^{m-1}} + \cdots + b_1 \frac{\mathrm{d}x(t)}{\mathrm{d}t} + b_0 x(t) \qquad (2\text{-}17)$$

式中，$x(t)$ 为系统输入信号；$y(t)$ 为系统输出信号；$a_i(i=0,1,2,\cdots,n)$、$b_j(j=0,1,2,\cdots,m)$ 为系数，$n$ 为输出信号的最高求导次数，$m$ 为输入信号的最高求导次数。$a_i$ 和 $b_j$ 均为常数时，式(2-17) 为常系数线性微分方程，所描述的系统为定常线性系统。

对于实际物理系统，由于存在惯性等特性，输出端的导数阶数总是大于或等于输入端的导数阶数，故有 $n \geqslant m$，而大多数系统 $n > m$。

## 2.1.4　非线性微分方程的线性化

严格地说，实际系统都不同程度地存在非线性。非线性可分为非本质非线性和本质非线性。若非线性函数不仅连续，而且其各阶导数均存在，则称其是非本质非线性，如图 2-6 所示。若系统在平衡点处的特性不是连续的，而呈现出折线或跳跃现象，则称其为本质非线性，如图 2-7 所示。

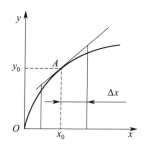

图 2-6　非本质非线性特性

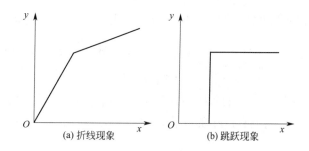

(a) 折线现象　　　　(b) 跳跃现象

图 2-7　本质非线性特性

非线性微分方程的求解一般较为困难，其分析方法远比线性系统要复杂。但在一定的条件下，可将非线性问题简化处理成线性问题，即所谓线性化。

非线性函数的线性化，一般有两种方法：一种方法是在非线性因素对系统的影响很小时，直接忽略非线性因素。另一种方法称为切线法，或微小偏差法，它是基于这样一种假设：控制系统在整个调节过程中有一个平衡的工作状态及相应的工作点，所有的变量与该平衡点之间只产生微小的偏差。在偏差范围内，变量的偏差之间近似具有线性关系。在此平衡工作点附近，运动方程中的变量不再是绝对数量，而是其对平衡点的偏差，此时运动方程称为线性化增量方程。

对于非本质非线性，由级数理论可知，可在给定工作点邻域将非线性函数展开为泰勒级

数，并略去二阶及二阶以上的各项，用所得到的线性方程代替原有的非线性方程。对于图 2-7 所示的本质非线性不能应用微小偏差法。

[**例 2-6**]　设铁芯线圈电路如图 2-8（a）所示，试列写以 $u_r$ 为输入量，$i$ 为输出量的电路微分方程。

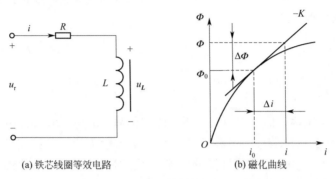

(a) 铁芯线圈等效电路　　　　(b) 磁化曲线

图 2-8　铁芯线圈

[**解**]　根据基尔霍夫定律列写电路方程为

$$u_r = u_L + Ri \tag{2-18}$$

式中，$u_L$ 是与磁通 $\Phi(i)$ 的变化率相关的线圈感应电动势。设线圈匝数为 $W$，则有

$$u_L = W \frac{\mathrm{d}\Phi(i)}{\mathrm{d}t} \tag{2-19}$$

将式（2-19）代入式（2-18），则有

$$u_r = W \frac{\mathrm{d}\Phi(i)}{\mathrm{d}t} + Ri \tag{2-20}$$

由磁化曲线 [图 2-8（b）] 知，磁通 $\Phi$ 是线圈中电流 $i$ 的非线性函数，则式（2-20）可写成

$$u_r = W \frac{\mathrm{d}\Phi(i)}{\mathrm{d}i} \times \frac{\mathrm{d}i}{\mathrm{d}t} + Ri \tag{2-21}$$

式（2-21）是一个非线性微分方程。

以式（2-21）的非线性方程为例，讨论线性化的方法。设电路的电压和电流在某平衡点 $(u_{r0}, i_0)$ 附近有微小的变化，并设 $\Phi(i)$ 在 $i_0$ 的邻域内连续可导，则 $\Phi(i)$ 可展开成泰勒级数：

$$\Phi(i) = \Phi(i_0) + \left.\frac{\mathrm{d}\Phi(i)}{\mathrm{d}i}\right|_{i=i_0}(i-i_0) + \frac{1}{2!} \times \left.\frac{\mathrm{d}^2\Phi(i)}{\mathrm{d}i^2}\right|_{i=i_0}(i-i_0)^2 + \cdots \tag{2-22}$$

若在平衡点 $(u_{r0}, i_0)$ 附近增量 $(i-i_0)$ 变化很小，则可略去式（2-22）中高阶导数项，可得

$$\Phi(i) = \Phi(i_0) + L(i-i_0) \tag{2-23}$$

或写为

$$\Delta\Phi = L\Delta i \tag{2-24}$$

式（2-24）就是磁通 $\Phi$ 和电流 $i$ 的增量化线性方程。式中，$L = \left.\dfrac{\mathrm{d}\Phi(i)}{\mathrm{d}i}\right|_{i=i_0}$，$\Delta\Phi = \Phi(i) - \Phi(i_0)$，$\Delta i = i - i_0$。略去式（2-24）中的增量符号 $\Delta$，就可得到：

$$\Phi(i) = Li \tag{2-25}$$

由式(2-25) 求得 $d\Phi(i)/di=L$，代入式(2-21)，有

$$u_r=WL\frac{di}{dt}+Ri \qquad (2-26)$$

式(2-26) 便是铁芯线圈电路在工作点 $(u_{r0},i_0)$ 的增量线性化微分方程。平衡点变动时，$L$ 相应变化。

线性化处理有如下特点：

① 线性化是对某一平衡点进行的。平衡点不同，得到的线性化方程的系数亦不相同。

② 若要使线性化有足够的精度，调节过程中变量偏离平衡点的偏差必须足够小。

③ 线性化后的运动方程式是相对于平衡点来描述的。因此，可认为其初始条件为零。

④ 有一些非线性（如继电器特性）是不连续的，不能满足展开成泰勒级数的条件，就不能进行线性化，对于这类属于本质非线性的问题要用非线性控制理论来解决。

## 2.2　线性系统的传递函数

控制系统的微分方程，是在时间域内描述系统动态性能的数学模型。通过求解描述系统的微分方程，可以把握其运动规律。但计算量烦琐，尤其是对于高阶系统，难以根据微分方程的解，找到改进控制系统品质的有效方案。在拉普拉斯变换的基础上，引入描述系统线性定常系统（或元件）在复数域中的数学模型——传递函数，不仅可以表征系统的动态特性，而且可以借以研究系统的结构或参数变化对系统性能的影响。经典控制理论中广泛应用的频率法和根轨迹法，都是在传递函数基础上建立起来的。本节首先讨论传递函数的基本概念及其性质，在此基础上介绍典型环节的传递函数。

### 2.2.1　传递函数的定义

传递函数是在零初始条件下，线性（或线性化）定常系统输出量拉普拉斯变换与输入量拉普拉斯变换之比。

传递函数是在零初始条件下定义的。零初始条件有以下两方面含义：一是指输入作用是在 $t=0$ 以后才作用于系统，因此，系统输入量及其各阶导数在 $t \leqslant 0$ 时均为零；二是指输入作用于系统之前，系统是“相对静止”的，即系统输出量及各阶导数在 $t \leqslant 0$ 时的值也为零。大多数实际工程系统都满足这样的条件。零初始条件的规定不仅能简化运算，而且有利于在同等条件下比较系统性能。所以，这样规定是必要的。

设有线性定常系统，若输入为 $r(t)$，输出为 $c(t)$，则系统微分方程的一般形式为

$$a_n\frac{d^nc(t)}{dt^n}+a_{n-1}\frac{d^{n-1}c(t)}{dt^{n-1}}+\cdots+a_0c(t)=b_m\frac{d^mr(t)}{dt^m}+b_{m-1}\frac{d^{m-1}r(t)}{dt^{m-1}}+\cdots+b_0r(t)$$

$$(2-27)$$

式中，$n \geqslant m$；$a_n$，$b_m(n,m=0,1,2\cdots)$ 均为实数。

在零初始条件下，即当外界输入作用前，输入、输出的初始条件 $r(0^-)$，$r^{(1)}(0^-)$，$\cdots$，$r^{(m-1)}(0^-)$ 和 $c(0^-)$，$c^{(1)}(0^-)$，$\cdots$，$c^{(n-1)}(0^-)$ 均为零时，对式(2-27) 作拉普拉斯变换可得：

$$(a_n s^n + a_{n-1} s^{n-1} + \cdots + a_1 s + a_0)C(s) = (b_m s^m + b_{m-1} s^{m-1} + \cdots + b_1 s + b_0)R(s)$$

$$(2\text{-}28)$$

在外界输入作用前，输入、输出的初始条件为零时，线性定常系统的输出 $c(t)$ 的拉普拉斯变换 $C(s)$ 与输入 $r(t)$ 的拉普拉斯变换 $R(s)$ 之比，称为线性定常系统的传递函数 $G(s)$。

由此可得式(2-27)的传递函数为：

$$G(s) = \frac{L[c(t)]}{L[r(t)]} = \frac{C(s)}{R(s)} = \frac{b_m s^m + b_{m-1} s^{m-1} + \cdots + b_1 s + b_0}{a_n s^n + a_{n-1} s^{n-1} + \cdots + a_1 s + a_0}, \quad n \geqslant m \quad (2\text{-}29)$$

则系统输出 $C(s) = G(s)R(s)$。

微分方程与传递函数存在简单的对应关系，得到了系统的微分方程，则可以直接写出系统的传递函数，反之亦然。

**[例 2-7]**　试求例 2-1 中无源 $RC$ 低通滤波电路的传递函数。

**[解]**　由例 2-1 中的式(2-2)可知 $RC$ 无源网络的微分方程为

$$RC \frac{du_o(t)}{dt} + u_o(t) = u_i(t) \quad (2\text{-}30)$$

在零初始条件下，对上式两端取拉普拉斯变换可得

$$RCsU_o(s) + U_o(s) = U_i(s) \quad (2\text{-}31)$$

式中，$U_o(s)$ 和 $U_i(s)$ 分别为 $u_o(t)$ 和 $u_i(t)$ 的拉普拉斯变换，整理上式可得网络的传递函数为

$$G(s) = \frac{U_o(s)}{U_i(s)} = \frac{1}{RCs+1} = \frac{1}{Ts+1} \quad (2\text{-}32)$$

式中，$T$ 为 $RC$ 电路的时间常数，$T = RC$。

**[例 2-8]**　试求例 2-5 中弹簧-质量-阻尼器位移系统的传递函数。

**[解]**　由例 2-5 中的式(2-16)可知该系统的微分方程为

$$\frac{m}{k} \times \frac{d^2 y(t)}{dt^2} + \frac{f}{k} \times \frac{dy(t)}{dt} + y(t) = \frac{1}{k}F(t) \quad (2\text{-}33)$$

设初始条件为零，对上式进行拉普拉斯变换得

$$\frac{m}{k}s^2 Y(s) + \frac{f}{k}sY(s) + Y(s) = \frac{1}{k}F(s) \quad (2\text{-}34)$$

由定义可得机械平移系统的传递函数为

$$G(s) = \frac{Y(s)}{F(s)} = \frac{1/k}{\frac{m}{k}s^2 + \frac{f}{k}s + 1} \quad (2\text{-}35)$$

## 2.2.2　传递函数的性质

① 传递函数的分母反映了由系统的结构与参数所决定的系统的固有特性，而分子则反映了系统与外界之间的联系。

② 当系统在初始状态为零时，对于给定的输入，系统输出的拉普拉斯变换完全取决于其传递函数。一旦系统的初始状态不为零，则传递函数不能完全反映系统的动态历程。

③ 系统的传递函数 $G(s)$ 是复变量 $s$ 的有理真分式函数，$s=\sigma+\mathrm{j}\omega$，其中 $\sigma$ 为实部，$\omega$ 为虚部。实际系统或者元件总具有惯性，传递函数分子中 $s$ 的阶次不会大于分母中 $s$ 的阶次，即式（2-29）中 $m \leqslant n$。

④ 传递函数有无量纲和取何种量纲，取决于系统输出的量纲与输入的量纲。

⑤ 不同用途、不同物理组成的不同类型系统、环节或元件，具有相同形式的传递函数。传递函数的分析方法用于不同的物理系统。

⑥ 传递函数非常适用于对单输入、单输出线性定常系统的动态特性进行描述。但对于多输入、多输出系统，需要对不同的输入量和输出量分别求传递函数。

⑦ 传递函数的零点和极点。系统的传递函数 $G(s)$ 经因式分解后，可以写成如下一般形式：

$$G(s)=\frac{k(s-z_1)(s-z_2)\cdots(s-z_m)}{(s-p_1)(s-p_2)\cdots(s-p_n)} \tag{2-36}$$

式中，$k$ 为常数，为在零极点形式下，系统的放大系数。当 $s=z_j(j=1,2,\cdots,m)$ 时，均能使 $G(s)=0$，故称 $z_1$，$z_2$，$\cdots$，$z_m$ 为 $G(s)$ 的零点。当 $s=p_i(i=1,2,\cdots,n)$ 时，均能使 $G(s)$ 的分母为 0，故称 $p_1$，$p_2$，$\cdots$，$p_n$ 为 $G(s)$ 的极点，系统传递函数的极点也就是系统微分方程的特征根。在后续分析中可认识到：系统传递函数的零点、极点和放大系数决定着系统的瞬态性能和稳态性能。将零、极点标在复平面上（$s$ 平面）上，则得传递函数的零、极点分布图，如图 2-9 所示。图中零点用"○"表示，极点用"×"表示。

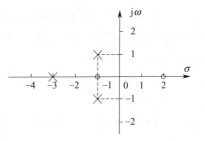

图 2-9　零、极点分布图

⑧ 传递函数的拉普拉斯逆变换即为系统的脉冲响应，因此传递函数能反映系统运动特性。因为，单位脉冲函数的拉普拉斯变换式为 1（即：$R(s)=L[\delta(t)]=1$），因此有

$$L^{-1}[G(s)]=L^{-1}\left[\frac{C(s)}{R(s)}\right]=L^{-1}[C(s)]=g(t) \tag{2-37}$$

可见，系统传递函数的拉普拉斯逆变换即为单位脉冲输入信号下系统的输出。因此，系统的单位脉冲输入信号下系统的输出完全描述了系统动态特性，所以也是系统的数学模型，通常称为脉冲响应函数。

应当注意传递函数的局限性及适用范围。系统传递函数只表示系统输入量和输出量之间的数学关系（描述系统的外部特性），而不表示系统中间变量之间的关系（描述系统的内部特性）。针对这个局限性，在现代控制理论中，往往采用状态空间描述法对系统的动态特性进行描述。传递函数是从拉普拉斯变换导出的，拉普拉斯变换是一种线性变换，因此传递函数只适应于描述线性定常系统。传递函数是在零初始条件下定义的，所以它不能反映非零初始条件下系统的自由响应运动规律。

## 2.2.3　典型环节及其传递函数

由于控制系统的微分方程往往是高阶的，因此其传递函数也往往是高阶的。不管控制系统的阶次有多高，均可化为一阶、二阶的一些典型环节，如比例环节、惯性环节、积分环节、微分环节、振荡环节和延迟环节等。熟悉掌握这些环节的传递函数，有助于对复杂系统的分析与研究。

（1）比例环节

凡输出量与输入量成正比、输出不失真也不延迟且按比例地反映输入信号的环节称为比例环节。其微分方程为

$$y(t) = Kx(t) \tag{2-38}$$

式中，$y(t)$ 为输出；$x(t)$ 为输入；$K$ 为环节的放大系数或增益。其传递函数为

$$G(s) = \frac{Y(s)}{X(s)} = K \tag{2-39}$$

[**例 2-9**]    图 2-10 所示为运算放大器，其输出电压 $y(t)$ 与输入电压 $x(t)$ 之间有如下关系：

$$y(t) = \frac{-R_2}{R_1} x(t)$$

式中，$R_1$、$R_2$ 为电阻。拉普拉斯变换后得其传递函数为

$$G(s) = \frac{Y(s)}{X(s)} = -\frac{R_2}{R_1} = K$$

比例（放大）系数 $K$ 为负号表示运算放大器输出与输入反相。但在控制系统中，$K$ 为负值对系统稳定性的分析带来不便。因此在系统分析中，比例系数 $K$ 及时间常数 $T$ 等参数被视为正值，而表示反相关系的负号，可通过在电路中增加跟随器等方法处理。运算放大器、测速发电机、电位器等元件在一定的条件下都可以视为比例环节。

（2）惯性环节

惯性环节又称非周期环节，在这类环节中，因含有储能元件，所以对突变形式的输入信号不能立即输送出去。凡动力学方程为一阶微分方程 $T\dfrac{\mathrm{d}y(t)}{\mathrm{d}t} + y(t) = x(t)$ 形式的环节，称为惯性环节。其传递函数为

$$G(s) = \frac{1}{Ts+1} \tag{2-40}$$

式中，$T$ 为惯性环节的时间常数。

例 2-1 中的图 2-1 所示无源 $RC$ 低通滤波电路即为惯性环节，其传递函数为式（2-32），其中，$T = RC$ 为惯性环节的时间常数。

当惯性环节的输入量为单位阶跃函数时，该环节的输出量将按指数曲线上升，经过 3 个 $T$ 时，响应曲线达到稳态值的 95%，或经过 4 个 $T$ 时，响应曲线达到稳态值的 98%，即输出响应具有惯性，时间常数 $T$ 越大惯性越大，如图 2-11 所示。另外 $RL$ 电路、单容液位系统、电热炉炉温随电压变化系统和单容充放气系统也可视为惯性环节。

（3）积分环节

积分环节的微分方程为

$$y(t) = \frac{1}{T} \int x(t) \mathrm{d}t$$

由此方程可知，积分环节的输出量与输入量对时间的积分成正比，其传递函数为

$$G(s) = \frac{Y(s)}{X(s)} = \frac{1}{Ts} \tag{2-41}$$

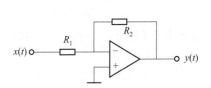

图 2-10　运算放大器

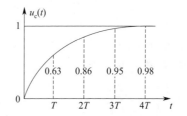

图 2-11　惯性环节单位阶跃响应曲线

式中，$T$ 为积分环节的时间常数。

当 $X(s)=\dfrac{1}{s}$ 时，$Y(s)=\dfrac{1}{Ts}\times\dfrac{1}{s}=\dfrac{1}{Ts^2}$，积分环节的阶跃输出为

$$Y(t)=\frac{1}{T}t \tag{2-42}$$

[例 2-10]　试求图 2-12 所示积分电路的传递函数。

[解]　由理想运放可得

$$i_1(t)=\frac{x(t)}{R} \tag{2-43}$$

$$i_2(t)=-C\frac{\mathrm{d}y(t)}{\mathrm{d}t} \tag{2-44}$$

$$i_1(t)=i_2(t) \tag{2-45}$$

整理上式可得该积分电路的微分方程为

$$C\frac{\mathrm{d}y(t)}{\mathrm{d}t}=-\frac{x(t)}{R} \tag{2-46}$$

不考虑负号时，其传递函数为

$$G(s)=\frac{Y(s)}{X(s)}=\frac{1}{RCs}=\frac{1}{Ts} \tag{2-47}$$

式中，$T=RC$ 为积分时间常数。

由式(2-42)可知，当积分环节的输入信号为单位阶跃函数时，则输出随着时间直线增长，如图 2-13 所示。直线的增长速度由 $1/T$ 决定，即 $T$ 越小，上升越快。当输入突然除去时，积分停止，输出维持不变，故有记忆功能。对于理想的积分环节，只要有输入信号存在，不管多大，输出总要不断上升，直至无限。当然，对于实际部件，由于能量有限、饱和限制等，输出是不可能达到无限的。

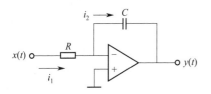

图 2-12　积分电路

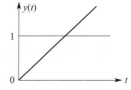

图 2-13　积分环节的单位阶跃响应曲线

比较图 2-11 和图 2-13 可以看出，当惯性环节的时间常数较大时，惯性环节的输出响应曲线在起始以后的较长一段时间可以近似看作直线，这时惯性环节的作用就可以近似为一个

积分环节。实际工程中的电子积分器、水槽液位、烤箱温度、电动机转速等系统都属于积分环节。

（4）微分环节

凡具有输出正比于输入的微分的环节，称为微分环节，即 $y(t)=Tx(t)$。其传递函数为

$$G(s)=\frac{Y(s)}{X(s)}=Ts \tag{2-48}$$

式中，$T$ 为微分时间常数。

微分环节的输出量与输入量的各阶微分有关，因此它能预示输入信号的变化趋势。例如，纯微分环节在阶跃输入作用下，输出是脉冲函数。理论微分环节是指仅在理论上存在，而在实际工程中不能单独实现的环节，包括纯微分环节、一阶微分环节和二阶微分环节。

[**例 2-11**]　试求图 2-14 所示微分运算放大器的传递函数。

[**解**]　根据理想运放，可列出电路的微分方程组：

$$i_1(t)=C\frac{\mathrm{d}x(t)}{\mathrm{d}t} \tag{2-49}$$

$$y(t)=-Ri_2(t) \tag{2-50}$$

$$i_1(t)=i_2(t) \tag{2-51}$$

整理上式可得电路的微分方程为

$$y(t)=-RC\frac{\mathrm{d}x(t)}{\mathrm{d}t} \tag{2-52}$$

进行拉普拉斯变换并求其传递函数，得

$$G(s)=\frac{Y(s)}{X(s)}=-RCs \tag{2-53}$$

不考虑表示反相的负号，且设 $T=RC$，则传递函数为

$$G(s)=\frac{Y(s)}{X(s)}=Ts \tag{2-54}$$

式中，$T=RC$ 为微分时间常数。

在实例元件或实际系统中，由于惯性的存在，故难以实现理想的纯微分关系。例如图 2-15 所示 $RC$ 电路，其传递函数为

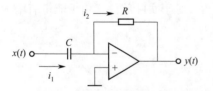

图 2-14　微分运算放大器（理想微分环节）

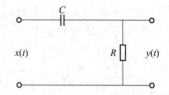

图 2-15　$RC$ 电路（实际微分环节）

$$G(s)=\frac{Y(s)}{X(s)}=\frac{Ts}{Ts+1} \tag{2-55}$$

式中，$T=RC$ 为电路时间常数。当 $T$ 足够小时，可近似为纯微分环节。

（5）一阶微分环节

描述该环节输出、输入间的微分方程的形式为 $y(t)=T\dot{x}(t)+x(t)$，其传递函数为

$$G(s) = \frac{Y(s)}{X(s)} = Ts + 1 \tag{2-56}$$

（6）振荡环节

振荡环节包含两个储能元件，在动态过程中两个储能元件进行能量交换。其微分方程为

$$T^2 \frac{d^2 y(t)}{dt^2} + 2\zeta T \frac{dy(t)}{dt} + y(t) = x(t), 0 < \zeta < 1 \tag{2-57}$$

式中，$T$ 为时间常数；$\zeta$ 为阻尼比。振荡环节的传递函数为

$$G(s) = \frac{Y(s)}{X(s)} = \frac{1}{T^2 s^2 + 2\zeta T s + 1} \tag{2-58}$$

令 $\omega_n = \dfrac{1}{T}$，则上式可写成

$$G(s) = \frac{\omega_n^2}{s^2 + 2\zeta \omega_n s + \omega_n^2} \tag{2-59}$$

$\omega_n$ 为振荡环节的无阻尼自然振荡频率。

[例 2-12]　试求图 2-16 所示 $RLC$ 无源网络的传递函数。

[解]　① 确定电路的输入量 $u_i(t)$ 和输出量 $u_o(t)$。

② 依据电路所遵循的电学基本定律列写微分方程。设回路电流为 $i(t)$，依基尔霍夫定律，则有

$$Ri + L \frac{di}{dt} + \frac{1}{C} \int i \, dt = u_i \tag{2-60}$$

$$u_o = \frac{1}{C} \int i \, dt \tag{2-61}$$

③ 消去中间变量，得到 $u_i(t)$ 与 $u_o(t)$ 关系的微分方程。我们可以看出，要得到输入、输出关系的微分方程，得消去中间变量 $i$，由式（2-61）得 $i = C \dfrac{du_o}{dt}$，代入式（2-60），经整理后可得输入-输出关系为

$$LC \frac{d^2 u_o(t)}{dt^2} + RC \frac{du_o(t)}{dt} + u_o(t) = u_i(t) \tag{2-62}$$

对式（2-62）两边进行拉普拉斯变换，可得传递函数为

$$G(s) = \frac{U_o(s)}{U_i(s)} = \frac{1}{LC s^2 + RC s + 1} \tag{2-63}$$

再例如，前面介绍的例 2-3 所示他励直流电动机和例 2-5 所示弹簧-质量-阻尼器位移系统，其传递函数均为二阶，当系统参数满足 $0 < \zeta < 1$ 时，它们就构成振荡环节。

（7）二阶微分环节

描述该环节输出、输入间的微分方程具有形式 $y(t) = T^2 \ddot{x}(t) + 2\zeta T \dot{x}(t) + x(t)$，其传递函数为

$$G(s) = \frac{Y(s)}{X(s)} = T^2 s^2 + 2\zeta T s + 1 \tag{2-64}$$

（8）延迟环节

延迟环节的输入 $x(t)$ 与输出 $y(t)$ 之间有如下关系：

$$y(t)=x(t-\tau) \tag{2-65}$$

式中，$\tau$ 为延迟时间。延迟环节使输出滞后输入 $\tau$ 但不失真地反映输入的环节。具有延迟环节的系数称为延迟系统。对式(2-65) 进行拉普拉斯变换，可求得传递函数为

$$G(s)=\frac{Y(s)}{X(s)}=\mathrm{e}^{-\tau s} \tag{2-66}$$

延迟环节在输入开始时间 $\tau$ 内并无输出，而在 $\tau$ 后，输出就完全等于从一开始起的输入。也就是说，输出信号比输入信号延迟了 $\tau$ 的时间间隔。延迟环节在阶跃信号作用时的输出特性如图 2-17 所示。

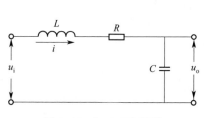

图 2-16　RLC 无源网络

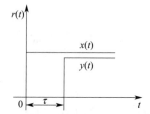

图 2-17　延迟环节的输入、输出关系

在电的自动控制系统中，晶闸管整流器就可作为纯延迟环节的例子，晶闸管整流器的整流电压 $u_\mathrm{d}$ 与控制角 $\alpha$ 之间的关系，除了有静特性关系 $u_\mathrm{d}=u_\mathrm{d0}\cos\alpha$ 之外，还有一个失控时间的问题。普通晶闸管整流元件有这样的特点，它一旦被触发导通后，再改变触发脉冲的相位或使触发脉冲消失，都不能再对整流电压起控制作用，必须等待下一个晶闸管元件触发脉冲到来的时刻，才能体现新的控制作用。因此，将这一段不可控制的时间，称为失控时间（滞后时间），用 $\tau$ 表示。显然，$\tau$ 不是一个固定的数值，它不但与晶闸管整流器的线路、交流电源的频率有关，而且就是在一个频率已定的具体的晶闸管整流电路里，$\tau$ 也不是固定的。再如，燃料或物质的传输，从输入口至输出口需要一定传输时间（即延迟时间），介质压力或热量在物料中的传播也都有延迟。

## 2.3　控制系统结构图

线性控制系统的微分方程和传递函数是系统数学模型的两种形式。建立这两种模型时，都要进行繁杂的消去中间变量的工作。控制系统的传递函数方框图（又称动态结构图，简称框图）是以图形表示的数学模型。框图能清楚地表示出输入信号在系统各元件之间的传递过程，提供系统动态性能的有关信息并揭示和评价组成系统的每个环节对系统的影响。根据方框图，通过等效变换可求出系统的传递函数。

### 2.3.1　结构图的构成要素

系统的结构图是描述系统各组成元部件之间信号传递关系的数学图形。在系统方框图中将方框对应的元部件名称换成其相应的传递函数，并将环节的输入、输出量改用拉普拉斯变换表示后，就转换成了相应的系统结构图。

结构图不仅能清楚地表明系统的组成和信号的传递方向，而且能清楚地表示系统信号传递过程中的数学关系。它是一种图形化的系统数学模型，在控制理论中应用很广。

结构图包含四个基本单元：

① 信号线：带有箭头的直线，箭头表示信号传递方向，直线上面或者旁边标注所传递信号的时间函数或象函数，如图 2-18(a) 所示。

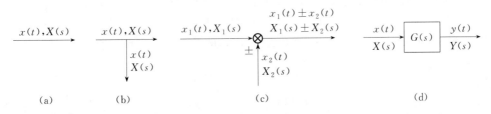

图 2-18　结构图的基本组成单元

② 引出点（测量点）：引出或者测量信号的位置。从同一信号线上引出的信号在数值和性质上完全相同，如图 2-18(b) 所示。这里的信号引出与测量信号一样，不影响原信号，所以也称为测量点。

③ 比较点（综合点）：对两个或者两个以上的信号进行代数运算，如图 2-18(c) 所示，"＋"表示相加，"－"表示相减，"＋"可以省略不写。比较点可以有多个输入信号，但一般只画一个输出信号，若需要几个输出，通常加引出点。

④ 方框：表示对输入信号进行的数学变换。对于线性定常系统或元件，通常在方框中写入其传递函数或者频率特性。系统输出的象函数等于输入的象函数乘以方框中的传递函数或者频率特性，如图 2-18(d) 所示。

结构图也可以表示非线性系统和离散系统。对于非线性系统，方框表示非线性环节，方框中的内容可以是非线性特性的数学表达式、输入-输出关系图，或者是后面要介绍的描述函数。对于离散系统，方框中是传递函数，并且结构图中还包含采样开关等环节。后面将详细介绍这些内容。

## 2.3.2　控制系统结构图的建立

建立系统的结构图，其步骤如下：

① 建立控制系统各元部件的微分方程。在建立微分方程时，应分清输入量、输出量，同时应考虑相邻元件之间是否有负载效应。

② 对各元件或部件的微分方程进行拉普拉斯变换，并作出各元件的结构图。

③ 按照系统中各变量的传递顺序，依次将各部件结构图连接起来，置系统输入变量于左端，输出变量于右端。

下面通过举例说明控制系统结构图的建立过程。

[例 2-13]　试绘制图 2-19 所示 RC 无源网络的结构图。

[解]　将 RC 无源网络看成一个系统，系统的输入量为 $u_i(t)$，输出量为 $u_o(t)$。

图 2-19　RC 无源网络

① 建立系统各部件的微分方程。根据基尔霍夫定律可写出以下微分方程：

$$u_i = i_1 R_1 + u_o$$
$$u_o = i R_2$$

$$\frac{1}{C}\int i_2 \mathrm{d}t = i_1 R_1$$

$$i_1 + i_2 = i$$

② 在零初始条件下对上述微分方程进行拉普拉斯变换得：

$$U_i(s) = I_1(s)R_1 + U_o(s)$$

$$U_o(s) = I(s)R_2$$

$$I_2(s)\frac{1}{Cs} = I_1(s)R_1$$

$$I_1(s) + I_2(s) = I(s)$$

根据以上各式画出各元件的结构图如图 2-20(a)～(d) 所示。

③ 系统的结构图。用信号线按信号流向依次将各方框图连接起来，得到 RC 无源网络结构图如图 2-20(e) 所示。

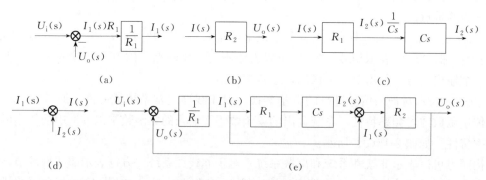

图 2-20  RC 无源网络结构图

[例 2-14]  试绘制图 2-21 所示两级 RC 串联电路的结构图。

[解]  对于较简单的多级无源电路以及一些放大器运算电路，往往可以运用电压、电流之间所遵循的定律，以及复阻抗的概念，不经过列写微分方程而直接建立结构图。

① 根据原始方程建立局部结构图，如图 2-22 所示。

② 连接相关信号线，得到最终结构图，如图 2-23 所示。

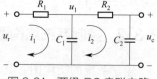

图 2-21  两级 RC 串联电路

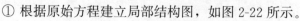

图 2-22  局部结构图

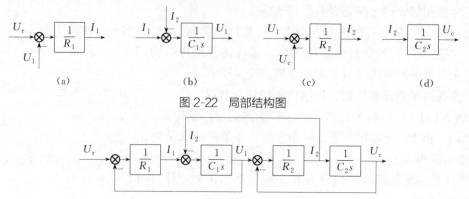

图 2-23  两级 RC 串联电路的最终结构图

从图 2-23 中明显地看出，后一级电路作为前一级电路的负载，对前级电路的输出电压 $u_1$ 产生影响，即所谓负载效应。这表明，不能简单地用两个单独 RC 电路结构图的串联表示组合电路的结构图。

如果在两级电路之间接入一个输入阻抗很大而输出阻抗很小的隔离放大器，如图 2-24 (a) 所示，则该电路的结构图就可以由两个简单的 $RC$ 电路结构图组成，如图 2-24(b) 所示，这时，电路之间的负载效应已被消除。

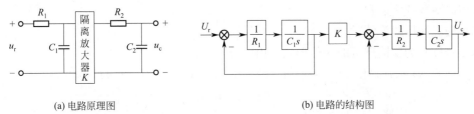

(a) 电路原理图　　　　　　　　　　　　　　(b) 电路的结构图

图 2-24　带隔离放大器的两级 $RC$ 电路

## 2.3.3　结构图的等效变换

传递函数方框图直观地展示出系统内部各变量之间的动态关系，但对于实际的自动控制系统，方框图的连接往往很复杂。为了便于系统的分析与计算，常常需要对复杂的方框图运用等效变换进行化简。所谓等效变换是指被变换部分的输入量和输出量之间的数学关系在变换前后保持不变。

（1）串联连接的等效

由图 2-25(a) 可写出：

$$C(s)=G_2(s)U(s)=G_2(s)G_1(s)R(s)$$

所以两个环节串联后的等效传递函数为

$$G(s)=\frac{C(s)}{R(s)}=G_2(s)G_1(s) \tag{2-67}$$

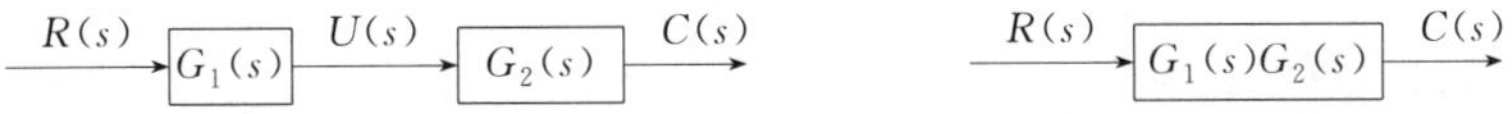

$R(s)$ → $G_1(s)$ → $U(s)$ → $G_2(s)$ → $C(s)$　　　　　$R(s)$ → $G_1(s)G_2(s)$ → $C(s)$

(a)串联连接　　　　　　　　　　　　　　　　(b)等效变换

图 2-25　串联连接的等效变换

其等效变换如图 2-25(b) 所示。

上述结论可以推广到任意多个环节串联的情况，即环节串联后的总传递函数等于各个串联环节传递函数的乘积。

（2）并联连接的等效

图 2-26(a) 表示两个环节并联的结构。由图可写出：

$$C(s)=G_1(s)R(s)\pm G_2(s)R(s)=[G_1(s)\pm G_2(s)]R(s)$$

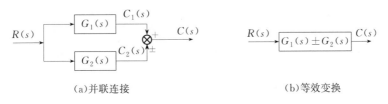

(a)并联连接　　　　　　　　　　　　　　　(b)等效变换

图 2-26　并联连接的等效变换

所以两个环节并联后的等效传递函数为

$$G(s)=G_1(s)\pm G_2(s) \tag{2-68}$$

其等效变换如图 2-26(b) 所示。

上述结论可以推广到任意多个环节并联的情况，即环节并联后的总传递函数等于各个并联环节传递函数的代数和。

（3）反馈连接的等效

图 2-27(a) 为反馈连接的一般形式。由图可写出：

$$C(s)=G(s)E(s)=G(s)[R(s)\pm B(s)]=G(s)[R(s)\pm H(s)C(s)]$$

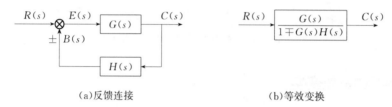

（a）反馈连接            （b）等效变换

图 2-27  反馈连接的等效变换

可得

$$C(s)=\frac{G(s)}{1\mp G(s)H(s)}R(s)$$

所以反馈连接后的等效（闭环）传递函数为

$$\Phi(s)=\frac{G(s)}{1\mp G(s)H(s)} \tag{2-69}$$

其等效变换如图 2-27(b) 所示。

当反馈通道的传递函数 $H(s)=1$ 时，称相应系统为单位反馈系统，此时闭环传递函数为

$$\Phi(s)=\frac{G(s)}{1\mp G(s)} \tag{2-70}$$

（4）综合点与引出点的移动

前面介绍了几种典型连接的传递函数的求取，利用这些等效变换原则，能使结构图变得更加简单。但是对于一般的系统的结构图，可能是这几种连接方式交叉在一起，无法直接利用上述简化原则，而必须要先经过下面要介绍的综合点及引出点的移动，变成典型连接的形式，然后进行化简。在对框图进行化简时，有两条基本原则：变换前与变换后前向通道中传递函数的乘积必须保持不变；变换前与变换后回路中传递函数的乘积保持不变。

① 综合点的移动  综合点移动分为两种情况：综合点前移和综合点后移。

综合点前移指综合点由环节的输出端移到环节的输入端。综合点后移指综合点由环节的输入端移到环节的输出端。遵循的原则是移动前后数学关系保持不变。如图 2-28 是综合点前移的情况。综合点后移的情况如图 2-29 所示。

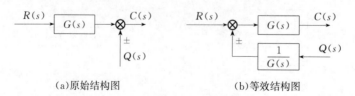

（a）原始结构图            （b）等效结构图

图 2-28  综合点前移的等效变换

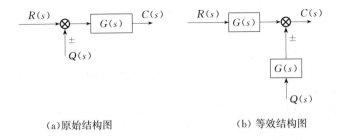

（a）原始结构图　　　　　　　　（b）等效结构图

图 2-29　综合点后移的等效变换

② 引出点的移动　引出点的移动有两种情况：一种情况是由环节的输入端移到输出端；另一种情况是从环节的输出端移至输入端。根据引出点移动前后所得的分支信号保持不变的等效原则，不难得出相应的等效结构图，如图 2-30 和图 2-31 所示。

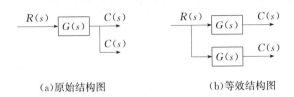

（a）原始结构图　　　　　　　　（b）等效结构图

图 2-30　引出点前移的等效变换

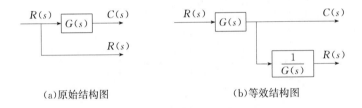

（a）原始结构图　　　　　　　　（b）等效结构图

图 2-31　引出点后移的等效变换

此外，综合点与综合点之间如果没有引出点，则可任意交换位置，并不改变原有的数学关系；引出点与引出点之间如果没有综合点，则可任意交换位置，并不改变原有的数学关系；综合点与引出点之间不能相互移动。

（5）结构图变换举例

[例 2-15]　试化简图 2-32 所示系统结构图，并求传递函数 $C(s)/R(s)$。

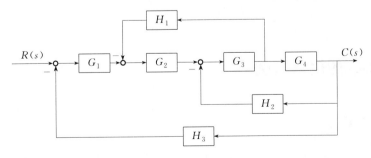

图 2-32　系统结构图

[解]　化简时，先通过移动引出点和综合点，消除交叉连接，使其成为独立的小回路；

然后进行串、并联及反馈连接的等效变换；再化简内回路，并逐步向外回路简化，最后求得系统的闭环传递函数。

在图 2-32 中，首先将 $G_3$ 后的引出点后移并与 $G_4$ 后的引出点合并为一个引出点，得到移动后的等效图，如图 2-33(a) 所示。合并反馈及串联如图 2-33(b) 所示。合并反馈、串联最终如图 2-33(c) 所示。

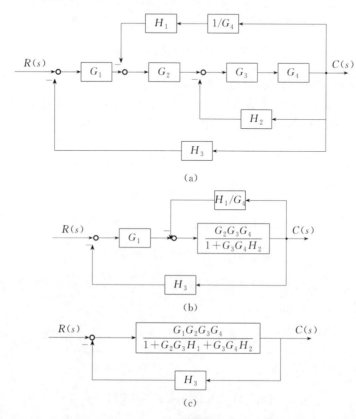

图 2-33　系统结构图的化简过程

根据反馈运算，得传递函数为

$$\frac{C(s)}{R(s)}=\frac{\dfrac{G_1G_2G_3G_4}{1+G_2G_3H_1+G_3G_4H_2}}{1+\dfrac{G_1G_2G_3G_4}{1+G_2G_3H_1+G_3G_4H_2}H_3}=\frac{G_1G_2G_3G_4}{1+G_2G_3H_1+G_3G_4H_2+G_1G_2G_3G_4H_3}$$

## 2.4　控制系统的信号流图

### 2.4.1　信号流图

信号流图是信号流程图的简称，是与框图等价的描述变量之间关系的图形表示方法。图 2-34 所示的框图可用图 2-35 所示信号流图表示。信号流图尤其适用于复杂系统，其简化方法与框图的简化方法是相同的。

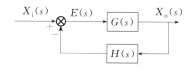

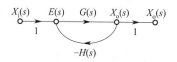

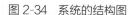

图 2-34　系统的结构图　　　　　　　　　　　　　图 2-35　系统的信号流图

信号流图由一些定向线段将一些节点连接起来组成。其中节点用来表示变量或信号，输入节点也称源点，输出节点也称阱点、汇点；混合节点是指既有输入又有输出的节点。

定向线段表示支路，其上的箭头表明信号的流向，各支路上还标明了增益，即支路上的传递函数；沿支路箭头方向穿过各相连支路的路径称为通路，从输入节点到输出节点的通路上通过任何节点不多于一次的通路称为前向通道；起点与终点重合且与任何节点相交不多于一次的通路称为回路。回路中各支路传递函数的乘积，称为回路传递函数，图 2-35 中回路的传递函数为 $G(s)H(s)$；若系统中包括若干个回路，回路间没有任何公共节点者，称为不接触回路。

## 2.4.2　梅森增益公式

对于比较复杂的系统，当框图或信号流图的变换和简化方法都显得烦琐费事时，可根据梅森增益公式直接求取框图的传递函数或信号流图的传输量。梅森增益公式为

$$T = \frac{1}{\Delta} \sum_{k=1}^{n} P_k \Delta_k \tag{2-71}$$

式中，$T$ 为从源点至任何节点的传输；$P_k$ 为第 $k$ 条前向通道的传输；$\Delta$ 为信号流图的特征式，是信号流图所表示的方程组的系数行列式，其表达式为

$$\Delta = 1 - \sum L_1 + \sum L_2 - \sum L_3 + \cdots + (-1)^m \sum L_m \tag{2-72}$$

式中，$\sum L_1$ 为所有不同回路的传输之和；$\sum L_2$ 为任何两个互不接触回路传输的乘积之和；$\sum L_3$ 为任何三个互不接触回路传输的乘积之和；$\sum L_m$ 为任何 $m$ 个互不接触回路传输的乘积之和；$\Delta_k$ 为余因子，即第 $k$ 条前向通道的余因子，即对于信号流图的特征式，将与第 $k$ 条前向通道接触的回路传输代以零值，余下的 $\Delta$ 即为 $\Delta_k$。

下面举例具体说明如何使用梅森增益公式求取信号流图的增益。

[例 2-16]　根据图 2-32 给出的系统结构图，画出该系统的信号流图，并用梅森增益公式求系统传递函数 $C(s)/R(s)$。

[解]　根据结构图与信号流图的对应关系，用节点代替结构图中信号线上传递的信号，用标有传递函数的支路代替结构图中的方框，可以绘出系统对应的信号流图，如图 2-36 所示。

由图 2-36 可见，从源点 $R(s)$ 到阱点 $C(s)$ 之间，有一条前向通路，其增益为

$$p_1 = G_1 G_2 G_3 G_4$$

有三个相互接触的单独回路，其回路增益分别为

$$L_1 = -G_2 G_3 H_1, L_2 = -G_3 G_4 H_2, L_3 = -G_1 G_2 G_3 G_4 H_3$$

没有互不接触回路。因此，流图特征式

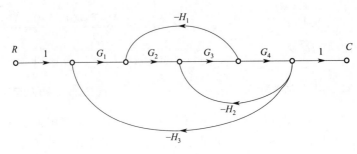

图 2-36  信号流图

$$\Delta = 1 - (L_1 + L_2 + L_3) = 1 + G_2 G_3 H_1 + G_3 G_4 H_2 + G_1 G_2 G_3 G_4 H_3$$

由于前向通路与所有单独回路都接触，所以余因子式为

$$\Delta_1 = 1$$

根据梅森增益公式，得系统闭环传递函数为

$$\frac{C(s)}{R(s)} = \frac{p_1 \Delta_1}{\Delta} = \frac{G_1 G_2 G_3 G_4}{1 + G_2 G_3 H_1 + G_3 G_4 H_2 + G_1 G_2 G_3 G_4 H_3}$$

## 2.5  闭环控制系统的传递函数

分析控制系统输出量的变化规律，就要考虑系统的输入作用。系统输入有两类：一类是给定输入信号，通常加于系统的输入端；另一类则是干扰信号，一般作用在被控对象上。为了尽可能消除干扰对系统输出的影响，一般采用负反馈控制的方式，将系统设计成负反馈控制（闭环）系统。一个考虑扰动的反馈控制系统的典型结构方框图如图 2-37 所示。下面介绍反馈控制系统的一般概念。

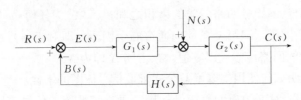

图 2-37  闭环控制系统的典型结构

### 2.5.1  闭环系统的开环传递函数

闭环特征多项式 $[1 + G_1(s)G_2(s)H(s)]$ 中的 $G_1(s)G_2(s)H(s)$ 称为开环传递函数。开环传递函数可以理解为，在图 2-37 中，将闭环回路在 $B(s)$ 处断开，从输入 $R(s)$ 到 $B(s)$ 处的传递函数，它等于此时 $B(s)$ 与 $R(s)$ 的比值，亦即前向通路传递函数与反馈通路传递函数的乘积。开环传递函数并不是开环系统的传递函数，而是指闭环系统在开环时的传递函数。

### 2.5.2  系统的闭环传递函数

（1）$r(t)$ 作用下系统的闭环传递函数

令 $n(t)=0$，此时结构图如图 2-38 所示。化简得输出 $c(t)$ 与输入 $r(t)$ 之间的传递函数为

$$\Phi(s)=\frac{C(s)}{R(s)}=\frac{G_1(s)G_2(s)}{1+G_1(s)G_2(s)H(s)} \tag{2-73}$$

称 $\Phi(s)$ 为在给定输入信号 $r(t)$ 作用下系统的闭环传递函数，输出的拉普拉斯变换式为

$$C(s)=\Phi(s)R(s)=\frac{G_1(s)G_2(s)}{1+G_1(s)G_2(s)H(s)}R(s) \tag{2-74}$$

（2） $n(t)$ 作用下系统的闭环传递函数

令 $r(t)=0$，则图 2-37 简化为图 2-39。

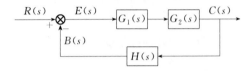

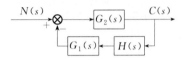

图 2-38　$r(t)$ 作用下的系统结构图　　　图 2-39　$n(t)$ 作用下的系统结构图

根据图 2-39，化简得 $c(t)$ 与 $n(t)$ 之间的传递函数为

$$\Phi_N(s)=\frac{C(s)}{N(s)}=\frac{G_2(s)}{1+G_1(s)G_2(s)H(s)} \tag{2-75}$$

$\Phi_N(s)$ 为在干扰信号 $n(t)$ 作用下系统的闭环传递函数。此时输出的拉普拉斯变换式为

$$C(s)=\Phi_N(s)N(s)=\frac{G_2(s)}{1+G_1(s)G_2(s)H(s)}N(s) \tag{2-76}$$

（3）系统的总输出

当出现 $r(t)$ 和 $n(t)$ 同时作用于系统时，此时根据线性系统的叠加原理，总输出的拉普拉斯变换式为

$$C(s)=\Phi(s)R(s)+\Phi_N(s)N(s)=\frac{G_1(s)G_2(s)}{1+G_1(s)G_2(s)H(s)}R(s)+\frac{G_2(s)}{1+G_1(s)G_2(s)H(s)}N(s) \tag{2-77}$$

### 2.5.3　闭环系统的误差传递函数

误差是指给定输入信号 $r(t)$ 与主反馈信号 $b(t)$ 的差值，用 $e(t)$ 表示，其拉普拉斯变换式为

$$E(s)=R(s)-B(s)$$

研究各种输入作用（包括给定输入信号和扰动输入信号）下所引起系统的误差变化规律，常用到误差传递函数，下面做具体介绍。

（1） $r(t)$ 作用下系统的误差传递函数

令 $n(t)=0$，此时系统结构图如图 2-40 所示，求得系统误差对给定作用的误差传递函数为

$$\Phi_E(s)=\frac{E(s)}{R(s)}=\frac{1}{1+G_1(s)G_2(s)H(s)} \tag{2-78}$$

此时，在 $r(t)$ 作用下系统的误差为

$$E(s)=\Phi_E(s)R(s)=\frac{1}{1+G_1(s)G_2(s)H(s)}R(s) \tag{2-79}$$

（2）$n(t)$ 作用下系统的误差传递函数

令 $r(t)=0$，此时系统结构图如图 2-41 所示，求得系统误差对干扰信号的误差传递函数为

$$\Phi_{EN}(s)=\frac{E(s)}{N(s)}=\frac{-G_2(s)H(s)}{1+G_1(s)G_2(s)H(s)} \tag{2-80}$$

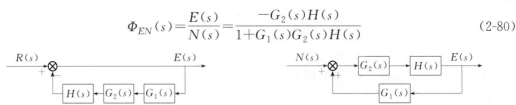

图 2-40　$r(t)$ 作用下的误差输出的结构图　　　　图 2-41　$n(t)$ 作用下的误差输出的结构图

此时，在 $n(t)$ 作用下系统的误差为

$$E(s)=\Phi_{EN}(s)N(s)=\frac{-G_2(s)H(s)}{1+G_1(s)G_2(s)H(s)}N(s) \tag{2-81}$$

（3）系统的总误差

在 $r(t)$ 和 $n(t)$ 同时作用于系统时，此时系统的总误差满足叠加定理，即

$$E(s)=\Phi_E(s)R(s)+\Phi_{EN}(s)N(s) \tag{2-82}$$

## 2.5.4　闭环系统的特征方程

观察上面式(2-73)、式(2-75)、式(2-78)、式(2-80) 四个传递函数表达式，可以看出，它们虽然各不相同，但分母均为 $1+G_1(s)G_2(s)H(s)$，这是闭环控制系统各种传递函数的规律性，称为闭环特征多项式。令

$$D(s)=1+G_1(s)G_2(s)H(s)=0 \tag{2-83}$$

式(2-83) 称为闭环系统的特征方程，如果将式(2-83) 改写成如下形式：

$$s^n+a_1s^{n-1}+\cdots+a_{n-1}s+a_n=(s+p_1)(s+p_2)\cdots(s+p_n)=0 \tag{2-84}$$

则 $-p_1$、$-p_2$、$\cdots$、$-p_n$ 称为特征方程的根，或称为闭环系统的极点。特征方程的根是一个非常重要的参数，因为它与控制系统的瞬态响应和系统的稳定性密切相关。

另外，如果适当选择系统中的参数，使 $|G_1(s)G_2(s)H(s)|\gg1$ 及 $|G_1(s)H(s)|\gg1$，则系统的总输出表达式(2-77) 可近似为

$$C(s)\approx\frac{1}{H(s)}R(s)+0N(s)$$

即

$$E(s)=R(s)-H(s)C(s)\approx0$$

这表明，采用反馈控制的系统，适当地匹配元件或部件的结构参数，有可能获得较高的工作精度和很强的抑制干扰能力，同时又具备理想的复现、跟随指令输入的性能，这正是闭环控制优于开环控制之处。

## 习　题

2-1　设初始条件为零，试用拉普拉斯变换法求解下列微分方程式，并概略绘制 $x(t)$ 曲线。

① $2\dot{x}(t)+x(t)=t$；

② $\ddot{x}(t)+\dot{x}(t)+x(t)=\delta(t)$；

③ $\ddot{x}(t)+2\dot{x}(t)+x(t)=1(t)$。

2-2　试分别列写图 2-42 中各无源网络的微分方程式。

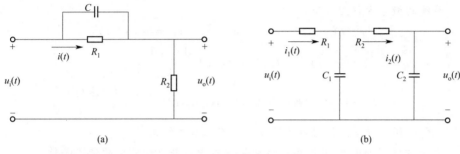

图 2-42　习题 2-2 图

2-3　弹簧-质量-阻尼器系统如图 2-43 所示，其中，$K$ 为弹簧的弹性系数，$c$ 为阻尼器的阻尼系数，$m$ 表示小车的质量。如果忽略小车与地面的摩擦，试列写以外力 $F(t)$ 为输入，以位移 $y(t)$ 为输出的系统微分方程。

2-4　试求图 2-44 中的各传递函数 $U_o(s)/U_i(s)$。

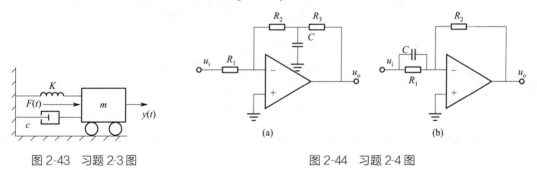

图 2-43　习题 2-3 图　　　　　　　图 2-44　习题 2-4 图

2-5　用运算放大器组成的有源网络如图 2-45 所示，试采用复阻抗法写出它们的传递函数。

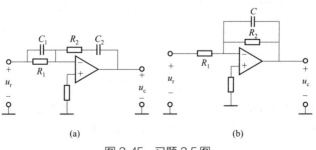

图 2-45　习题 2-5 图

2-6　系统的微分方程组为：

$$x_1(t) = r(t) - c(t)$$

$$T_1 \frac{dx_2(t)}{dt} = k_1 x_1(t) - x_2(t)$$

$$x_3(t) = x_2(t) - k_3 c(t)$$

$$T_2 \frac{dc(t)}{dt} + c(t) = k_2 x_3(t)$$

式中，$T_1$、$T_2$、$k_1$、$k_2$、$k_3$ 均为正的常数。系统的输入为 $r(t)$，输出为 $c(t)$，试画出动态结构图，并求出传递函数 $G(s) = C(s)/R(s)$。

2-7　系统的微分方程组如下：

$$x_1(t) = r(t) - c(t) + n_1(t), x_2(t) = K_1 x_1(t)$$

$$x_3(t) = x_2(t) - x_5(t), T \frac{dx_4(t)}{dt} = x_3$$

$$x_5(t) = x_4(t) - K_2 nNN_2(t), K_0 x_5(t) = \frac{d^2 c(t)}{dt^2} + \frac{dc(t)}{dt}$$

式中，$K_0$、$K_1$、$K_2$、$T$ 均为正常数。试建立系统结构图。

2-8　系统方框图如图 2-46 所示，试简化方框图，并求出它们的传递函数。

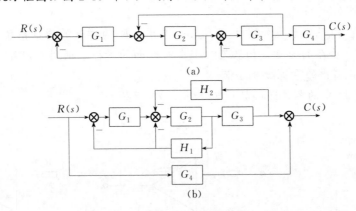

(a)

(b)

图 2-46　习题 2-8 图

2-9　试绘制图 2-47 中系统结构图对应的信号流图，并用梅森增益公式求系统的传递函数 $C(s)/R(s)$。

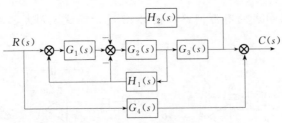

图 2-47　习题 2-9 图

2-10　系统的信号流图如图 2-48 所示，试用梅森增益公式求 $C(s)/R(s)$。

2-11　已知系统的结构图如图 2-49 所示，图中 $R(s)$ 为输入信号，$N(s)$ 为干扰信号，试求传递函数 $\dfrac{C(s)}{R(s)}$，$\dfrac{C(s)}{N(s)}$。

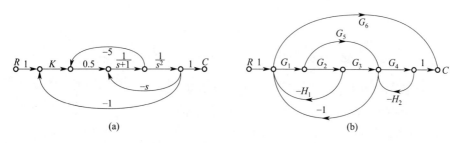

图 2-48　习题 2-10 图

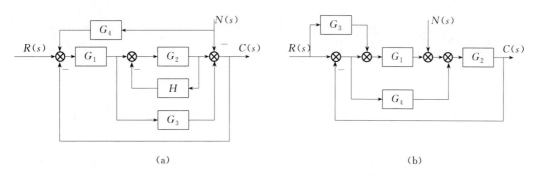

(a)　　　　　　　　　　　　　　(b)

图 2-49　习题 2-11 图

2-12　已知系统的动态结构图如图 2-50 所示，试求：

(1) 求传递函数 $\dfrac{C(s)}{R(s)}$ 和 $\dfrac{C(s)}{N(s)}$;

(2) 若要求消除干扰对输出的影响，求出 $G_c(s)$。

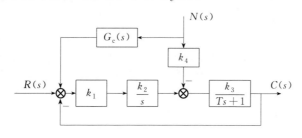

图 2-50　习题 2-12 图

2-13　已知某复合控制系统的结构图如图 2-51 所示，试求系统的传递函数 $\dfrac{C(s)}{R(s)}$。

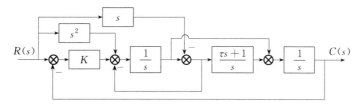

图 2-51　习题 2-13 图

2-14　已知某系统结构图如图 2-52 所示，试写出系统在输入 $R(s)$ 及扰动 $N(s)$ 同时作

用下输出 $C(s)$ 的表达式。

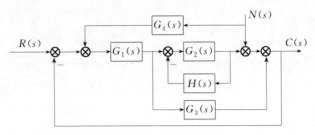

图 2-52 习题 2-14 图

第 **3** 章

# 时域分析法

对于线性控制系统工程上常用的分析方法有时域分析法、根轨迹分析法、频域分析法等。本章重点介绍时域分析法，所谓时域分析法，是指控制系统在一定的输入信号作用下，根据系统输出量的时域表达式，分析系统的稳定性、暂态和稳态性能。时域分析法是一种在时间域中对系统分析的方法，具有直观和准确的优点。

本章主要介绍典型输入信号，一阶系统、二阶系统及高阶系统的瞬态响应分析，控制系统的时域响应性能指标，控制系统的稳定性及其稳态误差的计算等主要内容。

## 3.1 典型输入信号

时域法分析系统特性是通过对系统的动态响应（也称瞬态响应）过程来评价的。系统的动态响应不仅取决于系统本身的结构参数，还与系统的初始状态以及输入有关。在分析瞬态响应时，我们往往选择典型输入信号。所谓典型输入信号，是指很接近实际控制系统、经常遇到的，并在数学描述上经过理想化处理后，用简单的函数形式表达出来的信号。选择某些典型函数作为系统输入信号，不仅使问题的数学处理系统化，而且典型输入信号的响应往往可以作为分析复杂输入时系统性能的基础。

常见的典型输入信号如下：

（1）阶跃信号

阶跃输入信号如图 3-1 所示，其数学表达式为

$$r(t) = \begin{cases} 0 & t < 0 \\ A & t \geq 0 \end{cases} \tag{3-1}$$

式中，$A$ 为常量。当 $A=1$ 时，为单位阶跃函数。阶跃信号是瞬时突变，然后保持的信号。在工程实际中，温度的突变、负载的突变等均可视作阶跃信号。

（2）斜坡信号

斜坡信号表示由零开始随时间 $t$ 线性增长的信号，如图 3-2 所示，其数学表达式为

$$r(t) = \begin{cases} 0 & t < 0 \\ At & t \geq 0 \end{cases} \tag{3-2}$$

式中，$A$ 为常量。当 $A=1$ 时，为单位斜坡函数。随动系统中恒速变化的位置指令信号和数控机床中直线进给位置信号都是随时间逐渐变化的斜坡信号实例。

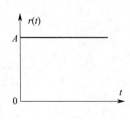

图 3-1　阶跃函数

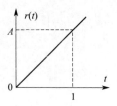

图 3-2　斜坡函数

（3）抛物线信号

抛物线信号也称恒定加速度信号，它表示随时间以等加速度增长的信号，如图 3-3 所示。其数学表达式为

$$r(t) = \begin{cases} 0 & t < 0 \\ \dfrac{1}{2}At^2 & t \geqslant 0 \end{cases} \tag{3-3}$$

式中，$A$ 为常量。当 $A=1$ 时，为单位抛物线函数，也称为单位等加速度函数。等加速度变化的位置指令信号就是抛物线信号的实例之一。

（4）脉冲信号

脉冲信号是持续时间 $\varepsilon$ 极短的信号，如图 3-4(a) 所示，其数学表达式为

$$r(t) = \begin{cases} 0 & t < 0, t > \varepsilon \\ 1/\varepsilon & 0 \leqslant t \leqslant \varepsilon \end{cases} \tag{3-4}$$

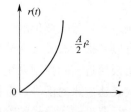

图 3-3　抛物线函数

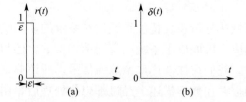

图 3-4　脉冲函数

它是宽度为 $\varepsilon$、高度为 $1/\varepsilon$ 的矩形脉冲，当 $\varepsilon \to 0$ 时成为单位脉冲函数，也称 $\delta$ 函数，如图 3-4(b) 所示。单位脉冲函数的表达式为

$$\delta(t) = \begin{cases} 0, t = 0 \\ \infty, t \neq 0 \end{cases} \quad \text{且} \quad \int_{0^-}^{0^+} \delta(t)\mathrm{d}t = 1 \tag{3-5}$$

理想的单位脉冲函数是对脉冲宽度足够小的实际脉冲的数学抽象。实际的脉冲信号、撞击力等均可视为理想脉冲。若已知系统对单位脉冲函数的响应，则系统对其他很多信号的响应，就可采用卷积分求得。

（5）正弦信号

正弦信号如图 3-5 所示，其数学表达式为

$$r(t) = \begin{cases} 0 & t < 0 \\ A\sin\omega t & t \geqslant 0 \end{cases} \tag{3-6}$$

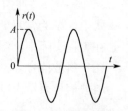

图 3-5　正弦函数

式中，$A$ 为振幅；$\omega$ 为角频率，$\omega = 2\pi/T$。

## 3.2　瞬态响应分析

### 3.2.1　一阶系统的瞬态响应

一阶系统的数学模型为一阶微分方程。一阶系统的典型结构如图 3-6 所示。

系统的闭环传递函数为

$$W(s)=\frac{C(s)}{R(s)}=\frac{1}{Ts+1} \qquad (3-7)$$

式中，$T$ 为一阶系统的时间常数。

(1) 一阶系统的单位阶跃响应

设一阶系统的输入信号为单位阶跃函数 $r(t)=1(t)$，其拉普拉斯变换为 $R(s)=\dfrac{1}{s}$，则

$$C(s)=W(s)R(s)=\frac{1}{Ts+1}\times\frac{1}{s}=\frac{1}{s}-\frac{T}{Ts+1}=\frac{1}{s}-\frac{1}{s+\dfrac{1}{T}} \qquad (3-8)$$

进行拉普拉斯反变换得

$$c(t)=1-\mathrm{e}^{-t/T},t\geqslant 0 \qquad (3-9)$$

由式(3-9) 可见，一阶系统的单位阶跃响应是一条初始值为零，以指数规律上升到终值 $c(\infty)=1$ 的曲线，为非周期响应，如图 3-7 所示。系统输出量不能瞬时完成与输入量完全一致的变化。根据图 3-7 可以得到如下性能：

① 由于时间常数 $T$ 反映系统的惯性，因此一阶系统的惯性越小，其响应过程越快；反之，惯性越大，响应越慢；

② 经过时间 $T$ 曲线上升到 0.632 的高度，反过来，用实验的方法测出响应曲线达到稳态值的 63.2％高度点所用的时间，即是惯性环节的时间常数 $T$；

③ 经过时间 $3T\sim 4T$，响应曲线达到稳态值的 $95\%\sim 98\%$，可以认为其调整过程已经完成，故一般取调整时间为 $(3\sim 4)T$；

④ 在 $t=0$ 处，响应曲线的斜率为 $\left.\dfrac{\mathrm{d}c(t)}{\mathrm{d}t}\right|_{t=0}=\dfrac{1}{T}$，初始斜率特性也是常用的确定一阶系统时间常数的方法之一；

⑤ 一阶系统总是稳定的，无振荡，无超调，稳态误差为 0。

(2) 一阶系统的单位脉冲响应

系统在单位脉冲信号作用下的输出响应称为单位脉冲响应。设输入 $r(t)=\delta(t)$，其拉普拉斯变换为 $R(s)=1$，则输出量的拉普拉斯变换为

$$C(s)=W(s)R(s)=\frac{1}{1+Ts}=\frac{\dfrac{1}{T}}{s+\dfrac{1}{T}} \qquad (3-10)$$

单位脉冲响应为

$$c(t)=\frac{1}{T}\mathrm{e}^{-\frac{t}{T}} \qquad (3-11)$$

其响应曲线如图 3-8 所示。

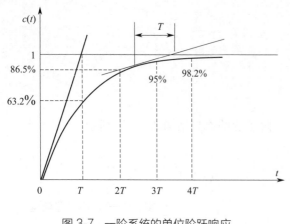

图 3-7　一阶系统的单位阶跃响应

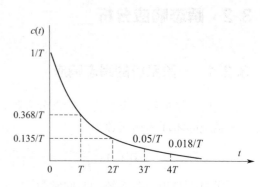

图 3-8　一阶系统的单位脉冲响应

（3）一阶系统的单位斜坡响应

控制系统在单位斜坡信号 $r(t)=t$ 作用下的输出响应称为单位斜坡响应。单位斜坡信号的拉普拉斯变换为 $R(s)=\dfrac{1}{s^2}$，则输出量的拉普拉斯变换为

$$C(s)=W(s)R(s)=\frac{1}{1+Ts}\times\frac{1}{s^2}=\frac{1}{s^2}-\frac{T}{s}+\frac{T}{s+\dfrac{1}{T}} \tag{3-12}$$

则单位斜坡响应为

$$c(t)=t-T+Te^{-\frac{t}{T}} \tag{3-13}$$

单位斜坡响应曲线如图 3-9 所示。期望输出与实际输出间的误差为

$$e(t)=r(t)-c(t)=t-(t-T+Te^{-\frac{t}{T}})=T(1-e^{-\frac{t}{T}})$$

稳态误差 $e_{ss}=\lim\limits_{t\to\infty}e(t)=T$。一阶系统的单位斜坡响应存在稳态误差，其大小与时间常数 $T$ 成正比。

由上述分析可知，从输入信号看，单位斜坡信号的一阶导数为单位阶跃信号，而单位阶跃信号的一阶导数为单位脉冲信号。相应地，从输出信号看，单位斜坡响应的导数为单位阶跃响应，而单位阶跃响应的导数为单位脉冲响应。

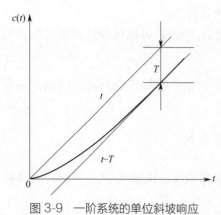

图 3-9　一阶系统的单位斜坡响应

由此得出线性定常系统的一个重要性质：若两输入信号存在积分或微分的关系，则它们对应的响应也存在积分或微分关系。因此，对线性定常系统而言，分析出一种典型信号的响应，就可推知其他。

### 3.2.2　二阶系统的瞬态响应

以二阶微分方程作为运动方程的控制系统，称为二阶系统。从物理意义上讲，二阶系统起码包含两个储能元件，能量有可能在两个元件之间交换，引起系统具有往复振荡的趋势，当阻尼不够充分大时，系统呈现出振荡的特性。所以，典型的二阶系统也称为二阶振荡环节。

在控制工程中，不仅二阶系统的典型应用极为普遍，而且不少高阶系统的特性在一定条件下可用二阶系统的特性来表征。因此，着重研究二阶系统的分析和计算方法具有较大的实际意义。

典型二阶系统的动态结构如图 3-10 所示，其开环传递函数为

$$W(s) = \frac{C(s)}{R(s)} = \frac{\omega_n^2}{s^2 + 2\zeta\omega_n s + \omega_n^2} \qquad (3-14)$$

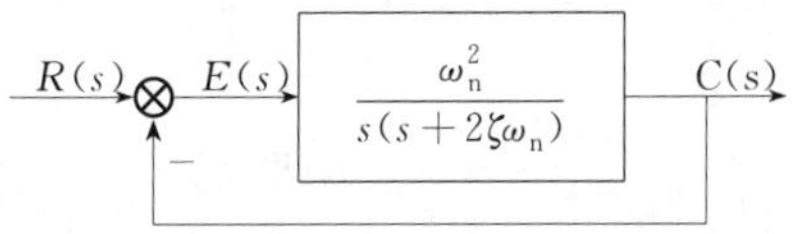

图 3-10　典型二阶系统的动态结构

式中，$\zeta$ 为阻尼比；$\omega_n$ 为无阻尼自然振荡频率。

在实际工程中，对于不同的物理系统，系统参数 $\zeta$、$\omega_n$ 所代表的物理意义是不同的。但只要将实际系统的传递函数变换成与式(3-14) 相同的标准形式，则很容易获得参数 $\zeta$、$\omega_n$ 的具体数值。因此，只要分析出二阶系统标准形式的动态性能指标与其参数 $\zeta$、$\omega_n$ 间的关系，便可据此求得任何二阶系统的动态性能指标。

令式(3-14) 的分母多项式为零，得二阶系统的特征方程为

$$s^2 + 2\zeta\omega_n s + \omega_n^2 = 0 \qquad (3-15)$$

其两个根（闭环极点）为

$$s_{1,2} = -\zeta\omega_n \pm \omega_n \sqrt{\zeta^2 - 1} \qquad (3-16)$$

下面将根据式(3-15)，研究二阶系统的单位阶跃响应情况：

① 当 $0 < \zeta < 1$ 时，称为欠阻尼状态。此时，特征根为一对具有负实部的共轭复数根，即 $s_{1,2} = -\zeta\omega_n \pm j\omega_n\sqrt{1-\zeta^2}$。令 $\omega_d = \omega_n\sqrt{1-\zeta^2}$，称 $\omega_d$ 为二阶系统的阻尼振荡频率。则 $s_{1,2} = -\zeta\omega_n \pm j\omega_d$ 为一对复数根。

当输入信号为单位阶跃函数 $r(t) = 1(t)$ 时，其拉普拉斯变换 $R(s) = \dfrac{1}{s}$，则

$$C(s) = \frac{\omega_n^2}{s^2 + 2\zeta\omega_n s + \omega_n^2} \times \frac{1}{s} = \frac{\omega_n^2}{(s + \zeta\omega_n + j\omega_d)(s + \zeta\omega_n - j\omega_d)} \times \frac{1}{s}$$

$$= \frac{1}{s} - \frac{s + \zeta\omega_n}{(s + \zeta\omega_n)^2 + \omega_d^2} - \frac{\zeta\omega_n}{(s + \zeta\omega_n)^2 + \omega_d^2} \qquad (3-17)$$

对上式取拉普拉斯反变换，求得单位阶跃响应为

$$c(t) = 1 - e^{-\zeta\omega_n t}\cos\omega_d t - \frac{\zeta}{\sqrt{1-\zeta^2}}e^{-\zeta\omega_n t}\sin\omega_d t$$

$$= 1 - \frac{e^{-\zeta\omega_n t}}{\sqrt{1-\zeta^2}}\left(\sqrt{1-\zeta^2}\cos\omega_d t + \zeta\sin\omega_d t\right)$$

$$= 1 - \frac{e^{-\zeta\omega_n t}}{\sqrt{1-\zeta^2}}\sin(\omega_d t + \beta) \qquad (3-18)$$

式中，$\beta = \tan^{-1}(\sqrt{1-\zeta^2}/\zeta)$，或 $\beta = \cos^{-1}\zeta$，称为阻尼角。由式(3-18) 可知，当 $0 < \zeta < 1$ 时，二阶系统的单位阶跃响应是以 $\omega_d$ 为角频率的衰减振荡，其特征根分布和响应曲线如图 3-11 所示；且阶跃响应随着 $\zeta$ 的减小，其振荡幅度加大，即超调量加大。

② 当 $\zeta = 1$，称为临界阻尼状态。此时，系统特征根为两个相等的负实根，即 $s_{1,2} =$

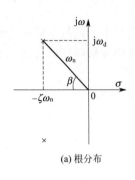

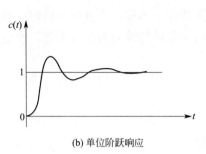

(a) 根分布　　　　　　　　　(b) 单位阶跃响应

图 3-11　欠阻尼情况

$-\omega_n$，在单位阶跃输入下系统输出的拉普拉斯变换为

$$C(s)=\frac{\omega_n^2}{(s+\omega_n)^2 s}=\frac{1}{s}-\frac{1}{s+\omega_n}-\frac{\omega_n}{(s+\omega_n)^2}$$

则系统的响应为

$$c(t)=1-e^{-\omega_n t}(1+\omega_n t),t\geqslant0 \tag{3-19}$$

由式(3-19) 可知，响应曲线无振荡和超调，其特征根分布和响应曲线如图 3-12 所示。

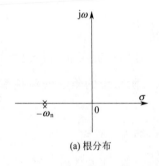

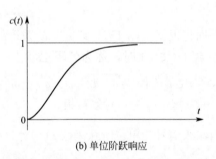

(a) 根分布　　　　　　　　　(b) 单位阶跃响应

图 3-12　临界阻尼情况

③ 当 $\zeta>1$，称为过阻尼状态。此时，系统特征根为两个不相等的负实根，即 $s_{1,2}=-\zeta\omega_n\pm\omega_n\sqrt{\zeta^2-1}$，在单位阶跃输入下系统输出的拉普拉斯变换为

$$C(s)=\frac{k_1}{s}+\frac{k_2}{s-s_1}+\frac{k_3}{s-s_2}$$

式中，$k_1$，$k_2$，$k_3$ 为待定系数。求得系统的响应为

$$c(t)=A_1+A_2 e^{s_1 t}+A_3 e^{s_2 t},t\geqslant0 \tag{3-20}$$

由于 $s_1$，$s_2$ 为两个不相等的负实数根，则系统的响应随时间 $t$ 单调上升，无振荡和超调，且阻尼比越大，过渡过程时间越长。在所有无超调的二阶系统中，临界阻尼时，响应速度最快。过阻尼情况的特征根分布和响应曲线如图 3-13 所示。由于响应中含有负指数项，因而随着时间的推移，对应的分量逐渐趋于零，输出响应最终趋于稳态值。

④ 当 $\zeta=0$，称为无阻尼状态。此时，系统特征根为一对纯虚根，即 $s_{1,2}=\pm j\omega_n$。在单位阶跃输入下系统输出的拉普拉斯变换为

$$C(s)=\frac{\omega_n^2}{s^2+\omega_n^2}\times\frac{1}{s}=\frac{1}{s}-\frac{s}{s^2+\omega_n^2}$$

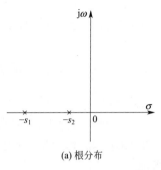
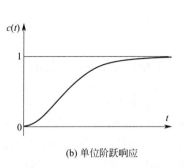

(a) 根分布　　　　　　　　　　　　　(b) 单位阶跃响应

图 3-13　过阻尼情况

对上式进行拉普拉斯反变换可得控制系统的时域响应为

$$c(t) = 1 - \cos\omega_n t, t \geqslant 0 \tag{3-21}$$

由式(3-21)可知，系统的单位阶跃响应为等幅振荡波形。系统的等幅振荡是不能正常工作状态，属不稳定状态。

⑤ 当 $\zeta < 0$ 时，称为负阻尼状态。此时系统的两个特征根均具有正实部，阶跃响应发散，也就是说阶跃响应的幅值随时间增加趋于无穷大。这样的系统不稳定，不能正常工作。

## 3.2.3　时域性能指标

（1）动态性能指标

描述稳定的系统在单位阶跃函数作用下，动态过程随时间 $t$ 的变化状况的指标，称为动态性能指标。对于图 3-14 所示单位阶跃响应 $c(t)$，其动态性能指标通常为：

① 延迟时间 $t_d$，指响应曲线第一次达到稳态值一半所需要的时间。

② 上升时间 $t_r$，指响应曲线从稳态值 10% 上升到稳态值 90% 所需要的时间；对于有振荡的系统，也可定义为响应从零第一次上升到稳态值所需要的时间。上升时间是系统响应速度的一种度量。

③ 峰值时间 $t_p$，指响应超过稳态值达到第一个峰值所需要的时间。

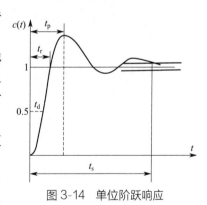

④ 调节时间 $t_s$，指响应达到并保持在稳态值 ±5%（或 ±2%）内所需要的最短时间。调节时间反映系统响应的快速性。

图 3-14　单位阶跃响应

⑤ 超调量（也称为最大百分比超调量）$\sigma\%$，指响应的最大偏离量 $c(t_p)$ 与稳态值 $c(\infty)$ 之差的百分比，即：

$$\sigma\% = \frac{c(t_p) - c(\infty)}{c(\infty)} \times 100\% \tag{3-22}$$

最大百分比超调量说明系统的相对稳定性。如果系统响应单调变化，则响应无超调。

（2）稳态性能指标

稳态误差是描述系统稳态性能的一种性能指标，通常在阶跃函数、斜坡函数和加速度函数作用下进行测定或计算。若时间趋于无穷大时，系统的输出量不等于输入量或输入量的确定函数，则系统存在稳态误差。稳态误差是系统控制精度或抗扰动能力的一种度量。

### 3.2.4　二阶系统的动态性能指标

通常，工程实际中往往习惯把二阶系统设计成欠阻尼工作状态。此时，系统调节灵敏，响应快，且平稳性也较好。而过阻尼和临界阻尼系统的响应过程，虽然平稳性好，但响应过程缓慢。所以，采用欠阻尼瞬态响应指标来评价二阶系统的响应特性，具有较大实际意义。

下面重点推导二阶系统欠阻尼情况下的动态性能指标。

（1）上升时间 $t_r$

根据 $t_r$ 的定义，当 $t=t_r$ 时，$c(t_r)=1$。由式（3-18）可得

$$1=1-\frac{e^{-\zeta\omega_n t_r}}{\sqrt{1-\zeta^2}}\sin(\omega_d t_r+\beta)$$

即

$$\frac{e^{-\zeta\omega_n t_r}}{\sqrt{1-\zeta^2}}\sin(\omega_d t_r+\beta)=0$$

$$\sin(\omega_d t_r+\beta)=0$$

$$\omega_d t_r+\beta=0,\pi,2\pi,3\pi\cdots$$

由于上升时间 $t_r$ 是响应曲线第一次达到输出稳态值的时间，故取 $\omega_d t_r=\pi-\beta$，因此有

$$t_r=\frac{\pi-\beta}{\omega_d} \tag{3-23}$$

（2）峰值时间 $t_p$

根据 $t_p$ 的定义，将式（3-18）对时间 $t$ 求导数，并令其为零，可求出 $t_p$ 为

$$\frac{dc(t)}{dt}\bigg|_{t=t_p}=0$$

$$\frac{-1}{\sqrt{1-\zeta^2}}[-\zeta\omega_n e^{-\zeta\omega_n t_p}\sin(\omega_d t_p+\beta)+\omega_d e^{-\zeta\omega_n t_p}\cos(\omega_d t_p+\beta)]=0$$

$$\frac{-\omega_n e^{-\zeta\omega_n t_p}}{\sqrt{1-\zeta^2}}[\sqrt{1-\zeta^2}\cos(\omega_d t_p+\beta)-\zeta\sin(\omega_d t_p+\beta)]=0$$

$$\frac{\sin(\omega_d t_p+\beta)}{\cos(\omega_d t_p+\beta)}=\frac{\sqrt{1-\zeta^2}}{\zeta}$$

$$\tan(\omega_d t_p+\beta)=\tan\beta$$

$$\omega_d t_p=0,\pi,2\pi\cdots$$

由于峰值时间 $t_p$ 是响应曲线达到第一个峰值所需的时间，故 $\omega_d t_p=\pi$，则

$$t_p=\frac{\pi}{\omega_d}=\frac{\pi}{\omega_n\sqrt{1-\zeta^2}} \tag{3-24}$$

（3）超调量 $\sigma\%$

将 $t_p=\pi/\omega_d$ 代入欠阻尼二阶系统单位阶跃响应式（3-18）中，求得 $c(t_p)=1+e^{-\zeta\pi/\sqrt{1-\zeta^2}}$，而 $c(\infty)=1$，所以有

$$\sigma\% = \frac{c(t_{\mathrm p})-c(\infty)}{c(\infty)}\times 100\% = \frac{c(t_{\mathrm p})-1}{1}\times 100\% = e^{-\zeta\pi/\sqrt{1-\zeta^2}}\times 100\% \qquad (3\text{-}25)$$

由式(3-25)可见，最大百分比超调量 $\sigma\%$ 仅由 $\zeta$ 决定，$\zeta$ 越小，超调量越大。当 $\zeta=0$ 时，$\sigma\%=100\%$；而当 $\zeta=1$ 时，$\sigma\%=0$，此时系统响应无超调。

（4）调节时间 $t_{\mathrm s}$

调节时间 $t_{\mathrm s}$ 定义为响应曲线进入并保持在允许的误差带内（$\pm 2\%$ 或 $\pm 5\%$）所需要的最短时间，即

$$|c(t)-c(\infty)|\leqslant \Delta c(\infty), t\geqslant t_{\mathrm s}, \begin{cases}\Delta=2\% \\ \Delta=5\%\end{cases}$$

根据式(3-18)系统单位阶跃响应表达式及 $c(\infty)=1$，可得

$$\left|\frac{e^{-\zeta\omega_{\mathrm n}t}}{\sqrt{1-\zeta^2}}\sin(\omega_{\mathrm d}t+\beta)\right|\leqslant \Delta, t\geqslant t_{\mathrm s} \qquad (3\text{-}26)$$

根据式(3-26)直接求解出 $t_{\mathrm s}$ 的表达式极为困难。如图 3-15 所示，$1\pm\dfrac{e^{-\zeta\omega_{\mathrm n}t}}{\sqrt{1-\zeta^2}}$ 是系统的单位阶跃响应衰减振荡曲线的包络线。可以看出，只要包络线进入误差带，则响应曲线一定进入误差带。所以式(3-26)可近似为 $\dfrac{e^{-\zeta\omega_{\mathrm n}t}}{\sqrt{1-\zeta^2}}\leqslant \Delta$，因此可求得调节时间为

$$t_{\mathrm s}=\frac{1}{\zeta\omega_{\mathrm n}}\ln\left(\frac{1}{\Delta\sqrt{1-\zeta^2}}\right) \qquad (3\text{-}27)$$

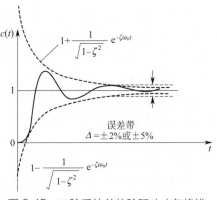

图 3-15　二阶系统单位阶跃响应包络线

当 $0<\zeta<0.9$ 时，由式(3-27)可进一步得到

$$t_{\mathrm s}\approx \frac{3}{\zeta\omega_{\mathrm n}},\Delta=5\%; t_{\mathrm s}\approx \frac{4}{\zeta\omega_{\mathrm n}},\Delta=2\% \qquad (3\text{-}28)$$

由以上讨论可得到如下结论：

① 一般情况下，系统在欠阻尼情况下工作。但是 $\zeta$ 过小，则超调量大，振荡次数多，调节时间长，暂态特性品质差。应该注意，超调量只和阻尼比有关。因此，通常可以根据允许的超调量来选择阻尼比 $\zeta$。

② 调节时间与系统阻尼比 $\zeta$ 和 $\omega_{\mathrm n}$ 这两个特征参数的乘积成反比。在阻尼比一定时，可通过改变 $\omega_{\mathrm n}$ 来改变暂态响应的持续时间。$\omega_{\mathrm n}$ 越大，系统的调节时间越短。

③ 为了限制超调量，并使调节时间 $t_{\mathrm s}$ 较短，阻尼比一般在 $0.4\sim 0.8$ 之间，这时阶跃响应的超调量将在 $1.5\%\sim 25\%$ 之间。

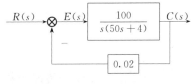

图 3-16　例 3-1 系统结构图

［例 3-1］　试求如图 3-16 所示系统的超调量 $\sigma\%$、峰值时间 $t_{\mathrm p}$ 和进入 $\pm 5\%$ 误差带时的调节时间 $t_{\mathrm s}$。

［解］　由图求得系统传递函数，并化为标准形式，然后通过公式求出各项特征量及瞬态响应指标。

$$\frac{C(s)}{R(s)}=\frac{\dfrac{100}{s(50s+4)}}{1+\dfrac{100}{s(50s+4)}\times0.02}=\frac{100}{s(50s+4)+2}=\frac{2}{s^2+0.08s+0.04}$$

所以 $\omega_n=\sqrt{0.04}=0.2$，$\zeta=0.2$。因此按照相应的指标公式，可得

$$\sigma\%=e^{-\frac{\pi\zeta}{\sqrt{1-\zeta^2}}}=e^{-\frac{\pi\times0.2}{\sqrt{1-0.2^2}}}\approx52.7\%$$

$$t_p=\frac{\pi}{\omega_n\sqrt{1-\zeta^2}}=\frac{\pi}{0.2\sqrt{1-0.2^2}}\approx16.03(s)$$

$$t_s\approx\frac{3}{\zeta\omega_n}=\frac{3}{0.2\times0.2}=75(s)$$

### 3.2.5　二阶系统性能的改善

开环放大倍数 $K$ 的增大，可以使阻尼比 $\zeta$ 变小，从而降低斜坡信号作用下的稳态误差，但阻尼比的减小，却会使系统的超调量增大；对于具有死区、间歇和摩擦等非线性的系统，一般要采用高增益的放大器，但放大倍数 $K$ 取得过大，将会降低系统的相对稳定性，甚至于使系统失去稳定。

因此为了改善二阶系统的性能，需要在系统结构中加入附加的装置，通过调节附加装置的参数来改善系统的暂态性能。这个加入的附加装置称为校正装置，这个过程称为对系统校正或称为系统综合。

改善二阶系统性能的常用校正方法主要有以下 2 种。

① 误差信号的比例微分控制（PI 控制），如图 3-17 所示。

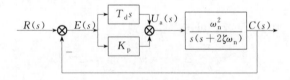

图 3-17　二阶系统的比例微分控制

比例微分控制，实际上在前向通道上加入误差信号的"比例＋微分"的控制器，简称为 PI 控制，控制器的传递函数为

$$G_c(s)=\frac{U_a(s)}{E(s)}=K_p+T_ds$$

则系统闭环传递函数为

$$W(s)=\frac{\omega_n^2(K_p+T_ds)}{s^2+(2\zeta\omega_n+T_d\omega_n^2)s+K_p\omega_n^2}$$

令 $\omega_n'=\sqrt{K_p\omega_n}$，$2\zeta'\omega_n'=2\zeta\omega_n+T_d\omega_n^2\Rightarrow\zeta'=\dfrac{2\zeta\omega_n+T_d\omega_n^2}{2\sqrt{K_p}\omega_n}=\dfrac{2\zeta+T_d\omega_n}{2\sqrt{K_p}}$，则闭环传递函数可改写为

$$W(s)=\frac{1}{z}\times\frac{\omega_n'^2(s+z)}{s^2+2\zeta'\omega_n's+\omega_n'^2} \tag{3-29}$$

式中，$z = \dfrac{K_{\mathrm{p}}}{T_{\mathrm{d}}}$。

由分析可得到结论：第一，系统的等效阻尼比和无阻尼振荡频率都增加了，在合理选择 $K_{\mathrm{p}}$、$T_{\mathrm{d}}$ 后，等效阻尼比的增加，将会有效地抑制系统的振荡，减小超调量；第二，系统由典型的二阶系统变成为一个附加有一个零点的二阶系统。这个附加的零点，具有微分作用，可以使系统的暂态响应速度加快。

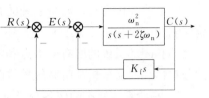

图 3-18　二阶系统的输出速度反馈控制

② 输出量的速度反馈控制（速度反馈校正），如图 3-18 所示。带有输出量的速度反馈控制的闭环传递函数为

$$W(s) = \frac{\omega_{\mathrm{n}}^2}{s^2 + (2\zeta\omega_{\mathrm{n}} + K_{\mathrm{f}}\omega_{\mathrm{n}}^2)s + \omega_{\mathrm{n}}^2} \tag{3-30}$$

等效阻尼比 $\zeta' = \zeta + \dfrac{1}{2}K_{\mathrm{f}}\omega_{\mathrm{n}}$。

分析结论：第一，带速度反馈的二阶系统仍然是典型二阶系统，其无阻尼振荡频率没有改变；第二，有效地提高了系统的阻尼比，系统的超调量可以明显减小；第三，由于 $\omega_{\mathrm{n}}$ 保持不变，而阻尼比增大，从而系统的调节时间 $t_{\mathrm{s}}$ 变小，则系统的响应速度得到加快。

## 3.2.6　高阶系统的近似分析

设高阶系统的传递函数可表示为

$$G(s) = \frac{b_0 s^m + b_1 s^{m-1} + \cdots + b_{m-1}s + b_m}{a_0 s^n + a_1 s^{n-1} + \cdots + a_{n-1}s + a_n}, n \geqslant m \tag{3-31}$$

设闭环传递函数的零点为 $-z_1$，$-z_2$，$\cdots$，$-z_m$，极点为 $-p_1$，$-p_2$，$\cdots$，$-p_n$，则闭环传递函数可表示为

$$W(s) = \frac{K(s+z_1)(s+z_2)\cdots(s+z_m)}{(s+p_1)(s+p_2)\cdots(s+p_n)}, n \geqslant m \tag{3-32}$$

当输入信号为单位阶跃信号时，输出信号为

$$C(s) = \frac{K\prod\limits_{i=1}^{m}(s+z_i)}{s\prod\limits_{j=1}^{q}(s+p_j)\prod\limits_{k=1}^{r}(s^2 + 2\zeta_k\omega_{\mathrm{n}k}s + \omega_{\mathrm{n}k}^2)} \tag{3-33}$$

式中，$n = q + 2r$，而 $q$ 为闭环实极点的个数，$r$ 为闭环共轭复数极点的对数；$K = b_0/a_0$。

用部分分式展开得

$$C(s) = \frac{A_0}{s} + \sum_{j=1}^{q}\frac{A_j}{s+p_j} + \sum_{k=1}^{r}\frac{B_k(s+\zeta_k\omega_{\mathrm{n}k}) + C_k\omega_{\mathrm{n}k}\sqrt{1-\zeta_k^2}}{s^2 + 2\zeta_k\omega_{\mathrm{n}k}s + \omega_{\mathrm{n}k}^2} \tag{3-34}$$

对上式取拉普拉斯逆变换得

$$C(t) = A_0 + \sum_{j=1}^{q}A_j\mathrm{e}^{-p_j t} + \sum_{k=1}^{r}B_k\mathrm{e}^{-\zeta_k\omega_{\mathrm{n}k}t}\cos\omega_{\mathrm{n}k}\sqrt{1-\zeta_k^2}\,t$$

$$+ \sum_{k=1}^{r} C_k e^{-\zeta_k \omega_{nk} t} \sin \omega_{nk} \sqrt{1 - \zeta_k^2} \, t \, , t \geqslant 0 \tag{3-35}$$

由上式分析可知，高阶系统的暂态响应是一阶惯性环节和二阶振荡响应分量的合成。系统的响应不仅和 $\zeta_k$、$\omega_{nk}$ 有关，还和闭环零点及系数 $A_j$、$B_k$、$C_k$ 的大小有关。这些系数的大小和闭环系统的所有的极点和零点有关，所以单位阶跃响应取决于高阶系统闭环零极点的分布情况。从分析高阶系统单位阶跃响应表达式可以得到如下结论：

① 高阶系统暂态响应各分量衰减的快慢由 $-p_j$ 和 $\zeta_k$、$\omega_{nk}$ 决定，即由闭环极点在 $s$ 平面左半边离虚轴的距离决定。闭环极点离虚轴越远，相应的指数分量衰减得越快，对系统暂态分量的影响越小；反之，闭环极点离虚轴越近，相应的指数分量衰减得越慢，对系统暂态分量的影响越大。

② 高阶系统暂态响应各分量的系数不仅和极点在 $s$ 平面的位置有关，还与零点的位置有关。如果某一极点 $-p_j$ 靠近一个闭环零点，又远离原点及其他极点，则相应项的系数 $A_j$ 比较小，该暂态分量的影响也就越小。如果极点和零点靠得很近，则该零极点对暂态响应几乎没有影响。

③ 如果所有的闭环极点都具有负实部，由式（3-35）可知，随着时间的推移，系统的暂态分量不断地衰减，最后只剩下由极点所决定的稳态分量。此时的系统称为稳定系统。稳定性是系统正常工作的首要条件，下一节将详细探讨系统的稳定性。

④ 假如高阶系统中距虚轴最近的极点的实部绝对值仅为其他极点的 1/5 或更小，并且附近又没有闭环零点，则可以认为系统的响应主要由该极点（或共轭复数极点）来决定。这种对高阶系统起主导作用的极点，称为系统的主导极点。因为在通常的情况下，总是希望高阶系统的暂态响应能获得衰减振荡的过程，所以主导极点常常是共轭复数极点。找到一对共轭复数主导极点后，高阶系统就可近似为二阶系统来分析，相应的暂态响应性能指标可以根据二阶系统的计算公式进行近似估算。

## 3.3　稳定性分析

稳定性是控制系统的重要性能，也是系统能够正常工作的首要条件。控制系统在实际工作过程中，总会受到各种各样的扰动，如果系统受到扰动时，偏离了平衡状态，而当扰动消失后，系统仍能逐渐恢复到原平衡状态，则系统是稳定的，如果系统不能恢复或越偏越远，则系统是不稳定的。因而，如何分析系统的稳定性并提出保证系统稳定的措施，是自动控制理论的基本任务之一，也是系统综合与设计的基本前提。

### 3.3.1　稳定性的基本概念

为了便于说明稳定性的概念，先看一个直观示例，将一个小球放在抛物面内的底端，如图 3-19（a）所示。在外界扰动力作用下，小球偏离原平衡点，当外力去掉后，小球在抛物面内围绕原平衡点来回摆动，经过一段时间后，摩擦和阻尼使其能量耗尽，最终停留在原平衡点上。可见，在外力作用下，小球暂时偏离了原平衡点，当扰动消失后，经过一段时间，小球又回到原平衡点上，故称原平衡点为稳定平衡点。反过来，将小球放在抛物面外部的顶端，如图 3-19(b) 所示。显然，在外力作用下，小球一旦离开了原平衡点，即使干扰消失，它也不能回到原平衡点，故称这样的平衡点为不稳定平衡点。

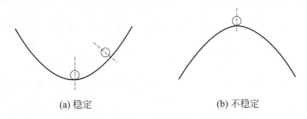

(a) 稳定　　　　　　　　　　　(b) 不稳定

图 3-19　小球的平衡点

由上面的实例，可以初步给出线性系统稳定性的定义：若线性系统在初始扰动的影响下，其动态过程随时间推移逐渐衰减并趋于零，则称系统渐近稳定，简称稳定；反之，若在初始扰动的影响下，其动态过程随时间推移而发散，则称系统不稳定。

### 3.3.2　线性系统稳定的充分必要条件

稳定性是扰动消失后系统自身的一种恢复能力，是系统的一种固有特性。这种固有的稳定性只取决于系统的结构和参数，与系统的输入以及初始状态无关。

设线性定常系统的传递函数表达式为

$$G(s)=\frac{b_m s^m+b_{m-1}s^{m-1}+\cdots+b_0}{a_n s^n+a_{n-1}s^{n-1}+\cdots+a_0}=\frac{K(s-z_1)(s-z_2)\cdots(s-z_m)}{(s-p_1)(s-p_2)\cdots(s-p_n)},(n\geqslant m) \quad (3\text{-}36)$$

当初始条件为零时，作用一个单位脉冲 $\delta(t)$，系统的单位脉冲响应为 $h(t)$，这相当于图 3-19 所示系统在扰动作用下，输出信号偏离原平衡点的问题。因 $L[\delta(t)]=1$，所以

$$C(s)=G(s)=\frac{K(s-z_1)(s-z_2)\cdots(s-z_m)}{(s-p_1)(s-p_2)\cdots(s-p_n)} \quad (3\text{-}37)$$

假设系统无重极点，$C(s)$ 可写成部分分式：

$$C(s)=\frac{A_1}{s-p_1}+\frac{A_2}{s-p_2}+\cdots+\frac{A_n}{s-p_n} \quad (3\text{-}38)$$

对上式进行拉普拉斯反变换，得单位脉冲响应 $h(t)$ 为

$$h(t)=A_1 e^{p_1 t}+A_2 e^{p_2 t}+\cdots+A_n e^{p_n t} \quad (3\text{-}39)$$

显然，若系统稳定，必有 $\lim\limits_{t\to\infty}h(t)=0$，即上式中各瞬态分量均为零（$\lim\limits_{t\to\infty}e^{p_i t}\to 0$）。

系统稳定的充分必要条件是：系统所有特征根均具有负实部，即闭环特征方程的特征根都在 $s$ 平面的左半平面上。

### 3.3.3　劳斯判据

（1）劳斯判据

线性系统稳定的充要条件是特征方程的根具有负实部。因此，判断其稳定性，要解系统特征方程的根。但当系统阶数高于 4 时，求解特征方程将会遇到较大困难，计算工作将相当麻烦。为避开对特征方程的直接求解，可讨论特征根的分布，看其是否全部具有负实部，并

以此来判别系统的稳定性，这样也就产生了一系列稳定性判据。其中最主要的一个判据就是劳斯（Routh）判据，它是利用特征方程的各项系数进行代数运算，得出全部极点为负实部的条件，以此条件来判断系统是否稳定，因此这种判据又称代数稳定判据。

劳斯判据是基于方程式的根与系数的关系建立起来的。设系统特征方程为

$$D(s)=a_n s^n+a_{n-1}s^{n-1}+\cdots+a_1 s+a_0=0 \tag{3-40}$$

式中，所有系数均为实数，且 $a_n>0$。根据特征方程的各项系数构成下列劳斯表：

$$
\begin{array}{c|cccc}
s^n & a_n & a_{n-2} & a_{n-4} & \cdots \\
s^{n-1} & a_{n-1} & a_{n-3} & a_{n-5} & \cdots \\
s^{n-2} & A_1 & A_2 & A_3 & \cdots \\
s^{n-3} & B_1 & B_2 & B_3 & \cdots \\
\vdots & \vdots & \vdots & \vdots & \vdots \\
s^0 & D_1 & & &
\end{array}
$$

劳斯表中第一行与第二行由特征方程的系数直接得到，从第三行开始，各元素由下式计算：

$$A_1=\frac{a_{n-1}a_{n-2}-a_n a_{n-3}}{a_{n-1}}$$

$$A_2=\frac{a_{n-1}a_{n-4}-a_n a_{n-5}}{a_{n-1}}$$

$$\vdots$$

注意，此计算一直进行到其余的 $A_i$ 全部等于零为止，以后各行皆计算到剩余各项全部等于零为止。

$$B_1=\frac{A_1 a_{n-3}-a_{n-1}A_2}{A_1}$$

$$B_2=\frac{A_1 a_{n-5}-a_{n-1}A_3}{A_1}$$

$$\vdots$$

依此类推，直到求出第 $n+1$ 行（$s^0$ 行）的元素 $D_1$。

系统稳定的必要性判据：根据劳斯判据的必要条件，要求 $a_n>0$，且系统特征方程式各项系数均为实数。

劳斯判据：考察劳斯表第一列系数的符号，如果劳斯表中第一列系数均为正数，则系统是稳定的，即特征方程式所有的根均位于 $s$ 平面的左半平面。如果第一列系数有负数，则系统不稳定，且第一列系数符号变化的次数等于该特征方程的正实部根的个数。

[例3-2]　系统特征方程式为 $D(s)=s^4+4s^3+8s^2+16s+10=0$，试用劳斯稳定判据判别系统的稳定性。

[解]　从系统特征方程可以看出，它的所有系数均为正实数，满足系统稳定的必要条件。

列写劳斯表如下：

$$
\begin{array}{c|ccc}
s^4 & 1 & 8 & 10 \\
s^3 & 4 & 16 & \\
s^2 & 4 & 10 & \\
s^1 & 6 & & \\
s^0 & 10 & &
\end{array}
$$

因为劳斯表中第一列系数均为正实数，故系统稳定。

[**例 3-3**]　已知系统特征方程式为 $D(s)=s^5+3s^4+2s^3+s^2+5s+6=0$，试用劳斯判据判别系统的稳定性。

[**解**]　列写劳斯表如下：

$$
\begin{array}{c|lll}
s^5 & 1 & 2 & 5 \\
s^4 & 3 & 1 & 6 \\
s^3 & 5 & 9 & \text{（各系数均已乘 3）} \\
s^2 & -11 & 15 & \text{（各系数均已乘 5/2）} \\
s^1 & 174 & & \text{（各系数均已乘 11）} \\
s^0 & 15 & &
\end{array}
$$

因为劳斯表第一列有负数，所以系统是不稳定的。由于第一列系统的符号改变了两次，所以系统特征方程有两个正实部根。

根据劳斯判据的计算方法以及稳定性结论，可知在劳斯表的计算过程中，允许某行各系数同时乘以一个正数，而不影响稳定性结论。

（2）劳斯判据的特殊情况

如果劳斯表中某行的第一个元素为零，而该行中其余各元素不等于零或没有其他元素，将使得劳斯表不能往下排列。为了解决此问题，可用一个接近于零的很小的正数 ε 来代替零，完成劳斯表的排列。

[**例 3-4**]　已知系统开环传递函数为 $D(s)=s^4+2s^3+2s^2+4s+5=0$，试用劳斯判据判别系统的稳定性。

[**解**]　列写劳斯表如下：

$$
\begin{array}{c|ccc}
s^4 & 1 & 2 & 5 \\
s^3 & 2 & 4 & \\
s^2 & \varepsilon & 5 & \\
s^1 & \dfrac{4\varepsilon-10}{\varepsilon} & & \\
s^0 & 5 & &
\end{array}
$$

令 $\varepsilon\rightarrow 0$，$s^1$ 行第一列系数符号为负。则第一列系数的符号改变了两次，所以系统特征方程有两个正实部根，系统不稳定。

如果劳斯表中某一行的元素全为零，说明相应方程中含有大小相等、符号相反的实根和（或）共轭纯虚根。此时，以上一行的元素为系数，构成一辅助多项式，该多项式对 $s$ 求导后，所得多项式的系数即可用来取代全零行。同时，由辅助方程可以求得这些根。

[**例 3-5**]　已知系统开环传递函数为 $D(s)=s^3+10s^2+5s+50=0$，试用劳斯判据判别系统的稳定性。

[**解**]　列写劳斯表如下：

$$
\begin{array}{c|ll}
s^3 & 1 & 5 \\
s^2 & 10 & 50 \quad \text{辅助多项式:} 10s^2+50 \\
s^1 & 0 & 0 \quad \text{对辅助多项式求导:} 20s+0 \\
& 20 & 0 \quad \text{用其系数构成新行} \\
s^0 & 50 &
\end{array}
$$

从上表第一列可以看出，各系数均为正数，所以没有特征根位于 $s$ 右半平面内，系统稳定。由辅助方程式 $10s^2+50=0$ 知道有一对共轭虚根为 $\pm j2.2361$。

（3）劳斯判据的应用

① 利用劳斯判据，可以判断系统的稳定性。

② 利用劳斯判据，可以判断系统稳定时，参数的取值范围。

③ 利用劳斯判据，也可以判断系统的稳定裕度。

系统稳定时，要求所有闭环极点在 $s$ 平面的左边，闭环极点离虚轴越远，系统稳定性越好，闭环极点离开虚轴的距离，可以作为衡量系统的稳定裕度。

在系统的特征方程 $D(s)=0$ 中，令 $s=s_1-a$，得到 $D(s_1)=0$，利用劳斯判据，若 $D(s_1)=0$ 的所有解都在 $s_1$ 平面左边，则原系统的特征根在 $s=-a$ 左边。

**[例 3-6]** 已知单位负反馈控制系统的开环传递函数为 $G(s)=\dfrac{K}{s(0.1s+1)(0.2s+1)}$，试求使闭环系统稳定时参数 $K$ 的取值范围。

**[解]** 由题可知系统的特征方程 $D(s)=s^3+15s^2+50s+50K=0$，劳斯表如下：

$$
\begin{array}{c|cc}
s^3 & 1 & 50 \\
s^2 & 15 & 50K \\
s^1 & (750-50K)/15 & 0 \\
s^0 & 50K & 0
\end{array}
$$

系统稳定的条件为

$$
\begin{cases}
750-50K>0 & K<15 \\
50K>0 & K>0
\end{cases}
$$

所以使系统稳定的 $K$ 的取值范围为 $15>K>0$。

**[例 3-7]** 检验特征方程式 $D(s)=s^3+8s^2+15s+20=0$，是否有根在右半平面内，并检验有几个根在垂线 $s=-1$ 的右边。

**[解]** 劳斯表为

$$
\begin{array}{c|cc}
s^3 & 1 & 15 \\
s^2 & 8 & 20 \\
s^1 & 25/2 & \\
s^0 & 20 &
\end{array}
$$

由于上表第一列各系数均为正数，所以没有特征根位于 $s$ 右半平面内，系统稳定。再令 $s=s_1-1$ 代入特征方程式，可得

$$
s_1^3+5s_1^2+2s_1+12=0
$$

则新劳斯表为

$$
\begin{array}{c|cc}
s_1^3 & 1 & 2 \\
s_1^2 & 5 & 12 \\
s_1^1 & -2/5 & \\
s_1^0 & 12 &
\end{array}
$$

从上表可以看出，第一列系数符号改变了两次，所以有两个根在垂直线 $s=-1$ 的右边，因此稳定裕度达不到 1。

## 3.4　稳态误差分析

控制系统的稳态误差是系统控制准确度（控制精度）的一个度量，通常称为稳态性能。在控制系统设计中，稳态误差是一项重要的技术指标。对于一个实际的控制系统，由于系统结构、输入作用的类型（输入量或扰动量）、输入函数的形式（阶跃、斜坡或加速度）不同，控制系统的稳态输出不可能在任何情况下都与输入量一致或相当，也不可能在任何形式的扰动作用下都能准确地恢复到原平衡位置。此外，控制系统中不可避免地存在摩擦、间隙、不灵敏区等非线性因素，都会造成附加的稳态误差。可以说，控制系统的稳态误差是不可避免的。控制系统设计的任务之一，是尽量减小系统的稳态误差，或使稳态误差小于某一允许值。显然，只有当系统稳定时，研究稳态误差才有意义；对于不稳定的系统而言，根本不存在研究稳态误差的可能性。

### 3.4.1　稳态误差的概念

误差有以下两种定义方法：

① 从输出端定义：系统输出量的希望值与实际值之差，即

$$
E_1(s)=C_r(s)-C(s) \tag{3-41}
$$

式中，$E_1(s)$ 为输出端定义的误差，$C_r(s)$ 为期望输出，$C(s)$ 为实际输出。但在实际中由于 $C_r(s)$ 是不可测量的，因此此差值信号常常无法测量，一般只有数学意义。

② 从输入端定义：系统的输入信号与主反馈信号之差。此信号在实际中可测量，所以具有一定的物理意义。

典型的反馈控制系统结构图如图 3-20 所示。图中 $B(s)$ 为反馈量，$H(s)$ 为检测装置的传递函数。这样结构的系统，其输入量和输出量通常为不同的物理量，因而系统的误差不能直接用它们的差值来表示，而是用输入量与反馈量的差值来定义系统的误差，即

图 3-20　典型反馈控制系统结构图

$$
E(s)=R(s)-H(s)C(s) \tag{3-42}
$$

这样定义的误差，在实际系统中是可以测量的。

当主反馈为单位反馈时，这两种定义是统一的。本书中除特殊定义外均采用从输入端定义的误差。本节主要讨论在不同系统结构、输入作用形式和类型时控制系统的稳态误差。

### 3.4.2　稳态误差的计算

控制系统的稳态误差有两类，即给定输入下的稳态误差和扰动作用下的稳态误差，下面分别进行讨论。

（1）给定输入信号作用时的稳态误差

由图 3-20，只考虑给定信号 $R(s)$ 作用时，设扰动信号 $N(s)=0$。此时，定义系统的开环传递函数为

$$G_K(s)=G_1(s)G_2(s)H(s)$$

系统的误差传递函数为

$$\frac{E(s)}{R(s)}=\frac{1}{1+G_1(s)G_2(s)H(s)}$$

系统误差的拉普拉斯变换为

$$E(s)=\frac{R(s)}{1+G_1(s)G_2(s)H(s)}=\frac{R(s)}{1+G_K(s)}$$

如果系统稳定，且其误差的终值存在，则该值称为系统的稳态误差，可用终值定理求得，即

$$e_{ss}=\lim_{t\to\infty}e(t)=\lim_{s\to0}sE(s)=\lim_{s\to0}\frac{sR(s)}{1+G_K(s)} \tag{3-43}$$

上式表明，系统的稳态误差不仅与其开环传递函数有关，而且也与其输入信号的形式和大小有关。即系统的结构和参数不同，输入信号的形式和大小的差异，都会引起系统稳态误差的变化。

将系统开环传递函数写成如下形式：

$$G_K(s)=\frac{K\prod_{i=1}^{m}(\tau_i s+1)}{s^v\prod_{j=1}^{n-v}(T_j s+1)},n\geqslant m \tag{3-44}$$

式中，$K$ 为系统的开环增益；$\tau_i$、$T_j$ 为各典型环节的时间常数；$v$ 为积分环节的个数，它表征系统的类型数，也称其为系统的无差度。当 $v=0$、1、2…时，则分别称之为 0 型系统、1 型系统、2 型系统……。增加型号数，可使系统精度提高，但对稳定性不利，实际系统中通常选 $v\leqslant2$。

下面分别讨论阶跃、斜坡和加速度输入信号作用下系统产生的稳态误差。

① 输入为阶跃信号　设系统的输入信号为阶跃信号 $r(t)=A\times1(t)$，即 $R(s)=A/s$，$A$ 为阶跃信号的幅值。由式（3-43）有

$$e_{ss}=\lim_{s\to0}s\frac{A/s}{1+G_K(s)}=\lim_{s\to0}\frac{A}{1+G_K(s)}=\frac{A}{1+\lim_{s\to0}G_K(s)} \tag{3-45}$$

定义静态位置误差系数为 $K_p=\lim_{s\to0}G_K(s)$，则有

$$e_{ss}=\frac{A}{1+K_p} \tag{3-46}$$

将式（3-44）代入 $K_p=\lim_{s\to0}G_K(s)$ 中，可得

$$K_p = \lim_{s \to 0} \frac{K(\tau_1 s + 1)(\tau_2 s + 1)\cdots}{s^v(T_1 s + 1)(T_2 s + 1)\cdots} \tag{3-47}$$

由式(3-46)和式(3-47)可得以下结论：

a. $v = 0$ 时，$K_p = K$，$e_{ss} = \dfrac{A}{1+K}$。

b. $v \geqslant 1$ 时，$K_p = \infty$，$e_{ss} = 0$。

可见，在阶跃信号作用下，仅 0 型系统存在稳态误差，其大小与阶跃信号的幅值成正比，与系统的开环增益 $K$ 近似成反比。对 1 型及 1 型以上系统来说，其稳态误差为零。

对实际系统来说，通常是允许存在稳态误差的，但不允许超过规定的指标。为了降低稳态误差，可在稳定条件允许的前提下，增大系统的开环放大系数，若要求系统对阶跃输入的稳态误差为零，则必须选用 1 型或高于 1 型的系统。

② 输入为斜坡信号　系统的输入信号为斜坡信号 $r(t) = At$，即 $R(s) = \dfrac{A}{s^2}$，$A$ 为斜坡信号的斜率。由式(3-43)可得

$$e_{ss} = \lim_{s \to 0} s \frac{\dfrac{A}{s^2}}{1 + G_K(s)} = \lim_{s \to 0} \frac{A}{s G_K(s)} \tag{3-48}$$

令

$$K_v = \lim_{s \to 0} s G_K(s) \tag{3-49}$$

定义 $K_v$ 为静态速度误差系数。则有

$$e_{ss} = \frac{A}{K_v} \tag{3-50}$$

另外，将式(3-44)代入式(3-49)，可得

$$K_v = \lim_{s \to 0} \frac{K}{s^{v-1}} \tag{3-51}$$

由式(3-50)和式(3-51)可得以下结论：

a. $v = 0$ 时，$K_v = 0$，$e_{ss} = \infty$。

b. $v = 1$ 时，$K_v = K$，$e_{ss} = \dfrac{A}{K}$。

c. $v \geqslant 2$ 时，$K_v = \infty$，$e_{ss} = 0$。

可见，在斜坡信号作用之下，0 型系统的输出量不能跟踪其输入量的变化，这是因为它的输出量的速度小于输入量的速度，致使两者的差距不断加大，稳态误差趋于无穷大。1 型系统可以跟随斜坡输入，但存在稳态误差，可以通过增大 $K$ 值来减少误差。2 型系统对斜坡输入的稳态响应是无差的。

③ 输入为抛物线信号　系统的输入为抛物线信号，也即加速度信号 $r(t) = \dfrac{1}{2}At^2$，即 $R(s) = \dfrac{A}{s^3}$，由式(3-43)则有

$$e_{ss} = \lim_{s \to 0} s \frac{\dfrac{A}{s^3}}{1 + G_K(s)} = \lim_{s \to 0} \frac{A}{s^2 G_K(s)} \tag{3-52}$$

令

$$K_a = \lim_{s \to 0} s^2 G_K(s) \tag{3-53}$$

定义静态加速度误差系数 $K_a$。则有

$$e_{ss} = \frac{A}{K_a} \tag{3-54}$$

另外，将式(3-44) 代入式(3-53) 得

$$K_a = \lim_{s \to 0} \frac{K}{s^{v-2}} \tag{3-55}$$

由式(3-54) 和式(3-55) 可得以下结论：

a. $v \leqslant 1$ 时，$K_a = 0$，$e_{ss} = \infty$。

b. $v = 2$ 时，$K_a = K$，$e_{ss} = \dfrac{A}{K}$。

c. $v \geqslant 3$ 时，$K_a = \infty$，$e_{ss} = 0$。

上述表明，0 型和 1 型系统都不能跟随抛物线输入信号。2 型系统能跟随，但存在稳态误差。即在稳态时，系统输出和输入信号都以相同的速度和加速度变化，但输出信号在位置上要落后于输入信号一个常量。3 型或高于 3 型的系统是无差的。

图 3-21 所示为各种类型系统在不同输入信号作用下的稳态误差。

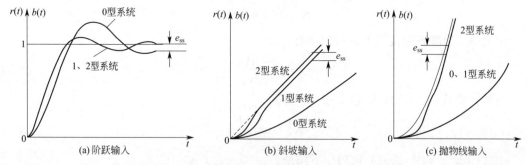

图 3-21　各型系统在不同输入信号作用下的稳态误差

通过以上分析可知，增加系统开环传递函数中的积分环节个数，即提高系统的型别，可改善其稳态精度。但积分环节数增多，系统阶次增加，也容易引起不稳定。

综合上述，将不同输入下，不同型别系统的稳态误差归纳成表 3-1。

表 3-1　在不同输入下，不同型别系统的稳态误差

| 系统的型别 | 系统的输入 | | |
|---|---|---|---|
| | 阶跃信号输入 | 恒速信号输入 | 恒加速度信号输入 |
| 0 型系统 | $\dfrac{A}{1+K}$ | $\infty$ | $\infty$ |
| 1 型系统 | 0 | $\dfrac{A}{K}$ | $\infty$ |
| 2 型系统 | 0 | 0 | $\dfrac{A}{K}$ |

应当指出，在系统稳态误差分析中，只有当输入信号为阶跃信号、斜坡信号和加速度信号或者是这三种信号的线性组合时，静态误差系数才有意义。用静态误差系数求得的系统稳

态误差值，或是零，或为常数，或趋近于无穷大。其实质是用终值定理法求得系统误差的终值。因此，当系统输入信号为其他形式函数时，静态误差系数法便无法应用。

求系统的稳态误差，可根据稳态误差公式来求取，也可根据静态误差系数来求。下面举例说明。

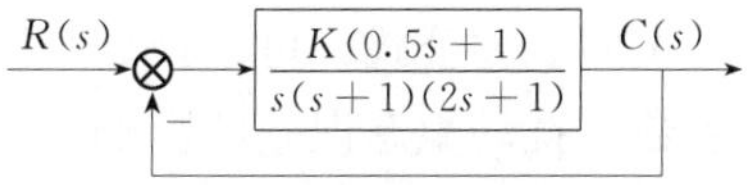

[例 3-8]　设图 3-22 所示系统的输入信号 $r(t)=10+5t$，试分析系统的稳定性并求出其稳态误差。

图 3-22　例题 3-8 图

[解]　由图 3-22 求得系统的特征方程为 $2s^3+3s^2+(1+0.5K)s+K=0$，劳斯表为

$$
\begin{array}{c|cc}
s^3 & 2 & 1+0.5K \\
s^2 & 3 & K \\
s^1 & \dfrac{3(1+0.5K)-2K}{3} & \\
s^0 & K &
\end{array}
$$

根据系统稳定的条件解得 $0<K<6$。

由图 3-22 可知，系统的开环传递函数为

$$G(s)=\frac{K(0.5s+1)}{s(s+1)(2s+1)}$$

系统的静态误差系数分别为

$$K_p=\lim_{s\to0}G(s)=\lim_{s\to0}\frac{K(0.5s+1)}{s(s+1)(2s+1)}=\infty$$

$$K_v=\lim_{s\to0}sG(s)=\lim_{s\to0}s\frac{K(0.5s+1)}{s(s+1)(2s+1)}=K$$

所以，系统的稳态误差为 $e_{ss}=\dfrac{10}{1+K_p}+\dfrac{5}{K_v}=\dfrac{5}{K}$。

上述结果表明，系统的稳态误差与 $K$ 成反比，$K$ 值越大，稳态误差越小，但 $K$ 值的增大受到稳定性的限制，当 $K>6$ 时，系统将不稳定。

(2) 扰动信号作用时系统的稳态误差

控制系统除了受到给定输入的作用外，通常还受到扰动输入的作用。系统在扰动输入作用下稳态误差的大小，反映了系统的抗干扰能力。因为扰动输入可以作用在系统的不同位置，因此，即使系统对于某种形式的给定输入的稳态误差为零，但对同一形式的扰动输入，其稳态误差则不一定为零。对于图 3-20 所示系统，根据线性系统的叠加原理，当讨论由扰动输入引起的稳态误差时，可设给定输入为零，即令 $R(s)=0$。按照前面给出的误差信号的定义可得扰动输入引起的误差为

$$E(s)=R(s)-B(s)=-H(s)C(s)$$

此时系统的输出为

$$C(s)=\frac{G_2(s)}{1+G_1(s)G_2(s)H(s)}N(s)$$

则

$$E(s)=-\frac{G_2(s)H(s)}{1+G_1(s)G_2(s)H(s)}N(s)$$

根据终值定理，可求得在扰动作用下的稳态误差为

$$e_{ss} = \lim_{s \to 0} sE(s) = \lim_{s \to 0} \frac{-sG_2(s)H(s)}{1 + G_1(s)G_2(s)H(s)}N(s) \tag{3-56}$$

按照上述公式，可以计算系统在不同扰动输入作用下的稳态误差，也可以分析系统的结构参数对扰动稳态误差的影响。

必须指出，上述用终值定理求取给定和扰动信号作用下系统的稳态误差是有条件的，即①系统是稳定的；②所求误差信号的终值要存在，即当时间 $t \to \infty$ 时，该信号有极限值。例如输入为正弦信号，在稳态时，由于系统的误差和输出信号都是正弦函数，故不能用终值定理求取它们的稳态值，而要用其他方法，在此不做论述。

[**例 3-9**]　设系统结构如图 3-20 所示，其中 $G_1(s) = \dfrac{1000}{s+100}$，$G_2(s) = \dfrac{4}{s+2}$，$H(s) = \dfrac{2}{s}$，$r(t) = 2t$，$n(t) = 0.5 \times 1(t)$，求系统的稳态误差。

[**解**]　系统的开环传递函数为

$$G_1(s)G_2(s)H(s) = \frac{8000}{s(s+100)(s+2)} = \frac{40}{s(0.01s+1)(0.5s+1)}$$

可见为 1 型系统。因此，当 $R(s) = \dfrac{2}{s^2}$ 时，有

$$e_{ss1} = \frac{2}{K_v} = \frac{2}{K} = \frac{2}{40} = 0.05$$

另外，当 $N(s) = \dfrac{0.5}{s}$ 时，可求得扰动作用下的误差为

$$e_{ss2} = \lim_{s \to 0} s \frac{-G_2(s)H(s)}{1 + G_1(s)G_2(s)H(s)}N(s)$$

$$= \lim_{s \to 0} s \frac{-\dfrac{2}{(0.5s+1)} \times \dfrac{2}{s}}{1 + \dfrac{40}{s(0.01s+1)(0.5s+1)}} \times \frac{0.5}{s} = -0.05$$

因此，系统总的稳态误差：$e_{ss} = e_{ss1} + e_{ss2} = 0.05 - 0.05 = 0$。

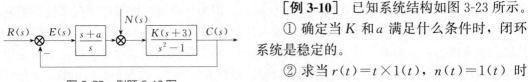

图 3-23　例题 3-10 图

[**例 3-10**]　已知系统结构如图 3-23 所示。

① 确定当 $K$ 和 $a$ 满足什么条件时，闭环系统是稳定的。

② 求当 $r(t) = t \times 1(t)$，$n(t) = 1(t)$ 时系统的稳态误差。

[**解**]　由结构图可知系统的闭环特征方程为

$$\Delta = 1 + \frac{K(s+a)(s+3)}{s(s^2-1)} = 0 \Rightarrow s^3 + Ks^2 + [K(a+3)-1]s + 3aK = 0$$

系统稳定的充分必要条件是

$$\begin{cases} a > 0 \\ K > \dfrac{3a+1}{a+3} \end{cases}$$

**方法一：**

当 $r(t)=t\times1(t)$ 输入时，可得开环传递函数为

$$G_{\mathrm{K}}(s)=\frac{K(s+a)(s+3)}{s(s^2-1)}=\frac{-3aK\left(\dfrac{1}{a}s+1\right)\left(\dfrac{1}{3}s+1\right)}{s(-s^2+1)}$$

故

$$v=1,\ K_{\mathrm{K}}=-3aK$$

由上式可知系统为 1 型系统，则有 $K_{\mathrm{p}}=\infty$，$K_{\mathrm{v}}=-3aK$，$K_{\mathrm{a}}=0$。因此，可得稳态误差为

$$e_{\mathrm{ssr}}=\frac{1}{k_{\mathrm{v}}}=-\frac{1}{3aK}$$

当 $n(t)=1(t)$ 输入时，则有

$$G_1(s)=\frac{s+a}{s}=\frac{a\left(\dfrac{1}{a}s+1\right)}{s},\ v'=1,\ K'=a$$

$$e_{\mathrm{ssn}}=-\lim_{s\to0}\frac{s^{v'+1}}{K'}N(s)=-\lim_{s\to0}\frac{s^{v'}}{K'}=0$$

$$e_{\mathrm{ss}}=e_{\mathrm{ssr}}+e_{\mathrm{ssn}}=-\frac{1}{3aK}$$

**方法二：**

$$C(s)=\frac{K(s+a)(s+3)}{s(s^2-1)+K(s+a)(s+3)}R(s)+\frac{Ks(s+3)}{s(s^2-1)+K(s+a)(s+3)}N(s)$$

$$E(s)=R(s)-C(s)=\frac{1}{s^2}-\left[\frac{K(s+a)(s+3)}{s(s^2-1)+K(s+a)(s+3)}\times\frac{1}{s^2}+\frac{Ks(s+3)}{s(s^2-1)+K(s+a)(s+3)}\times\frac{1}{s}\right]$$

$$e_{\mathrm{ss}}=\lim_{s\to0}sE(s)=-\frac{1}{3aK}$$

### 3.4.3　减小或消除稳态误差的措施

通过上面分析可知，系统总的稳态误差包括输入作用下的稳态误差和扰动作用下的稳态误差两部分。要减小或消除稳态误差应从分别减小或消除这两部分稳态误差入手，可以采取以下几种方法：

① 保证系统中各个环节（或元件），特别是反馈回路中元件的参数具有一定的精度和恒定性，必要时需采用误差补偿措施。

② 增大开环放大系数，以提高系统对给定输入的跟踪能力；增大扰动作用前系统前向通道的增益，以降低扰动稳态误差。

增大系统开环放大系数是降低稳态误差的一种简单而有效的方法，但增加开环放大系数同时会使系统的稳定性降低，为了解决这个问题，在增加开环放大系数的同时附加校正装置，以确保系统的稳定性。

③ 增加系统前向通道中积分环节数目，使系统型号提高，可以消除不同输入信号时的稳态误差。但是，积分环节数目增加会降低系统的稳定性，并影响到其他暂态性能指标。在过程控制系统中，采用比例积分调节器可以消除系统在扰动作用下稳态误差，但为了保证系统的稳定性，相应地要降低比例增益。如果采用比例积分微分调节器，则可以得到更满意的调节效果。

④ 采用前馈控制（复合控制）。为了进一步减小给定和扰动稳态误差，可以采用补偿方法。所谓补偿是指作用于控制对象的控制信号中，除了偏差信号，还引入与扰动或给定量有关的补偿信号，以提高系统的控制精度，减小误差。这种控制称复合控制或前馈控制。该控制的补偿方法如下。

a. 对干扰补偿。如果作用于系统的主要干扰可以测量时，可以对干扰进行补偿。图 3-24 是按扰动进行补偿的系统框图。图中 $N(s)$ 为扰动，由 $N(s)$ 到 $C(s)$ 是扰动作用通道。它表示扰动对输出的影响，其通道的传递函数为 $G_n(s)$。$G(s)$ 为被控对象传递函数，$G_c(s)$ 为控制器传递函数，$G_N(s)$ 为补偿装置的传递函数。如果扰动可测量并且 $G_n(s)$ 是已知的话，则可以通过适当选择 $G_N(s)$，达到消除扰动引起的误差。为此，求得 $C(s)$ 对 $N(s)$ 的传递函数为

$$C(s)=\frac{G_n(s)+G(s)G_N(s)}{1+G(s)G_c(s)H(s)}N(s)$$

若取 $G_N(s)$ 使
$$G_n(s)+G(s)G_N(s)=0$$

即
$$G_N(s)=-\frac{G_n(s)}{G(s)}$$

则可消除扰动对系统的影响，其中包括对稳态响应的影响，从而提高系统的精度。

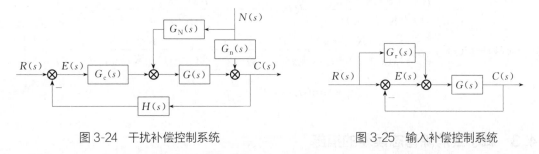

图 3-24　干扰补偿控制系统　　　　　　　图 3-25　输入补偿控制系统

b. 对给定输入进行补偿。图 3-25 是对输入进行补偿的系统框图。图中 $G_r(s)$ 为前馈装置的传递函数。由图可得误差 $E(s)$ 为

$$E(s)=R(s)-C(s)=\frac{1-G_r(s)G(s)}{1+G(s)}R(s)$$

其中
$$C(s)=\frac{[G_r(s)+1]G(s)}{1+G(s)}R(s)$$

为了实现对误差全补偿，即 $E(s)=0$，可选择 $G_r(s)=1/G(s)$，则系统可消除由参考输入信号作用所引起的误差。

以上两种补偿方法的补偿器都是在闭环之外。这样在设计系统时，一般按稳定性和动态性能设计闭合回路，然后按稳态精度要求设计补偿器，从而很好解决了稳态精度和稳定性、动态性能对系统不同要求的矛盾。在设计补偿器时，还需考虑到系统模型和参数的误差、周围环境和使用条件的变化，因而在前馈补偿器设计时要有一定的调节裕量，以便获得满意的补偿效果。

## 习　题

3-1　已知系统的单位阶跃响应为 $c(t)=1+0.2\mathrm{e}^{-60t}-1.2\mathrm{e}^{-10t}$，$t\geq0$，试求：

① 系统的闭环传递函数；

② 阻尼比 $\zeta$ 和无阻尼自然振荡频率 $\omega_\mathrm{n}$。

3-2　一阶系统的结构如图 3-26 所示，其中 $K_\mathrm{K}$ 为前向通道放大倍数，$K_\mathrm{H}$ 为反馈系数。

① 设 $K_\mathrm{K}=10$，$K_\mathrm{H}=1$，求系统的调节时间 $t_\mathrm{s}$（按 $\pm2\%$ 误差带）；

② 设 $K_\mathrm{K}=10$，如果要求 $t_\mathrm{s}=0.1$，求反馈系数 $K_\mathrm{H}$。

3-3　已知单位反馈控制系统的开环传递函数 $G(s)=\dfrac{K}{s(s+3)}$，求系统参数 $K=2$、$K=4$ 时，系统的单位阶跃响应和性能指标 $\sigma\%$、$t_\mathrm{s}$。

3-4　设典型二阶系统的单位阶跃响应曲线如图 3-27 所示，试确定系统的传递函数。

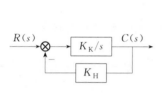

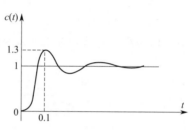

图 3-26　习题 3-2 图　　　　　　　　　　　图 3-27　习题 3-4 图

3-5　设控制系统闭环传递函数为 $W(s)=\dfrac{\omega_\mathrm{n}^2}{s^2+2\zeta\omega_\mathrm{n}s+\omega_\mathrm{n}^2}$，试在 $s$ 平面上绘出满足下列各要求的系统特征方程根可能位于的区域：

① $1>\zeta\geq0.707$，$\omega_\mathrm{n}\geq2$；

② $0.5\geq\zeta>0$，$4\geq\omega_\mathrm{n}\geq2$；

③ $0.707\geq\zeta>0.5$，$\omega_\mathrm{n}\geq2$。

3-6　已知二阶系统的单位阶跃响应为 $h(t)=10-12.5\mathrm{e}^{-1.2t}\sin(1.6t+53.1°)$，试求 $\sigma\%$、$t_\mathrm{p}$、$t_\mathrm{s}$。

3-7　简化的飞行控制系统如图 3-28 所示，试选择参数 $K_1$ 和 $K_\mathrm{t}$，使 $\zeta=1$，$\omega_\mathrm{n}=6$。

3-8　系统特征方程式如下，要求利用劳斯判据判定每个系统的稳定性，并确定在 $s$ 平面的右半平面内其根的个数及纯虚根。

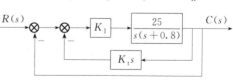

图 3-28　习题 3-7 图

① $s^4+8s^3+17s^2+16s+5=0$；

② $s^4+2s^3+3s^2+4s+3=0$；

③ $s^5+12s^4+4s^3+48s^2+s+12=0$；

④ $0.1s^4+s^3+2.6s^2+26s+25=0$。

3-9　设单位负反馈系统，开环传递函数为 $G(s)=\dfrac{K}{s(0.05s^2+0.4s+1)}$，试确定系统稳定时 $K$ 的取值范围。

3-10　设单位反馈系统的开环传递函数为 $G(s)=\dfrac{k}{s\left(1+\dfrac{1}{3}s\right)\left(1+\dfrac{1}{6}s\right)}$。

① 闭环系统稳定时 $k$ 值的范围；

② 若要闭环特征方程的根的实部均小于 $-1$，问 $k$ 的取值范围。

3-11　已知单位反馈系统闭环传递函数为 $\dfrac{C(s)}{R(s)}=\dfrac{b_1s+b_0}{s^4+1.25s^3+5.1s^2+2.6s+10}$。

① 求单位斜坡输入时，使稳态误差为零，参数 $b_0$、$b_1$ 应满足的条件；

② 在求得的参数 $b_0$、$b_1$ 下，求单位抛物线输入时，系统的稳态误差。

3-12　系统结构图如图 3-29 所示。试求局部反馈加入前、后系统的静态位置误差系数、静态速度误差系数和静态加速度误差系数。

3-13　已知单位反馈系统的开环传递函数为 $G(s)=\dfrac{100}{s(0.1s+1)}$，试求当输入信号 $r(t)=1+2t+t^2$ 时系统的稳态误差。

3-14　已知系统的结构如图 3-30 所示。求 $r(t)=1+t$ 时系统的稳态误差。

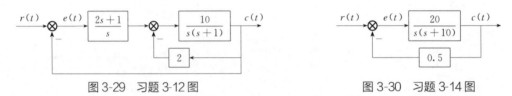

图 3-29　习题 3-12 图　　　　　图 3-30　习题 3-14 图

3-15　系统结构图如图 3-31(a) 所示，其单位阶跃响应为 $c(t)$，如图 3-31(b) 所示，系统的稳态位置误差 $e_{ss}=0$。试确定 $K$、$v$ 和 $T$ 值。

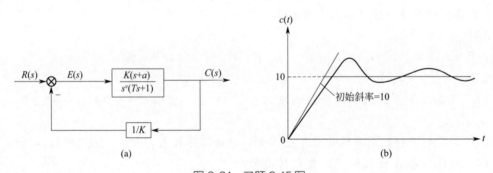

图 3-31　习题 3-15 图

3-16　设系统结构图如图 3-32 所示，$n(t)=0.1\times1(t)$，为使其稳态误差 $|e_{ss}|\leqslant0.05$，试求 $K_1$ 的取值范围。

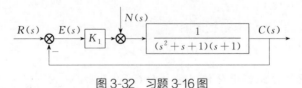

图 3-32　习题 3-16 图

# 第4章
# 根轨迹分析法

闭环系统特征方程的根不仅决定系统的稳定性，同时系统瞬态响应的基本特征也是由特征根起主导作用的，闭环零点则影响系统瞬态响应的形态。然而闭环传递函数的分母则往往是高阶多项式，因此，必须解高阶代数方程才能求得系统的闭环极点，求根的过程是非常复杂的。尤其是当系统参数发生变化时，系统特征方程的根也随之变化。如果用解析的方法直接求解特征方程，需要进行反复大量的运算，就更加烦琐费时了。1948 年，W. R. Evans 提出了一种求特征根的简单方法，并且在控制系统的分析与设计中得到广泛的应用。这一方法不是直接求解特征方程，而是用作图的方法表示特征方程的根与系统某一参数的全部数值关系，当这一参数取特定值时，对应的特征根可在上述关系图中找到。这种方法叫根轨迹法。根轨迹法具有直观的特点，利用系统的根轨迹可以分析结构、参数已知的闭环系统的稳定性和瞬态响应特性，还可分析参数变化对系统性能的影响。在设计线性控制系统时，可以根据对系统性能指标的要求确定可调整参数以及系统开环零极点的位置，即根轨迹法可以用于系统的分析与综合。因此，该方法在工程上得到了广泛的应用。

本章主要介绍根轨迹的基本概念，根轨迹的特征，根轨迹的绘制方法，用根轨迹法分析控制系统等问题。

## 4.1　根轨迹的概念

### 4.1.1　根轨迹

为描述根轨迹的概念，设控制系统如图 4-1 所示，其中 $H(s)=1$，开环传递函数为

$$G(s) = \frac{K}{s(0.25s+1)} \tag{4-1}$$

式中，$K$ 为开环增益，开环极点为 $p_1=0$，$p_2=-4$。系统的闭环传递函数为

$$W(s) = \frac{C(s)}{R(s)} = \frac{4K}{s^2+4s+4K} \tag{4-2}$$

则系统的闭环特征方程为

$$s^2+4s+4K=0 \tag{4-3}$$

由此解得闭环特征根为 $s_1=-2+2\sqrt{1-K}$，$s_2=-2-2\sqrt{1-K}$。因此，改变 $K$ 的值，系统闭环特征根的值相应改变，其对应关系见表 4-1。同时，在 $s$ 平面上绘制出闭环特征根 $s_1$、$s_2$ 随 $K$ 值变化的轨迹如图 4-2 所示。图中，"×"表示开环传递函数的极点；箭头的指向表示 $K$ 增大时，闭环特征根的移动方向。

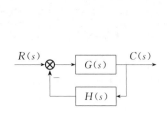

图 4-1　系统结构图

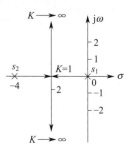

图 4-2　闭环特征根的轨迹

表 4-1　开环增益 $K$ 与闭环特征根的关系

| $K$ | 0 | 1 | 2 | ... | $\infty$ |
|---|---|---|---|---|---|
| $s_1$ | 0 | $-2$ | $-2+2\mathrm{j}$ | ... | $-2+\mathrm{j}\infty$ |
| $s_2$ | $-4$ | $-2$ | $-2-2\mathrm{j}$ | ... | $-2-\mathrm{j}\infty$ |

由表 4-1 及图 4-1 可知，当 $K=0$ 时，$s_1=0$，$s_2=-4$，此时的闭环特征根就是开环极点；当 $0<K<1$ 时，闭环特征根为两个不相等的负实数，在负实轴的（$-4$，0）段上；当 $K=1$ 时，两闭环特征根相等，即闭环极点重合在一起；当 $1<K<\infty$ 时，闭环特征根为一对共轭复根，其实部不随 $K$ 值变化，这就是说，闭环共轭复根位于过（$-2$，j0）点且平行于虚轴的直线上。$K\rightarrow\infty$ 时，特征根将趋于无穷远处。

所谓根轨迹，是指控制系统的一个或多个参数由零变到无穷大时，闭环系统的特征根在 $s$ 平面上形成的轨迹。有了控制系统的根轨迹图，就可以分析系统的性能。以图 4-1 所示系统为例：

① 当开环增益 $K$ 由零变化到无穷大时，图 4-2 所示的闭环特征根的轨迹不会进入到 $s$ 平面的右半平面，因此系统对于所有的 $K$ 值都是稳定的；

② 当 $0<K<1$ 时，所有的闭环特征根位于实轴上，系统为过阻尼状态，单位阶跃响应无振荡、无超调；

③ 当 $K=1$ 时，闭环特征方程有两相等的实数根，系统为临界阻尼状态，单位阶跃响应无振荡、无超调，但响应速度较 $0<K<1$ 时快；

④ 当 $1<K<\infty$ 时，闭环特征方程为共轭复数根，系统呈欠阻尼状态，系统的单位阶跃响应为衰减振荡，特征根的实部为衰减系数，虚部为振荡频率；

⑤ 系统在 $s$ 平面的坐标原点有一个极点，所以系统为 1 型系统，根轨迹上的 $K$ 值就是静态速度误差系数。这就是说，通过根轨迹可进行稳态误差分析。

## 4.1.2　根轨迹方程

既然根轨迹是闭环特征根随参数变化的轨迹，则描述其变化关系的闭环特征方程就是根轨迹方程。

由图 4-1 所示系统，可得系统的开环传递函数为

$$G(s)H(s) = \frac{K^* \prod\limits_{i=1}^{m} (s - z_i)}{\prod\limits_{j=1}^{n} (s - p_j)} \tag{4-4}$$

式中，$K^*$ 称为根轨迹增益；$z_i$ 是开环零点；$p_j$ 是开环极点。则根轨迹方程（系统闭环特征方程）为

$$1 + G(s)H(s) = 0 \tag{4-5}$$

根据式(4-4)和式(4-5)，可得

$$G(s)H(s) = \frac{K^* \prod\limits_{i=1}^{m} (s - z_i)}{\prod\limits_{j=1}^{n} (s - p_j)} = -1 \tag{4-6}$$

因为，满足式(4-6)的 $s$ 是系统的闭环特征根，必定是根轨迹上的点，所以式(4-6)称为根轨迹方程。

当 $K^*$ 从 0 变化到 $\infty$ 时，$n$ 个特征根将随之变化出 $n$ 条轨迹。这 $n$ 条轨迹就是系统的闭环根轨迹（简称根轨迹）。

由式(4-6)确定的根轨迹方程可以分解成幅值方程和相角方程：

$$\frac{K^* \prod\limits_{i=1}^{m} |s - z_i|}{\prod\limits_{j=1}^{n} |s - p_j|} = 1 \tag{4-7}$$

$$\sum_{i=1}^{m} \angle (s - z_i) - \sum_{j=1}^{n} \angle (s - p_j) = \pm 180°(2k + 1), \quad k = 0, 1, 2\cdots \tag{4-8}$$

几点说明：

① 开环零点 $z_i$、极点 $p_j$ 是决定闭环根轨迹的条件。

② 注意到式(4-8)定义的相角方程不含有 $K^*$，它表明满足式(4-7)的任意 $K^*$ 值均满足由相角方程定义的根轨迹，因此，相角方程是决定闭环根轨迹的充分必要条件。

③ 满足相角方程的闭环极点 $s$ 值，代入幅值方程式(4-7)，就可以求出对应的 $K^*$ 值，显然一个 $K^*$ 对应 $n$ 个 $s$ 值，满足幅值方程的 $s$ 值不一定满足相角方程。因此由幅值方程（及其变化式）求出的 $s$ 值不一定是根轨迹上的根。

④ 任意特征方程 $D(s) = 0$ 均可处理成 $1 + G(s)H(s) = 0$ 的形式，其中把 $G(s)H(s)$ 写成式(4-7)描述的形式就可以得到 $K^*$ 值，所以说 $K^*$ 可以是系统任意参数。以其他参数为自变量作出的根轨迹称广义根轨迹。

例如：系统的特征方程为

$$(0.5s + 1)(Ts + 1) + 10(1 - s) = 0$$

以其中不含 $T$ 的各项除方程的两边，得

$$1 + \frac{Ts(0.5s + 1)}{11 - 9.5s} = 0$$

该方程可进一步改写成

$$1+\frac{T^{*}s(s+2)}{s-\frac{11}{9.5}}=0$$

式中，$T^{*}=\dfrac{-T}{2\times9.5}$，相当于根轨迹增益 $K^{*}$。

## 4.2　根轨迹的绘制

由上节我们知道，当 $K^{*}$ 从零到无穷变化时，依据相角条件，可以在复平面上找到满足 $K^{*}$ 变化时的所有闭环极点，即绘制出系统的根轨迹。但是在实际中，通常我们并不需要按相角条件逐点确定该点是否为根轨迹上的点，而是依据一定的规则，找到某些特殊的点，绘制出闭环极点随参数变化的大致轨迹，在感兴趣的范围内，再用幅值条件和相角条件确定极点的准确位置。

下面以变参量 $K^{*}$ 为例，讨论绘制根轨迹的基本规则。

### 4.2.1　绘制根轨迹的基本规则

（1）根轨迹的方向、起点和终点

由幅值方程式(4-7) 可得

$$\frac{\prod\limits_{i=1}^{m}|s-z_{i}|}{\prod\limits_{j=1}^{n}|s-p_{j}|}=\frac{1}{K^{*}} \tag{4-9}$$

根据根轨迹的定义可知，根轨迹起始于 $K^{*}=0$，终止于 $K^{*}\to\infty$。而当 $K^{*}=0$ 时，$s\to p_{j}$（$j=1,2,\cdots,n$），为系统的开环极点；当 $K^{*}\to\infty$ 时，$s\to z_{i}$（$i=1,2,\cdots,m$），为系统的开环零点。

结论：根轨迹起始于开环极点，终止于开环零点。如果 $n>m$，则有 $n-m$ 条根轨迹终止于无穷远处。

（2）根轨迹的分支数

由于根轨迹是闭环特征根的变化轨迹，因此每个闭环特征根的变化轨迹都是整个根轨迹的一个分支，因此根轨迹的分支数与闭环特征方程的根的数目相同。由式(4-6) 得系统的特征方程为

$$\prod\limits_{j=1}^{n}(s-p_{j})+K^{*}\prod\limits_{i=1}^{m}(s-z_{i})=0 \tag{4-10}$$

由式(4-10) 可知，特征根的数目等于 $m$ 和 $n$ 中的较大者，即根轨迹的分支数与 $m$ 和 $n$ 中的较大者相等。

结论：根轨迹的分支数等于特征方程的阶次，也即开环零点数 $m$ 和开环极点数 $n$ 中的较大者。

（3）根轨迹的连续性和对称性

因为控制系统闭环特征方程的系数是由实际物理系统的结构决定的，均为实数，所以闭环特征根若为实数根，则分布在 $s$ 平面的实轴上；若为复数，则成对出现为共轭复根。因此它们形成的根轨迹必对称于实轴。

$K^*$ 的无限小增量与 $s$ 平面上的长度 $|s-p_j|$ 及 $|s-z_i|$ 的无限小增量相对应，即复变量 $s$ 在 $n$ 条根轨迹上均有一个无限小的位移。当 $K^*$ 从零到无穷大连续变化时，根轨迹在 $s$ 平面上一定是连续的。

结论：根轨迹关于实轴对称，并且是连续的。

（4）实轴上的根轨迹

设开环零、极点在 $s$ 平面上的分布如图 4-3 所示。为确定实轴上的根轨迹，选择 $s_0$ 作为试验点。图 4-3 中开环极点到 $s_0$ 点的矢量的相角为 $\varphi_i$（$i=1,2,3,4,5$），开环零点到 $s_0$ 点的矢量的相角为 $\theta_j$（$j=1,2,3,4$）。共轭复数极点 $p_4$ 和 $p_5$ 到 $s_0$ 点的矢量的相角和为 $\varphi_4+\varphi_5=2\pi$，共轭复数零点到 $s_0$ 点的矢量的相角和也为 $2\pi$，因此，当在确定实轴上的某点是否在根轨迹上时，可以不考虑复数开环零、极点对相角的影响。下面分

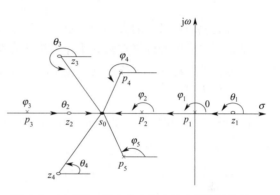

图 4-3　开环零、极点分布与实轴上根轨迹的关系

析位于实轴上的开环零、极点对相角的影响。实轴上，$s_0$ 点左侧的开环极点 $p_3$ 和开环零点 $z_2$ 构成的矢量的夹角 $\varphi_3$ 和 $\theta_2$ 均为零度，而 $s_0$ 点右侧的开环极点 $p_1$、$p_2$ 和开环零点 $z_1$ 构成的矢量的夹角 $\varphi_1$、$\varphi_2$ 和 $\theta_1$ 均为 $\pi$。若 $s_0$ 为根轨迹上的点，必满足相角条件，则有

$$\sum_{j=1}^{4}\theta_j - \sum_{i=1}^{5}\varphi_i = (2k+1)\pi \tag{4-11}$$

由以上分析知，只有 $s_0$ 点右侧实轴上的开环极点和开环零点的个数之和为奇数时，才满足相角条件。所以，在图 4-3 中，实轴上的 $p_1$ 至 $z_1$、$p_2$ 至 $z_2$ 和 $p_3$ 至 $-\infty$ 这三段是实轴上的根轨迹。

结论：实轴上属于根轨迹的部分，其右边开环零、极点的个数之和为奇数。

（5）根轨迹的渐近线

如果开环零点数 $m$ 小于开环极点数 $n$，则系统的开环增益 $K^* \to \infty$ 时，趋向无穷远处的根轨迹共有 $n-m$ 条，这 $n-m$ 条根轨迹趋向无穷远处的方位可由渐近线决定。

渐近线与实轴交点坐标：

$$\sigma_a = \frac{\displaystyle\sum_{j=1}^{n}p_j - \sum_{i=1}^{m}z_i}{n-m} \tag{4-12}$$

而渐近线与实轴正方向的夹角：

$$\varphi_a = \frac{(2k+1)\pi}{n-m} \tag{4-13}$$

式中，$k$ 依次取 $0$、$\pm 1$、$\pm 2$……一直到获得 $n-m$ 个夹角为止。

因为 $K^* \to \infty$ 时，有 $n-m$ 条根轨迹趋于无穷远处，即 $s \to \infty$。根据式（4-6），则有

$$\frac{K^* \prod\limits_{i=1}^{m}(s-z_i)}{\prod\limits_{j=1}^{n}(s-p_j)}=\frac{K^*}{s^{n-m}}=-1$$

$$s^{n-m}=-K^*$$

$$(n-m)\angle s=(2k+1)\pi$$

所以

$$\varphi_a=\angle s=\frac{(2k+1)\pi}{n-m},\ k=0,\pm1,\pm2\cdots \tag{4-14}$$

无穷远处闭环极点的方向角，也就是渐近线的方向角。$\sigma_a$ 的证明从略。

结论：当有限开环极点数 $n$ 大于有限零点数 $m$ 时，有 $n-m$ 条根轨迹沿 $n-m$ 条渐近线趋于无穷远处，这 $n-m$ 条渐近线在实轴上都交于一点，交点为式(4-12)，渐近线与实轴正方向的夹角为式(4-13)。

[例 4-1] 已知负反馈控制系统的开环传递函数为 $G(s)H(s)=\dfrac{K}{s(s+2)(0.5s+2)}$，试确定该系统根轨迹在实轴上的分布及渐近线。

[解] 系统开环传递函数可改写为

$$G(s)H(s)=\frac{K^*}{s(s+2)(s+4)}$$

式中，$K^*=2K$。因为系统开环极点数 $n=3$，开环零点数 $m=0$，所以根据绘制规则可知：

① 根轨迹有 3 条分支，分别起始于 0 $-2$ $-4$，且这 3 条根轨迹都将趋向无穷远处。

② 实轴上根轨迹分布在 $0\sim-2$ 以及 $-4\sim-\infty$ 之间。

③ 根轨迹的渐近线共有 $n-m=3$ 条，其在实轴上的交点和夹角分别按式(4-12) 和式(4-13) 可计算如下：

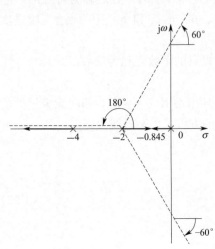

$$\sigma_a=\frac{\sum\limits_{j=1}^{3}p_j-0}{3-0}=\frac{0+(-2)+(-4)}{3}=-2$$

令 $k=0$、1，可得到 3 条渐近线夹角为

$$\varphi_a=\frac{\pm180°(2k+1)}{3-0}=\pm60°,180°$$

绘制出根轨迹在实轴上的分布以及渐近线，如图 4-4 所示（图中平行的那条渐近线应与负实轴重合，此处稍微上移以示清晰）。

（6）根轨迹的分离或会合点

两条或两条以上根轨迹分支，在 $s$ 平面上某处相遇后又分开的点，称作根轨迹的分离点（或会合点，为了简化，统称为分离点）。可见，分离点就是特征方程出现重根之处。重根的重数就是会合到

图 4-4 根轨迹在实轴上的分布以及渐近线

（或离开）该分离点的根轨迹分支数。一个系统的根轨迹可能没有分离点，也可能不止一个

分离点。根据镜像对称性，分离点是实数或共轭复数。一般在实轴上两个相邻的开环极点或开环零点之间有根轨迹，则这两个极点或零点之间必定存在分离点或会合点。根据相角条件可以推证，如果有 $r$ 条根轨迹分支到达（或离开）实轴上的分离点，则在该分离点处，根轨迹分支间的夹角为 $\pm 180°/r$，分离角或会合角为 $\pm 180°(2k+1)/r$。

下面介绍两种求分离点或会合点的方法，其实质是相同的，只是求根方程的表现形式不同。

① 开环极、零点分式求和相等法　根据式(4-6)，可得闭环系统的特征方程为

$$D(s)=\prod_{i=1}^{n}(s-p_i)+K^*\prod_{j=1}^{m}(s-z_j)=0 \tag{4-15}$$

根轨迹在 $s$ 平面上相遇，说明闭环特征方程有重根，设重根为 $d$。根据代数方程中重根的条件，有 $D(s)=0$，$\dot{D}(s)=0$。即

$$\prod_{i=1}^{n}(s-p_i)+K^*\prod_{j=1}^{m}(s-z_j)=0$$

$$\frac{\mathrm{d}}{\mathrm{d}s}\left[\prod_{i=1}^{n}(s-p_i)+K^*\prod_{j=1}^{m}(s-z_j)\right]=0$$

或

$$\prod_{i=1}^{n}(s-p_i)=-K^*\prod_{j=1}^{m}(s-z_j) \tag{4-16}$$

$$\frac{\mathrm{d}}{\mathrm{d}s}\prod_{i=1}^{n}(s-p_i)=-K^*\frac{\mathrm{d}}{\mathrm{d}s}\prod_{j=1}^{m}(s-z_j) \tag{4-17}$$

式(4-16)除式(4-17)，得

$$\frac{\dfrac{\mathrm{d}}{\mathrm{d}s}\prod\limits_{i=1}^{n}(s-p_i)}{\prod\limits_{i=1}^{n}(s-p_i)}=\frac{\dfrac{\mathrm{d}}{\mathrm{d}s}\prod\limits_{j=1}^{m}(s-z_j)}{\prod\limits_{j=1}^{m}(s-z_j)}$$

即

$$\frac{\mathrm{d}\ln\prod\limits_{i=1}^{n}(s-p_i)}{\mathrm{d}s}=\frac{\mathrm{d}\ln\prod\limits_{j=1}^{m}(s-z_j)}{\mathrm{d}s} \tag{4-18}$$

因为

$$\ln\prod_{i=1}^{n}(s-p_i)=\sum_{i=1}^{n}\ln(s-p_i)$$

$$\ln\prod_{j=1}^{m}(s-z_j)=\sum_{j=1}^{m}\ln(s-z_j)$$

式(4-18)可写为

$$\sum_{i=1}^{n}\frac{\mathrm{d}\ln(s-p_i)}{\mathrm{d}s}=\sum_{j=1}^{m}\frac{\mathrm{d}\ln(s-z_j)}{\mathrm{d}s} \tag{4-19}$$

有

$$\sum_{i=1}^{n}\frac{1}{s-p_i}=\sum_{j=1}^{m}\frac{1}{s-z_j} \tag{4-20}$$

解方程，可得根轨迹的分离点 $d$。应当指出，方程的根不一定都是分离点，只有代入特征方程后，满足 $K^* > 0$ 的那些根才是真正的分离点。在实际中，往往根据具体情况就可确定方程式(4-20) 的根是否为分离点，而不一定需要代入特征方程中去检验 $K^*$ 是否大于零。

若开环传递函数无有限零点，则在分离点方程式(4-20) 中应取 $\sum\limits_{j=1}^{m} \dfrac{1}{s - z_j} = 0$。

② 对开环传递函数求导　设系统的开环传递函数为

$$G(s)H(s) = \frac{K^* B(s)}{A(s)} \tag{4-21}$$

则系统的闭环特征方程为

$$D(s) = A(s) + K^* B(s) = 0 \tag{4-22}$$

根轨迹在 $s$ 平面上相遇，说明闭环特征方程有重根，根据代数方程中重根的条件，有 $D(s) = 0, \dot{D}(s) = 0$。因此特征方程的重根可由以下联立方程求得：

$$\begin{cases} K^* B(s) + A(s) = 0 \\ K^* B'(s) + A'(s) = 0 \end{cases} \tag{4-23}$$

由式(4-23) 消去 $K^*$，可得

$$A'(s)B(s) - A(s)B'(s) = 0 \tag{4-24}$$

解方程式(4-24) 即得到特征方程的重根。

应该指出，所求出的重根如果在根轨迹上，则它们是分离点或会合点；如果不在根轨迹上，则不是分离点或会合点。

为便于记忆，式(4-24) 可改写为如下形式：

$$\frac{\mathrm{d}[G(s)H(s)]}{\mathrm{d}s} = 0 \tag{4-25}$$

结论：根轨迹的分离点或会合点的坐标，可以通过求解方程式(4-20) 或者求解方程式(4-25) 的根得到。

(7) 根轨迹与虚轴的交点

若根轨迹与虚轴相交，则说明系统处于临界稳定状态，可令劳斯表的第一列系数含有 $K^*$ 的项为零，求出 $K^*$ 值。如果根轨迹与正虚轴有一个交点，说明特征方程有一对纯虚根，可利用劳斯表中 $s^2$ 项的系数构成辅助方程，解此方程便可求得交点处的 $\omega$ 值。若根轨迹与正虚轴有两个或两个以上的交点，则说明特征方程有两对或两对以上的纯虚根，可用劳斯表中幂大于 2 的偶次方行的系数构成辅助方程，求得根轨迹与虚轴的交点。

除了用劳斯判据求根轨迹与虚轴的交点外，还可令 $s = \mathrm{j}\omega$ 代入特征方程，即

$$1 + G(\mathrm{j}\omega)H(\mathrm{j}\omega) = 0$$

令特征方程的实部和虚部分别相等，有

$$\mathrm{Re}[1 + G(\mathrm{j}\omega)H(\mathrm{j}\omega)] = 0$$
$$\mathrm{Im}[1 + G(\mathrm{j}\omega)H(\mathrm{j}\omega)] = 0$$

联立解上面两个方程，即可求出与虚轴交点处的 $K^*$ 值和 $\omega$ 值。

结论：根轨迹的与虚轴交点坐标及临界根轨迹增益，可以通过用 $s = \mathrm{j}\omega$ 代入系统闭环特征方程求取，也可以应用劳斯判据列表的方法确定。

[例 4-2]　试求例 4-1 中根轨迹的分离点和与虚轴的交点，画出完整的根轨迹。

[解]　由图 4-4 可知，在极点 0 和 -2 之间的根轨迹上一定有分离点。

令 $\mathrm{d}[G(s)H(s)]/\mathrm{d}s=0$，整理后可得

$$3s^2+12s+8=0$$

解得根 $s_1=-2+\dfrac{2}{3}\sqrt{3}\approx-0.845$，$s_2=-2-\dfrac{2}{3}\sqrt{3}\approx-3.155$。因为实轴上的根轨迹在 $(-\infty,\ -4]$ 和 $[-2,\ 0]$ 区间内，所以分离点为 $s_1$。

下面求根轨迹与虚轴的交点。由题可知系统的闭环特征方程为 $s^3+6s^2+8s+K^*=0$，列写劳斯表如下：

$$
\begin{array}{ccc}
s^3 & 1 & 8 \\
s^2 & 6 & K^* \\
s^1 & 8-\dfrac{K^*}{6} & 0 \\
s^0 & K^* &
\end{array}
$$

为使 $s^1$ 行元素为零，应有 $K^*=48$，再由 $s^2$ 行元素构建出辅助方程为 $6s^2+48=0$，解得 $s=\pm\mathrm{j}\sqrt{8}\approx\pm\mathrm{j}2.83$。完整的根轨迹如图 4-5 所示。

（8）根轨迹的出射角和入射角

当开环零点和开环极点处于复平面时，根轨迹离开开环极点处的切线与正实轴的方向夹角，称为根轨迹的出射角（出发角），用 $\theta_{px}$ 表示。同样，根轨迹进入开环零点处的切线与正实轴的方向夹角，称为根轨迹的入射角（终止角），用 $\theta_{zx}$ 表示。

设控制系统开环极、零点数目分别为 $n$ 和 $m$。在根轨迹上无限靠近待求出射角的开环极点 $p_x$ 附件取一点 $s_1$。由于 $s_1$ 无限接近 $p_x$ 点，所以除了 $p_x$ 之外，其他开环零点和极点到 $s_1$ 点的矢量辐角都可以用它们到 $p_x$ 点的矢量辐角来代替，而 $p_x$ 点到 $s_1$ 点的矢量辐角即为出射角。因为 $s_1$ 点在根轨迹上，必满足辐角方程式(4-8)，有

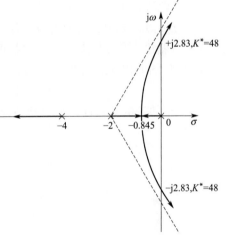

图 4-5　例 4-2 根轨迹图

$$\sum_{i=1}^{m}\angle(s-z_i)-\sum_{\substack{j=1\\j\neq x}}^{n}\angle(s-p_j)-\theta_{px}=\pm(2k+1)\pi$$

也即

$$\theta_{px}=\mp(2k+1)\pi+\sum_{i=1}^{m}\angle(s-z_i)-\sum_{\substack{j=1\\j\neq x}}^{n}\angle(s-p_j) \qquad (4\text{-}26)$$

同理可得，复数零点的入射角用公式表示为

$$\theta_{zx}=\mp(2k+1)\pi-\sum_{\substack{i=1\\i\neq x}}^{m}\angle(s-z_i)+\sum_{j=1}^{n}\angle(s-p_j) \qquad (4\text{-}27)$$

应该指出，在根轨迹的辐角条件中，$+(2k+1)\pi$ 与 $-(2k+1)\pi$ 是等价的，在计算出射

角和入射角时，均可用180°代替。

结论：根轨迹的出射角和入射角可根据下面公式计算。

$$\theta_{px} = 180° + \sum_{\substack{i=1}}^{m} \angle(s-z_i) - \sum_{\substack{j=1 \\ j \neq x}}^{n} \angle(s-p_j) \tag{4-28}$$

$$\theta_{zx} = 180° - \sum_{\substack{i=1 \\ i \neq x}}^{m} \angle(s-z_i) + \sum_{j=1}^{n} \angle(s-p_j) \tag{4-29}$$

**[例 4-3]** 系统的开环传递函数为 $G_0(s) = \dfrac{K(s+2)}{s(s+3)(s^2+2s+2)}$，试绘制系统的根轨迹。

**[解]** ① 系统为四阶系统，根轨迹共有 4 条分支。

② 根轨迹的起点：0，-3，-1±j。根轨迹终点：-2，有 3 条根轨迹终止于无穷远处。

③ 渐近线与实轴的交角与交点

$$\varphi_a = \pm 60°, 180°$$

$$\sigma = \frac{0+(-3)+(-1+j)+(-1-j)-(-2)}{4-1} = -1$$

④ 根轨迹在实轴上的部分是 0～-2，-3～-∞。

⑤ 分离点：无根轨迹分离与会合。

⑥ 出射角：开环极点 -1+j 为共轭复数极点。开环零极点分布如图 4-6 所示。将各角的值代入式(4-26)，可得

$$\theta_{px} = 180° + 45° - (26.6° + 90° + 135°) = -26.6°$$

根据根轨迹的对称性，复数开环极点 -1-j 的出射角为 26.6°。

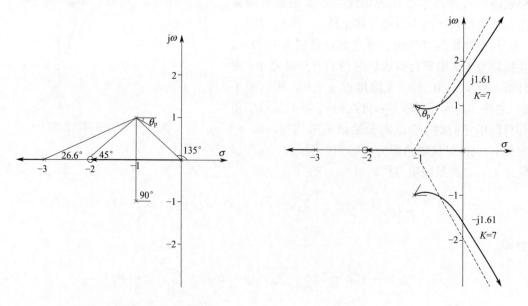

图 4-6 例 4-3 根轨迹出射角示意图        图 4-7 例 4-3 根轨迹图

⑦ 与虚轴交点，将 $s=j\omega$ 代入特征方程。特征方程为

$$1 + \frac{K(s+2)}{s(s+3)(s^2+2s+2)} = 0$$

$$s^4 + 5s^3 + 8s^2 + 6s + Ks + 2K = 0$$

代入 $s = j\omega$ 并整理后得：

实部方程　　　　　　　　　　$\omega^4 - 8\omega^2 + 2K = 0$

虚部方程　　　　　　　　　　$-5\omega^3 + (K+6)\omega = 0$

解此方程组，得 $\omega = \pm 1.61$，$K = 7$。其完整根轨迹如图 4-7 所示。

（9）闭环极点的和与积、开环极点闭环极点的关系

如果当 $n-m \geqslant 2$ 时，对于一个给定的系统来说，开环极点之和是一个常数，那么当根轨迹增益变化时，虽然每个闭环极点都会随之变化，但它们之和却恒等于开环极点之和。所以在平面上，如果有一些闭环极点往左移动，则必有另外一些闭环极点相应地向右移动。这一性质可用来估计根轨迹分支的变化趋势。

结论：当系统满足 $n-m \geqslant 2$ 时，系统开环极点之和等于闭环极点之和，当有开环极点位于原点时，闭环极点之积与根轨迹增益成正比。

## 4.2.2　绘制根轨迹举例

[例 4-4]　设系统的开环传递函数为 $G(s)H(s) = \dfrac{K^*(s+1)}{(s+0.1)(s+0.5)}$，试绘制系统的根轨迹，并证明复平面上的根轨迹是圆。

[解]　根轨迹有两条分支。起点为 $p_1 = -0.1$，$p_2 = -0.5$，有限终点为 $z_1 = -1$。实轴上的根轨迹为 $-0.1 \sim -0.5$，$-1 \sim -\infty$。由式（4-20）知，分离点方程为

$$s^2 + 2s + 0.55 = 0$$

解得根轨迹在实轴上的分离点为

$$d_1 = -1.67,\ d_2 = -0.33$$

设 $s$ 点在根轨迹上，则应满足相角条件：

$$\angle(s+1) - \angle(s+0.1) - \angle(s+0.5) = 180°$$

将 $s = \sigma + j\omega$ 代入上式：

$$\angle(\sigma+1+j\omega) - \angle(\sigma+0.1+j\omega) - \angle(\sigma+0.5+j\omega) = 180°$$

即

$$\arctan\frac{\omega}{\sigma+1} - \arctan\frac{\omega}{\sigma+0.1} = 180° + \arctan\frac{\omega}{\sigma+0.5}$$

有 $\arctan\dfrac{\dfrac{\omega}{\sigma+1} - \dfrac{\omega}{\sigma+0.1}}{1 + \dfrac{\omega}{\sigma+1} \times \dfrac{\omega}{\sigma+0.1}} = \arctan\dfrac{\omega}{\sigma+0.5}$

两边取正切，有

$$\frac{\dfrac{\omega}{\sigma+1} - \dfrac{\omega}{\sigma+0.1}}{1 + \dfrac{\omega}{\sigma+1} \times \dfrac{\omega}{\sigma+0.1}} = \frac{\omega}{\sigma+0.5}$$

整理得

$$(\sigma+1)^2 + \omega^2 = 0.67^2$$

上式为一圆方程，圆心位于（-1，0），圆半径 $r=0.67$，圆与实轴的交点就是两个分离点。根轨迹如图 4-8 所示。

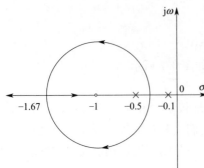

图 4-8 例 4-4 根轨迹图

**[例 4-5]** 已知负反馈控制系统的开环传递函数 $G(s)H(s)=\dfrac{K(s+3)}{s(s+2)(s+4)}$，试绘制各系统的根轨迹图。

**[解]** ① 起点：三个开环极点 0，-2，-4，$n=3$。

② 终点：一个有限开环零点 -3，$m=1$。

③ 实轴上 [-4，-3]、[-2，0] 为根轨迹区间。

④ 根轨迹渐近线：

$$\sigma=-\frac{0+2+4-3}{3-1}=-\frac{3}{2}$$

$$\varphi_a=\frac{\pm180°(2k+1)}{3-1}=\pm90°$$

⑤ 求分离点：

$$A'(s)B(s)-B'(s)A(s)=0$$

得 $\qquad 2s^3+15s^2+36s+24=0$

因为实轴上的分离点应该在 [-2，0] 区间内，利用凑试法可得 $s_1\approx-1.1$。根轨迹如图 4-9 所示。

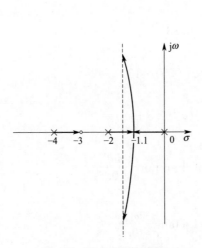

图 4-9 例 4-5 根轨迹图

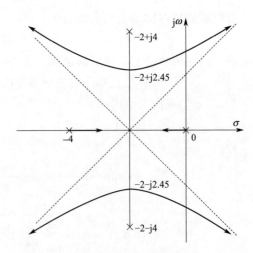

图 4-10 例 4-6 根轨迹图

**[例 4-6]** 闭环系统特征方程为 $s(s+4)(s^2+4s+20)+K^*=0$，试绘制系统的大致根轨迹。

**[解]** 系统的开环传递函数为

$$G(s)H(s)=\frac{K^*}{s(s+4)(s^2+4s+20)}$$

开环极点为 $p_1=0$，$p_2=-4$，$p_3=-2+\mathrm{j}4$，$p_4=-2-\mathrm{j}4$。实轴上的根轨迹位于 $0\sim-4$ 之间。由式(4-25) 可知，分离点方程为

$$s^3+6s^2+18s+20=0$$

解得

$$d_1=-2,\ d_2=-2+\mathrm{j}2.45,\ d_3=-2-\mathrm{j}2.45$$

渐近线与实轴的交点为

$$\sigma_{\mathrm{a}}=\frac{0-4-2+\mathrm{j}4-2-\mathrm{j}4}{4}=-2$$

渐近线与实轴的夹角为

$$\varphi_{\mathrm{a}}=\frac{(2k+1)\pi}{4},\ k=0,1,2,3$$

得　$\varphi_{\mathrm{a}1}=45°$，$\varphi_{\mathrm{a}2}=-45°$，$\varphi_{\mathrm{a}3}=135°$，$\varphi_{\mathrm{a}4}=-135°$

令 $s=\mathrm{j}\omega$ 代入特征方程，可得

$$\mathrm{j}\omega(\mathrm{j}\omega+4)\big[(\mathrm{j}\omega)^2+4\mathrm{j}\omega+20\big]+K^*=\omega^4-36\omega^2+K^*+\mathrm{j}\omega(-8\omega^2+80)=0$$

令上式实部和虚部分别为零，有

$$\omega^4-36\omega^2+K^*=0$$
$$\omega(-8\omega^2+80)=0$$

联立上式，解得

$$\omega=\pm\sqrt{10}=\pm3.16,\ K^*=260$$

系统的根轨迹如图 4-10 所示。

## 4.3　广义根轨迹的绘制

前面我们讨论了以 $K^*$ 为变量的负反馈系统根轨迹的绘制方法，这是最常见的情况，一般称为常规根轨迹。在实际系统中，除了增益 $K^*$ 以外，常常还要研究系统其他参数变化时，对闭环特征根的影响。在有些多回路系统中，还会遇到内环是正反馈的系统，因此，还有必要讨论正反馈系统的根轨迹。这里，我们把不是以 $K^*$ 为变量、非负反馈系统的根轨迹称为广义根轨迹，下面分析这类根轨迹的绘制方法。

### 4.3.1　参变量根轨迹的绘制

以非开环根轨迹增益为可变参数绘制的根轨迹，称作参变量根轨迹，也称为参数根轨迹。参变量根轨迹可以用来分析系统中的各种参数。

绘制参变量根轨迹的方法与前面讨论的规则相同，但在绘制根轨迹之前，要先求出系统的等效开环传递函数。

设系统的闭环特征方程为

$$G(s)H(s)=K\frac{M(s)}{N(s)} \tag{4-30}$$

则系统的闭环特征方程为

$$1+G(s)H(s)=N(s)+KM(s)=0 \tag{4-31}$$

将方程左端展开成多项式，用不含待讨论参数的各项除方程两端，得到

$$1+G_1(s)H_1(s)=1+A\frac{P(s)}{Q(s)}=0 \qquad (4\text{-}32)$$

式 (4-32) 中的 $G_1(s)H_1(s)=A\dfrac{P(s)}{Q(s)}$ 即是系统的等效开环传递函数，等效是指系统的特征方程相同意义下的等效。根据等效开环传递函数 $G_1(s)H_1(s)$，按照上一节介绍的根轨迹绘制规则，就可绘制出以 $A$ 为变量的参数根轨迹。由等效开环传递函数描述的系统与原系统有相同的闭环极点，但闭环零点不一定相同。因为系统的动态性能不仅与闭环极点有关，还与闭环零点有关，所以在分析系统性能时，可采用由等效系统的根轨迹得到的闭环极点和原系统的闭环零点来对系统进行分析。

下面举例说明参变量根轨迹的绘制方法。

[例 4-7]　已知负反馈系统的开环传递函数为 $G(s)H(s)=\dfrac{K(s+T)}{s^2(s+2)}$，试求 $K=1$ 时，以 $T$ 为参变量的根轨迹。

[解]　$K=1$ 时，系统的闭环特征方程为

$$1+G(s)H(s)=1+\frac{s+T}{s^2(s+2)}=0$$

即　　　　　　　　　　　$s^2(s+2)+s+T=0$

可得以 $T$ 为参变量时的等效开环传递函数为

$$G_1(s)H_1(s)=\frac{T}{s^3+2s^2+s}$$

绘制以 $T$ 为参变量时系统根轨迹：

① 起点：三个开环极点 $0$，$-1$，$-1$，$n=3$。

② 终点：无开环有限零点，$m=0$。

③ 实轴上 $(-\infty，-1]$、$[-1，0]$ 为根轨迹区间。

④ 根轨迹渐近线：

$$\sigma=-\frac{0+1+1}{3-0}=-\frac{2}{3}$$

$$\theta=\frac{\pm180°(2k+1)}{3-0}=\pm60°,180°$$

⑤ 根轨迹的分离点：

$$A'(s)B(s)-B'(s)A(s)=0$$

得：　　　　　　　　　　$3s^2+4s+1=0$

解得 $s_1=-1$，$s_2=-\dfrac{1}{3}$。

⑥ 根轨迹与虚轴的交点。

以 $T$ 为参变量时，系统的闭环特征方程为 $s^3+2s^2+s+T=0$。将 $s=\mathrm{j}\omega$ 代入方程，整理得：

$$(-2\omega^2+T)+\mathrm{j}(\omega-\omega^3)=0$$

由此可得下列联立方程 $\begin{cases}T-2\omega^2=0\\ \omega(1-\omega^2)=0\end{cases}$，解得 $\omega=\pm1$，$T=2$。根据以上信息，可绘制根

轨迹如图 4-11 所示。

[**例 4-8**]　已知单位负反馈系统的开环传递函数为

$G(s) = \dfrac{\frac{1}{4}(s+a)}{s^2(s+1)}$，试绘制 $a=0 \to \infty$ 的根轨迹，并求出系统在

临界阻尼比时的闭环传递函数。

[**解**]　① 闭环特征方程为

$$D(s) = s^2(s+1) + \frac{1}{4}(s+a) = s^3 + s^2 + \frac{1}{4}s + \frac{1}{4}a$$

等效开环传递函数为

$$G^*(s) = \dfrac{\frac{a}{4}}{s^3 + s^2 + \frac{1}{4}s} = \dfrac{\frac{1}{4}a}{s\left(s^2 + s + \frac{1}{4}\right)} = \dfrac{\frac{1}{4}a}{s\left(s + \frac{1}{2}\right)^2}$$

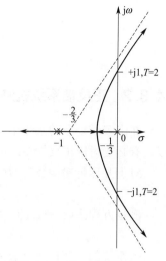

图 4-11　例 4-7 根轨迹图

分离点为

$$\frac{1}{d} + \frac{2}{d + \frac{1}{2}} = 0 \quad 即 \quad \frac{3d + \frac{1}{2}}{d\left(d + \frac{1}{2}\right)} = 0$$

解得 $d = -1/6$。渐近线为

$$\begin{cases} \sigma_a = \dfrac{-\frac{1}{2} - \frac{1}{2}}{3} = -\frac{1}{3} \\[2mm] \varphi_a = \dfrac{(2k+1)\pi}{3} = \pm\dfrac{\pi}{3}, \pi \end{cases}$$

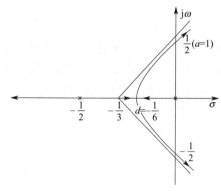

图 4-12　例 4-8 根轨迹图

与虚轴的交点为 $D(s) = s^3 + s^2 + \frac{1}{4}s + \frac{1}{4}a$，令 $s = j\omega$，则有

$$\begin{cases} 实部: -\omega^2 + \dfrac{a}{4} = 0 \\[2mm] 虚部: -\omega^3 + \dfrac{1}{4}\omega = 0 \end{cases} \quad \begin{cases} \omega = 0, a = 0 \\[2mm] \omega = \dfrac{1}{2}, a = 1 \end{cases}$$

根轨迹如图 4-12 所示。

② 在临界阻尼比时，闭环极点位于分离点处，对应 $a$ 值为

$$\dfrac{\frac{1}{4}a}{|d|\left|d + \frac{1}{2}\right|^2} = 1, \quad 由此可得 \quad a = 4 \times \frac{1}{6} \times \left(-\frac{1}{6} + \frac{1}{2}\right)^2 = \frac{4}{54} = \frac{2}{27}$$

所以另一极点位于 $\lambda_3 = -\dfrac{1}{2} - \left(\dfrac{1}{2} - \dfrac{1}{6} - \dfrac{1}{6}\right) = -\dfrac{2}{3}$，因此闭环传递函数为

$$W(s)=\frac{\frac{1}{4}(s+a)}{\left(s+\frac{2}{3}\right)\left(s+\frac{1}{6}\right)^2}=\frac{\frac{1}{4}\left(s+\frac{2}{27}\right)}{\left(s+\frac{2}{3}\right)\left(s+\frac{1}{6}\right)^2}$$

## 4.3.2　正反馈系统轨迹的绘制

在许多较复杂的系统中，系统可能由多个回路组成，其内回路可能是正反馈连接，所以，有必要讨论正反馈系统的根轨迹。

对于开环传递函数为 $G(s)H(s)$ 的正反馈系统，其特征方程为

$$1-G(s)H(s)=0 \tag{4-33}$$

满足方程式(4-33) 的 $s$ 值就是系统的闭环极点。所以，正反馈系统的根轨迹方程为

$$G(s)H(s)=1 \tag{4-34}$$

若系统的开环传递函数为

$$G(s)H(s)=K^*\frac{\prod\limits_{j=1}^{m}(s-z_j)}{\prod\limits_{i}^{n}(s-p_i)} \tag{4-35}$$

则有幅值条件

$$|G(s)H(s)|=K^*\frac{\prod\limits_{j=1}^{m}|s-z_j|}{\prod\limits_{i=1}^{n}|s-p_i|}=1 \tag{4-36}$$

相角条件为

$$\sum_{j=1}^{m}\angle(s-z_j)-\sum_{i=1}^{n}\angle(s-p_i)=2k\pi,\ k=0,\pm1,\pm2\cdots \tag{4-37}$$

与负反馈系统的根轨迹方程相比，可知它们的幅值条件相同，相角条件不同。负反馈系统的相角满足 $\pi+2k\pi$，而正反馈系统的相角满足 $0+2k\pi$。所以，通常也称负反馈系统的根轨迹为 $180°$ 根轨迹，正反馈系统的根轨迹为 $0°$ 根轨迹。在负反馈系统根轨迹的画法规则中，凡是与相角条件有关的规则都要作相应的修改。需要修改的规则如下：

① 实轴上，若某线段右侧的开环实数零、极点个数之和为偶数，则此线段为根轨迹的一部分。

② 当有限开环极点数 $n$ 大于有限零点数 $m$ 时，有 $n-m$ 条根轨迹沿 $n-m$ 条渐近线趋于无穷远处，这 $n-m$ 条渐近线在实轴上都交于一点，交点坐标为

$$\sigma_a=\frac{\sum\limits_{i=1}^{n}p_i-\sum\limits_{j=1}^{m}z_j}{n-m}\quad (\text{与}180°\text{根轨迹同}) \tag{4-38}$$

渐近线与实轴的夹角为

$$\varphi_a=\frac{2k\pi}{n-m},\ k=0,1,2,\cdots,n-m-1 \tag{4-39}$$

分离角为 $2k\pi/r$。

③ 根轨迹离开复数极点的切线方向与正实轴间的夹角称为起始角，用 $\theta_{px}$ 表示；进入复数零点的切线方向与正实轴间的夹角称为终止角，用 $\theta_{zx}$ 表示，可根据下面的公式计算：

$$\theta_{px} = \sum_{j=1}^{m} \angle(s-z_j) - \sum_{\substack{i=1 \\ i \neq x}}^{n} \angle(s-p_i) \tag{4-40}$$

$$\theta_{zx} = -\sum_{\substack{j=1 \\ j \neq x}}^{m} \angle(s-z_j) + \sum_{i=1}^{n} \angle(s-p_i) \tag{4-41}$$

除以上 3 条规则外，其余规则与 180° 根轨迹相同。

[**例 4-9**]　已知正反馈系统开环传递函数为 $G(s)H(s) = \dfrac{K(1-s)}{s(s+2)}$，试绘制系统的根轨迹。

[**解**]　应按零度根轨迹规则，绘制系统的根轨迹。

① 起点：两个开环极点 0，−2，$n=2$。

② 终点：一个有限开环零点 1，$m=1$。

③ 实轴上 $[-2, 0]$、$[1, \infty)$ 为根轨迹区间。

④ 根轨迹的分离点。由 $A'(s)B(s) - A'(s)B(s) = 0$，得 $s^2 - 2s - 2 = 0$，解该方程可得 $s_1 = -0.732$，$s_2 = 2.732$。

⑤ 根轨迹与虚轴的交点。系统的闭环特征方程为 $s^2 + 2s - Ks + K = 0$。将 $s = j\omega$ 代入，整理得

$$(-\omega^2 + K) + j(2\omega - K\omega) = 0$$

由此可得联立方程 $\begin{cases} K - \omega^2 = 0 \\ \omega(2-K) = 0 \end{cases}$，解此联立方程得 $\omega = \pm\sqrt{2}$，$K = 2$。

可以证明系统的根轨迹是以开环零点 $z = 1$ 为圆心，以开环零点到分离点 $s_1$、$s_2$ 的距离 $\sqrt{3}$ 为半径的圆。根轨迹如图 4-13 所示。

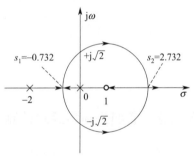

图 4-13　例 4-9 根轨迹图

## 4.4　控制系统的根轨迹分析

根轨迹法在系统分析中的应用是多方面的，在参数已知的情况下求系统的特性；分析参数变化对系统特性的影响（即系统特性对参数变化的敏感度和添加零、极点对根轨迹的影响）；对于高阶系统，运用"主导极点"概念，快速估价系统的基本特性等。

系统的暂态特性取决于闭环零、极点的分布，因而和根轨迹的形状密切相关。而根轨迹的形状又取决于开环零、极点的分布。那么开环零、极点对根轨迹形状的影响如何，这是单变量系统根轨迹法的一个基本问题。知道了闭环极点以及闭环零点（通常闭环零点是容易确定的），就可以对系统的动态性能进行定性分析和定量计算。

### 4.4.1　增加开环极点对控制系统的影响

大量实例表明：增加位于 $s$ 平面的左半平面的开环极点，将使根轨迹向右半平面移动，

系统的稳定性能降低。例如，设系统的开环传递函数为

$$G(s)H(s)=\frac{K^*}{s(s+2)} \tag{4-42}$$

则可绘制系统的根轨迹，如图 4-14(a) 所示。若增加一个开环极点 $a_2$，则这时的开环传递函数为

$$G(s)H(s)=\frac{K_1}{s(s+3)(s+a_2)},\ a_2>0 \tag{4-43}$$

若分别取 $-a_2=-4$，$-1$，$0$，作出所对应的根轨迹分别如图 4-14(b)～(d) 所示。由图 4-14 可见：增加开环极点，使根轨迹的复数部分向右半平面弯曲。一般来说，增加的开环极点越靠近虚轴，其影响越大，使根轨迹向右半平面的弯曲就越严重，因而系统稳定性能的降低便越明显。

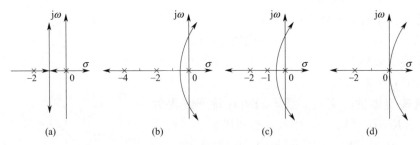

图 4-14　开环极点对根轨迹的影响

## 4.4.2　增加开环零点对控制系统的影响

一般来说，开环传递函数 $G(s)H(s)$ 增加零点，相当于引入微分作用，使根轨迹向 $s$ 平面的左半平面移动，将提高系统的稳定性。例如，设系统的开环传递函数为

$$G(s)H(s)=\frac{K^*}{s^2(s^2+2s+2)} \tag{4-44}$$

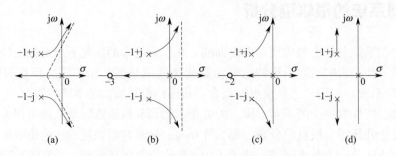

图 4-15　开环零点对根轨迹的影响

其根轨迹如图 4-15(a) 所示。若增加一个零点，则开环传递函数变为

$$G(s)H(s)=\frac{K^*(s+z_0)}{s^2(s^2+2s+2)} \tag{4-45}$$

若分别取零点$-z_0=-3$，$-2$，$0$，作出所对应的根轨迹分别如图 4-15(b)～(d) 所示。由图 4-15 可见：增加开环零点后，使根轨迹向 $s$ 平面的左半平面弯曲或移动，使闭环系统的稳定性提高，且零点值越大，即零点越靠近虚轴，改善的效果越明显。

### 4.4.3　闭环极点的位置与系统性能的关系

从第 3 章时域分析法的高阶系统分析中已知，只有当所有的闭环极点位于 $s$ 平面的左半平面上时，系统才是稳定的。闭环负实数极点离虚轴越远，对应的指数分量衰减得就越快，系统的调整时间就越短，响应速度就越快。对于一对闭环共轭的复数极点 $s_1$、$s_2$，将其绘制于 $s$ 平面上，如图 4-16 所示。为考察其与系统性能的关系，可用二阶系统时域分析的方法：

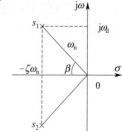

$$s_{1,2}=-\zeta\omega_n\pm j\omega_n\sqrt{1-\zeta^2}=-\zeta\omega_n\pm j\omega_d$$

$$|s_1|=|s_2|=\sqrt{(\zeta\omega_n)^2+\omega_d^2}=\omega_n$$

$$\cos\beta=\frac{\zeta\omega_n}{\omega_n}=\zeta$$

复数极点的单位阶响应为

$$c(t)=1-\frac{e^{-\zeta\omega_n t}}{\sqrt{1-\zeta^2}}\sin(\omega_d t+\beta)$$

图 4-16　共轭复数极点
在 $s$ 平面上的分布

性能指标为

$$\sigma\%=e^{-\zeta\pi/\sqrt{1-\zeta^2}}\%,\ t_s=\frac{3}{\zeta\omega_n}$$

由图 4-16 可知，闭环极点的虚部 $\omega_d$ 表征了系统有阻尼振荡频率；闭环极点与坐标原点间的距离 $\omega_n$ 表征了系统无阻尼自然振荡频率；图中闭环极点与负实轴的夹角 $\beta$ 的余弦为 $\zeta$，所以 $\beta$ 是一个与阻尼比相关的量。闭环极点的位置与系统性能的关系可这样表述：

① 闭环极点在 $s$ 平面上的分布反映系统的稳定性。闭环极点在 $s$ 平面的左半平面上时系统稳定；闭环极点在 $s$ 平面的右半平面上时系统不稳定。

② 闭环极点的实部 $\zeta\omega_n$ 反映了系统的调节时间。$\zeta\omega_n$ 值大，表明距离虚轴远，调节时间就短，系统的响应快。

③ 闭环极点与负实轴的夹角 $\beta$ 反映了系统的平稳性。$\beta$ 大，阻尼比 $\zeta$ 就小，超调量 $\sigma\%$ 就大，系统振荡增加。

### 4.4.4　用根轨迹分析系统的动态性能

下面以实例说明用根轨迹分析系统的动态性能。

[例 4-10]　负反馈控制系统前向通道的传递函数和反馈通道的传递函数分别为

$$G(s)=\frac{k}{s^2(s+1)},\ H(s)=1$$

① 试绘制系统的根轨迹图，判断系统的稳定性；

② 若 $H(s)=s+0.5$，$G(s)$ 不变，绘制系统的根轨迹，并判断系统的稳定性。

[**解**]　① 控制系统开环传递函数为

$$G(s)H(s)=\frac{k}{s^2(s+1)}$$

运用规则绘制出的根轨迹图（过程同上，略）见图 4-17(a)。由图可知，当 $k$ 由 $0\to\infty$ 时，根轨迹有两条分支落在 $s$ 平面的右半平面上，故闭环系统不稳定。

② 当控制系统开环传递函数为

$$G(s)H(s)=\frac{k(s+0.5)}{s^2(s+1)}$$

时，绘制系统的根轨迹图，如图 4-17(b) 所示。由图可知，系统增加零点后，当 $k$ 由 $0\to\infty$ 时，系统根轨迹落在 $s$ 平面的左半平面上，故闭环系统稳定。

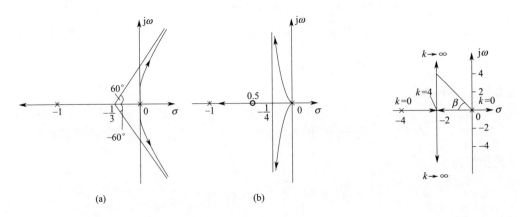

图 4-17　例 4-10 系统根轨迹图　　　　　图 4-18　例 4-11 系统根轨迹图

[**例 4-11**]　已知负反馈系统的开环传递函数为 $G(s)H(s)=\dfrac{k}{s(s+4)}$，试用根轨迹法分析根轨迹放大系数对系统性能的影响，并计算 $k=20$ 时，开环放大系数 $K$ 和动态性能指标。

[**解**]　绘制系统的根轨迹图，如图 4-18 所示。由根轨迹图分析，当 $k$ 由 $0\to\infty$ 时，系统都是稳定的；当 $0<k<4$ 时系统具有两个不相等的闭环负实数根，系统的动态响应是非振荡的；当 $k=4$ 时，系统具有两个相等的闭环实数根，系统的动态响应也是非振荡的；当 $4<k<\infty$ 时，系统具有一对共轭复数根，则系统的动态响应是振荡的。当 $k=20$ 时，开环

放大系数 $K=k\dfrac{\prod\limits_{z=1}^{m}(-z_j)}{\prod\limits_{i=v+1}^{n}(-p_i)}=20\times\dfrac{1}{4}=5$，闭环极点为 $s_{1,2}=-\zeta\omega_n\pm j\omega_n\sqrt{1-\zeta^2}=-2\pm j4$，

$\omega_n=\sqrt{20}=4.468$，$\zeta=\dfrac{2}{\omega_n}=0.448$，于是得系统性能指标如下：

$$\sigma\%=e^{-\frac{\pi\zeta}{\sqrt{1-\zeta^2}}}\times100\%=20.7\%;\ t_s=\frac{3}{\zeta\omega_n}=1.5\ (\Delta=5\%)$$

## 习 题

4-1　如果单位反馈控制系统的开环传递函数为 $G(s)=\dfrac{K}{s+1}$，试用解析法绘出 $K$ 从零向无穷大变化时的闭环根轨迹图，并判断下列点是否在根轨迹上：$(-2,\mathrm{j}0)$，$(0,\mathrm{j})$，$(-3,\mathrm{j}2)$。

4-2　设开环传递函数为 $G(s)=\dfrac{K^{*}}{s(s+1)(s+2)}$，试绘制根轨迹，并求根轨迹与虚轴的交点，计算临界根轨迹增益。

4-3　已知系统开环传递函数为 $G(s)H(s)=\dfrac{K^{*}(s+1)}{s^{2}+3s+3.25}$，试求系统闭环根轨迹分离点坐标，并画出完整的根轨迹。

4-4　已知系统的开环传递函数为 $G(s)H(s)=\dfrac{K(s+1)}{s(s-1)}$，试画出该系统的根轨迹图，并确定使系统处于稳定时的 $K$ 值范围。

4-5　已知负反馈控制系统的开环传递函数为 $G(s)H(s)=\dfrac{K}{(s+2)^{3}}$，试绘制系统的根轨迹图，并求出根轨迹的分离点和根轨迹与虚轴的交点。

4-6　已知负反馈控制系统的开环传递函数为 $G(s)H(s)=\dfrac{K(s+2)}{s(s^{2}+2s+2)}$，试绘制系统的根轨迹图，并求根轨迹的出射角。

4-7　已知系统的开环传递函数为 $G(s)H(s)=\dfrac{K^{*}(s+3)}{(s+1)(s+2)}$，试画出该系统的根轨迹图，并求出分离点和会合点。

4-8　已知系统的特征方程为 $(s+1)(s+3)(s-1)(s-3)+K(s^{2}+4)=0$，试概略绘制出 $K$ 由 $0\to\infty$ 的根轨迹图（计算出必要的特征参数）。

4-9　反馈系统的特征方程为 $s^{4}+3s^{3}+12s^{2}+(K-16)s+K=0$，试概略绘制出 $K$ 由 $0\to\infty$ 的根轨迹图，并求出系统稳定时所对应的 $K$ 值范围。

4-10　如图 4-19 所示控制系统的闭环极点为 $2\pm\mathrm{j}\sqrt{10}$（即 $2\pm\mathrm{j}3.16$），试确定增益 $K$ 和速度反馈系数 $T$；并根据求出的 $T$ 值画出根轨迹图；确定使系统稳定的 $K$ 值范围。

4-11　试绘制如图 4-20 所示系统以 $\tau$ 为参变量的根轨迹。

图 4-19　习题 4-10 图　　　　　　图 4-20　习题 4-11 图

4-12　设控制系统的开环传递函数为 $G(s)=\dfrac{K(s+1)}{s^{2}(s+2)(s+4)}$，试分别画出正反馈系统和负反馈系统的根轨迹图，并指出它们的稳定性有何不同。

4-13　已知系统如图 4-21 所示，其中 $G(s)=\dfrac{K}{s(0.25s+1)(0.5s+1)}$，$H(s)=0.5s+1$，

画出其根轨迹，并求出当闭环共轭复数极点呈现阻尼比 $\zeta=0.707$ 时，系统的单位阶跃响应。

4-14　已知系统结构图如图 4-22 所示，试绘制时间常数 $T$ 变化时系统的根轨迹，并分析参数 $T$ 的变化对系统动态性能的影响。

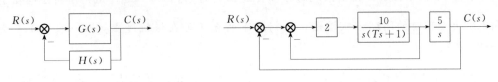

图 4-21　习题 4-13 图　　　　　　　　　图 4-22　习题 4-14 图

4-15　已知某具有局部反馈的系统结构图如图 4-23 所示。要求：

① 画出当 $K$ 由 $0 \to \infty$ 变化时，闭环系统的根轨迹；

② 用根轨迹法确定，使系统具有阻尼比 $\zeta=0.5$（对一对复数闭环极点而言）时 $K$ 的取值以及闭环极点的取值；

③ 用根轨迹法确定，系统在单位阶跃信号作用下，稳态控制精度的允许值。

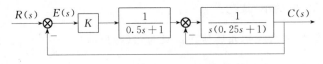

图 4-23　习题 4-15 图

# 第5章
# 频域分析法

通过前面几章的分析，得知用时域响应来描述系统的动态性能最为直观与准确。但是，用分析方法求解系统的时域响应往往比较烦琐，对于高阶系统就更加困难，而且对于有些系统或元部件很难列写出其微分方程；对于高阶系统，系统结构和参数同系统动态性能之间没有明确的关系，不易看出系统结构和参数对系统动态性能的影响，当系统的动态性能不能满足生产工艺要求时，很难指出改善系统性能的途径。而根轨迹分析法，在这一点上有了显著的进步，但也仅仅能研究一个参数变化对系统性能的影响。而对于复杂系统的设计采用这种方法，计算量也比较大。

频域分析法是以控制系统的频率特性作为数学模型，不必求解系统的微分方程或动态方程，而是做出系统频率特性的图形，然后通过频域与时域之间的关系来分析系统的性能，因而比较方便。频域分析法是研究控制系统的一种工程方法。应用线性系统的频率特性，可以间接地研究系统的动态性能和稳态性能，因此在实际中得到了广泛的应用。本章将讨论频率特性的基本概念、典型环节和系统的频率特性、奈奎斯特判据、频域性能指标与瞬态性能指标间的关系等。

## 5.1 频率特性

### 5.1.1 频率特性的基本概念

频率特性不仅可以反映系统的性能，而且还可以反映系统的参数和结构与系统性能的关系。通过研究频率特性，可以了解如何改变系统的参数和结构来改善系统的性能。另外频率特性有明确的物理意义，可以用实验方法较为准确地测取，特别是对那些难以用解析法建立数学模型的系统或元部件更具有实际意义。

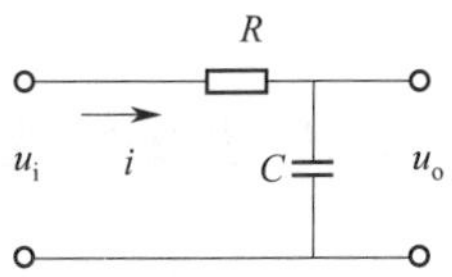

频率特性分析法是一种控制系统性能分析的图解方法。它把时间域里难以定量分析研究的复杂系统，通过模型变换转换到频率域研究，从而使复杂的计算过程变成直观的图示形式，并将系统动静态性能以新的指标形式清晰地展现出来。

图 5-1　RC 无源网络

下面以图 5-1 所示的 $RC$ 无源网络为例来说明频率特性的概念。

根据图 5-1 建立系统的微分方程为

$$RC\frac{\mathrm{d}u_\mathrm{o}}{\mathrm{d}t}+u_c=u_\mathrm{i} \tag{5-1}$$

则其传递函数为

$$\frac{U_\mathrm{o}(s)}{U_\mathrm{i}(s)}=\frac{1}{Ts+1} \tag{5-2}$$

式中，$T=RC$ 为时间常数。

设输入是一个正弦信号，即 $u_\mathrm{i}=A\sin\omega t$ 时，其拉普拉斯变换 $U_\mathrm{i}(s)=\dfrac{A\omega}{s^2+\omega^2}$，则系统的输出为

$$U_\mathrm{o}(s)=\frac{1}{Ts+1}\times\frac{A\omega}{s^2+\omega^2} \tag{5-3}$$

对式(5-3) 进行拉普拉斯反变换得到系统的时域响应为

$$u_\mathrm{o}=\frac{A\omega T}{\omega^2T^2+1}\mathrm{e}^{-\frac{t}{T}}+\frac{A}{\sqrt{\omega^2T^2+1}}\sin(\omega t-\arctan\omega T) \tag{5-4}$$

式中的第一项为系统响应的瞬态分量，第二项为系统响应的稳态分量。当 $t\to\infty$ 时，系统正弦响应的瞬态分量趋于零，其稳态分量为

$$\lim_{t\to\infty}u_\mathrm{o}=\frac{A}{\sqrt{\omega^2T^2+1}}\sin(\omega t-\arctan\omega T) \tag{5-5}$$

将系统输出的稳态分量式(5-5) 和系统输入比较，可看出：系统的稳态输出是与输入信号同频率的正弦信号；稳态输出的幅值与输入的幅值之比为 $1/\sqrt{\omega^2T^2+1}$，它是频率 $\omega$ 的函数；稳态输出与输入的相位之差为 $-\arctan\omega T$，它也是频率 $\omega$ 的函数。

如果取 $s=\mathrm{j}\omega$ 代入式(5-2) 中，则有

$$\frac{1}{\mathrm{j}\omega T+1}=\frac{1}{\sqrt{\omega^2T^2+1}}\mathrm{e}^{-\mathrm{j}\arctan\omega T} \tag{5-6}$$

显然，式(5-6) 能完全描述 $RC$ 网络在正弦函数作用下稳态输出的幅值和相位随输入频率变化的情况，因此将 $1/(\mathrm{j}\omega T+1)$ 称为该 $RC$ 网络的频率特性。

上述从 $RC$ 网络得到的这些重要结论，对于任何稳定的线性定常系统都是正确的。

在分析中常将同频率下输出信号与输入信号的幅值之比称为幅值比，将输出信号相位与输入信号相位之差称为相位差，它们都是频率 $\omega$ 的函数。幅值比随频率变化的特性称为幅频特性，相位差随频率变化的特性称为相频特性。

## 5.1.2　频率特性的求取

对于线性定常系统来说，求取频率特性最简单的方法是将传递函数中的复变量 $s$ 用 $\mathrm{j}\omega$ 代替，得到的便是频率特性函数。下面给出证明。

不失一般性，设线性定常系统的传递函数 $G(s)$ 可以写成如下形式：

$$G(s)=\frac{C(s)}{R(s)}=\frac{B(s)}{(s-p_1)(s-p_2)\cdots(s-p_n)} \tag{5-7}$$

式中，$B(s)$ 传递函数 $G(s)$ 的 $m$ 阶分子多项式，$s$ 为复变量；$p_1$、$p_2$、$\cdots$，$p_n$ 为特征方程的根（$n \geqslant m$）。系统输出响应的拉普拉斯变换为

$$C(s) = G(s)R(s) = \frac{B(s)}{(s-p_1)(s-p_2)\cdots(s-p_n)}R(s) \tag{5-8}$$

当输入 $r(t) = A\sin\omega t$ 时，其拉普拉斯变换为

$$R(s) = \frac{A\omega}{s^2 + \omega^2} \tag{5-9}$$

式(5-9) 代入式(5-8) 得

$$C(s) = \frac{B(s)}{(s-p_1)(s-p_2)\cdots(s-p_n)} \times \frac{A\omega}{s^2+\omega^2}$$

$$= \frac{A_1}{s+j\omega} + \frac{A_2}{s-j\omega} + \sum_{i=1}^{n}\frac{B_i}{s-p_i} \tag{5-10}$$

式(5-10) 中，$A_1$、$A_2$、$B_i$（$i=1,2\cdots$）为待定系数。式(5-10) 进行拉普拉斯反变换，可得系统的输出响应为

$$c(t) = A_1 e^{-j\omega t} + A_2 e^{j\omega t} + \sum_{i=1}^{n} B_i e^{p_i t} \tag{5-11}$$

对于稳定的系统，其极点（即特征方程的根）$p_1$、$p_2$、$\cdots$、$p_n$ 都具有负实部，因此当 $t \to \infty$ 时，式(5-11) 中 $\sum\limits_{i=1}^{n} B_i e^{p_i t}$ 的各项将衰减到零。所以，系统的稳态输出响应为

$$c_s(t) = A_1 e^{-j\omega t} + A_2 e^{j\omega t} \tag{5-12}$$

式(5-12) 中的待定系数按下式计算：

$$A_1 = G(s)\frac{A\omega}{s^2+\omega^2}(s+j\omega)\bigg|_{s=-j\omega} = -\frac{G(-j\omega)A}{2j} = -\frac{|G(j\omega)|e^{-j\angle G(j\omega)}A}{2j}$$

$$A_2 = G(s)\frac{A\omega}{s^2+\omega^2}(s-j\omega)\bigg|_{s=j\omega} = \frac{G(j\omega)A}{2j} = \frac{|G(j\omega)|e^{j\angle G(j\omega)}A}{2j}$$

将 $A_1$、$A_2$ 代入式(5-12)，可得

$$c_s(t) = A|G(j\omega)|\frac{e^{[j\omega t + \angle G(j\omega)]} - e^{-[j\omega t + \angle G(j\omega)]}}{2j}$$

$$= A|G(j\omega)|\sin[\omega t + \angle G(j\omega)] \tag{5-13}$$

通过上述分析，得到频率特性的定义：系统对正弦输入信号的稳态响应特性，就称为频率特性。一般记为

$$G(j\omega) = |G(j\omega)|e^{j\angle G(j\omega)} = |G(j\omega)|e^{j\varphi}$$

它包含了两部分内容：幅值比是依赖于角频率 $\omega$ 的函数，$|G(j\omega)|$ 称为系统的幅频特性；稳态输出信号对正弦输入信号的相移 $\varphi$ 称为系统的相频特性。

系统的频率特性 $G(j\omega)$ 可以通过系统的传递函数 $G(s)$ 来求取，即

$$G(j\omega) = G(s)\big|_{s=j\omega} \tag{5-14}$$

这里的结论同 $RC$ 网络讨论的结果是一致的。

上述频率特性的定义既适用于稳定系统，也适用于不稳定系统。稳定系统的频率特性可以由实验的方法确定，即在系统输入端作用不同频率的正弦信号，然后测量输出端相应稳态响应的幅值和相角，根据幅值比和相位差画出频率特性曲线，就可得到系统的频率特性。对

于不稳定的系统，由于输出响应稳态分量中含有发散或振荡的部分，所以无法用实验的方法确定不稳定系统的频率特性。

## 5.2 频率特性的图示方法

频率分析法是一种图解方法，采用频率法分析闭环系统的特性时，通常需要画出系统开环频率特性曲线。频率特性的图示方法主要有极坐标图（幅相频特性图或奈奎斯特图）、对数坐标图（Bode 图或伯德图）和对数幅相频率特性（尼科尔斯图）。本章只介绍极坐标图和对数坐标图。

### 5.2.1 极坐标图

（1）基本概念

由于频率特性 $G(j\omega)$ 是复数，所以可以把它看成是复平面中的矢量。当频率 $\omega$ 为某一定值 $\omega_1$ 时，频率特性 $G(j\omega_1)$ 可以用极坐标的形式表示为相角为 $\angle G(j\omega_1)$〔相角 $\angle G(j\omega)$ 的符号定义为从正实轴开始，逆时针旋转为正，顺时针旋转为负〕，幅值为 $|G(j\omega_1)|$ 的矢量。当频率 $\omega$ 从零连续变化至 $\infty$（或从 $-\infty \rightarrow 0 \rightarrow +\infty$）时，矢量端点的位置也随之连续变化并形成轨迹曲线。由这条曲线形成的图像就是频率特性的极坐标图，又称为 $G(j\omega)$ 的幅相频率特性。

（2）典型环节频率特性的极坐标图

① 比例环节　比例环节也称放大环节，其传递函数为

$$G(s)=K$$

频率特性为

$$G(j\omega)=K\angle 0°$$

由上式可见，比例环节的幅频特性 $A(\omega)=|G(j\omega)|=K$，相频特性 $\varphi(\omega)=\angle G(j\omega)=0°$ 都是常量，不随频率 $\omega$ 而变化。其极坐标曲线如图 5-2 所示。

② 积分环节　积分环节的传递函数为

$$G(s)=\frac{1}{s}$$

其频率特性以及幅频和相频特性为

$$G(j\omega)=\frac{1}{j\omega T}=\frac{1}{\omega T}\angle -90°$$

当 $\omega$ 从 $0 \rightarrow \infty$ 时，幅值 $1/\omega T$ 由 $\infty \rightarrow 0$，而相角保持 $-90°$ 不变。所以，积分环节的幅相频特性图是虚轴的原点以下部分，由无穷远处指向原点，如图 5-3 所示。积分环节是相位滞后环节，它的低通性能好。

③ 微分环节　微分环节的传递函数为

$$G(s)=s$$

其频率特性以及幅频和相频特性为

$$G(j\omega)=j\omega=\omega\angle 90°$$

当 $\omega$ 从 $0 \to \infty$ 时，幅值 $\omega$ 由 $0 \to \infty$，而相角保持 $90°$ 不变。所以，微分环节的幅相频特性图是虚轴的原点以上部分，由原点指向无穷远处，如图 5-4 所示。

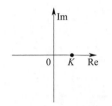

图 5-2　比例环节的极坐标图

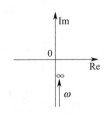

图 5-3　积分环节的极坐标图

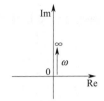

图 5-4　微分环节的极坐标图

④ 惯性环节　惯性环节的传递函数为

$$G(s) = \frac{1}{Ts+1}$$

其频率特性以及幅频和相频特性为

$$G(j\omega) = \frac{1}{j\omega T + 1} = \frac{1}{\sqrt{(\omega T)^2 + 1}} \angle -\arctan\omega T$$

可以证明，当 $\omega$ 从 $0 \to +\infty$ 时，惯性环节的极坐标图是以点 $\left(\frac{1}{2},\ j0\right)$ 为圆心、以 $\frac{1}{2}$ 为半径、位于第四象限的半圆。如图 5-5 所示的实线部分，当 $\omega$ 从 $-\infty \to 0$ 时，极坐标图如图 5-5 所示的虚线部分。由频率特性的幅值和相角关系式可知，当 $\omega$ 取特殊值时，其幅值和相角分别为：

$\omega = 0$ 时，$|G(j\omega)| = 1$，$\angle G(j\omega) = 0°$；

$\omega = 1/T$ 时，$|G(j\omega)| = 1/\sqrt{2}$，$\angle G(j\omega) = -45°$；

$\omega = \infty$ 时，$|G(j\omega)| = 0$，$\angle G(j\omega) = -90°$。

⑤ 一阶微分环节　一阶微分环节的传递函数为

$$G(s) = Ts + 1$$

其频率特性以及幅频和相频特性为

$$G(j\omega) = j\omega T + 1 = \left[\sqrt{(\omega T)^2 + 1}\right] \angle \arctan\omega T$$

当 $\omega$ 从 $0 \to \infty$ 时，幅值由 $1 \to \infty$，而相角由 $0° \to 90°$。所以，其频率特性的极坐标图是第一象限内经过 $(1,\ j0)$ 且与虚轴平行的直线，如图 5-6 所示。

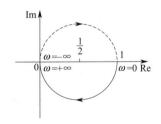

图 5-5　惯性环节的极坐标图

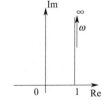

图 5-6　一阶微分环节的极坐标图

⑥ 振荡环节　振荡环节的传递函数为

$$G(s) = \frac{1}{T^2 s^2 + 2\zeta Ts + 1}$$

其频率特性为

$$G(\mathrm{j}\omega)=\frac{1}{(1-\omega^2 T^2)+\mathrm{j}2\zeta\omega T}$$

幅频特性以及相频特性分别为

$$\begin{cases} |G(\mathrm{j}\omega)|=\dfrac{1}{\sqrt{(1-\omega^2 T^2)^2+(2\zeta\omega T)^2}} \\ \angle G(\mathrm{j}\omega)=-\arctan\dfrac{2\zeta\omega T}{1-\omega^2 T^2} \end{cases}$$

从上式中可以看出，振荡环节的幅频特性以及相频特性不仅与频率 $\omega$ 有关，还与阻尼比 $\zeta$ 有关。为画出其极坐标图，现选取 $\omega$ 分别为 0、$\omega_n$、$\infty$ 时的几个特殊值，可得幅值和相角分别如下：

$\omega=0$ 时，$|G(\mathrm{j}\omega)|=1$，$\angle G(\mathrm{j}\omega)=0°$；

$\omega=\dfrac{1}{T}$ 时，$|G(\mathrm{j}\omega)|=1/(2\zeta)$，$\angle G(\mathrm{j}\omega)=-90°$；

$\omega=\infty$ 时，$|G(\mathrm{j}\omega)|=0$，$\angle G(\mathrm{j}\omega)=-180°$。

振荡环节频率特性极坐标图如图 5-7 所示。由图可见，振荡环节的极坐标图始于正实轴的 (1，j0) 点，顺时针经第四象限后交负虚轴于 $[0，-\mathrm{j}/(2\zeta)]$，然后图形进入第三象限，在原点与负实轴相切并终止于原点。当 $\zeta$ 取不同值时，有着形状类似的曲线。

⑦ 延迟环节　延迟环节的传递函数为

$$G(s)=\mathrm{e}^{-\tau s}$$

其频率特性以及幅频和相频特性为

$$G(\mathrm{j}\omega)=\mathrm{e}^{-\mathrm{j}\omega\tau}=1\angle-\omega\tau$$

当 $\omega$ 由 0→$\infty$ 时，总有 $|G(\mathrm{j}\omega)|=1$，而相角与 $\omega$ 成比例变化。所以延迟环节的极坐标图为单位圆，如图 5-8 所示。

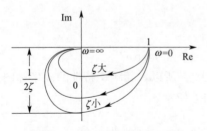

图 5-7　振荡环节的极坐标图

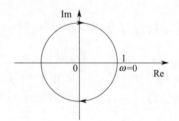

图 5-8　延迟环节的极坐标图

（3）不稳定环节频率特性的极坐标图

如果某环节在 $s$ 平面的右半平面上有极点，则称该环节为不稳定环节。不稳定环节的幅频特性表达式与稳定环节完全相同，但相频特性却有较大差别。下面举例说明其极坐标图的绘制方法。

[例 5-1]　设有两个不稳定环节的传递函数分别为 $G_1(s)=\dfrac{1}{Ts-1}$，$G_2(s)=\dfrac{1}{1-Ts}$。试绘制出极坐标图。

[解]　由 $G_1(s)$ 和 $G_2(s)$ 分别写出其频率特性为

$$G_1(j\omega) = \frac{1}{j\omega T - 1} = \frac{1}{\sqrt{\omega^2 T^2 + 1}} \angle(-180° + \arctan \omega T)$$

$$G_2(j\omega) = \frac{1}{1 - j\omega T} = \frac{1}{\sqrt{\omega^2 T^2 + 1}} \angle \arctan \omega T$$

当 $\omega = 0$ 时：$|G_1(j\omega)| = 1$，$\angle G_1(j\omega) = -180°$；$|G_2(j\omega)| = 1$，$\angle G_2(j\omega) = 0°$。

当 $\omega = \infty$ 时：$|G_1(j\omega)| = 0$，$\angle G_1(j\omega) = -90°$；$|G_2(j\omega)| = 0$，$\angle G_2(j\omega) = 90°$。

绘制的极坐标图如图 5-9 所示，第三象限的曲线为 $G_1(s)$ 的极坐标图，第一象限的曲线为 $G_2(s)$ 的极坐标图。

（4）系统开环频率特性的极坐标图

频率特性法的特点是根据系统的开环频率特性分析系统闭环的性能。而控制系统的开环频率特性一般具有基本环节相乘的形式，即

$$G(j\omega) = G_1(j\omega)G_2(j\omega) \cdots G_k(j\omega) = \prod_{i=1}^{k} G_i(j\omega) \tag{5-15}$$

式(5-15)又可表示为

$$G(j\omega) = \prod_{i=1}^{k} |G_i(j\omega)| e^{j\sum_{i=1}^{k} \angle G_i(j\omega)} \tag{5-16}$$

由式(5-16)可知，为求系统的开环频率特性，先根据各基本环节求幅频值和相角的公式，当 $\omega$ 由 $0 \to \infty$ 时，按照幅值相乘、相角相加的规律计算幅值和相角，然后绘制出幅相频特性图。然而，实际作图时可结合工程需要，绘制概略开环极坐标图，而不用逐点描绘精确曲线。

不失一般性，考虑系统的开环传递函数为

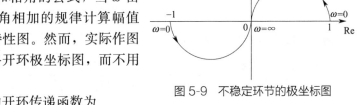

图 5-9　不稳定环节的极坐标图

$$G(j\omega)H(j\omega) = \frac{K \prod_{i=1}^{m} (\tau_i s + 1)}{s^v \prod_{j=1}^{n-v} (T_j s + 1)}, n \geqslant m \tag{5-17}$$

式中，$v$ 为纯积分环节数。

根据式(5-17)，绘制系统开环极坐标图的步骤如下：

① 开环幅相曲线的起点。

当 $\omega \to 0^+$ 时，可以确定特性的低频部分。$v = 0$ 时，幅值为 $K$，相角为 $0°$；$v > 0$ 时，幅值为 $\infty$，相角为 $-90°v$。即其特点由系统的型别近似确定，如图 5-10(a) 所示。

② 开环幅相曲线的终点。

当 $\omega \to \infty$ 时，可以确定特性的高频部分。一般，有 $n > m$，故当 $\omega = \infty$ 时，幅值为 0，相角为 $-90°(n-m)$，即特性总是以 $-90°(n-m)$ 顺时针方向终止于坐标原点，如图 5-10(b) 所示。

③ 开环幅相曲线与实轴或虚轴的交点。

将开环频率特性表示为如下的实频和虚频两个部分：

$$G(j\omega)H(j\omega) = \text{Re}[G(j\omega)H(j\omega)] + \text{Im}[G(j\omega)H(j\omega)] \tag{5-18}$$

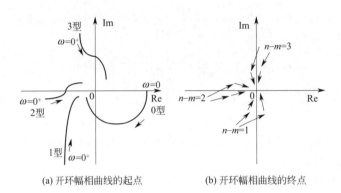

(a) 开环幅相曲线的起点　　　(b) 开环幅相曲线的终点

图 5-10　不同型别系统的极坐标图

令式(5-18) 的实部为零，可解出 $\omega_x$，代入虚部中得到与虚轴的交点；令式(5-18) 的虚部为零，可解出 $\omega_y$，代入实部中得到与实轴的交点。

④ 分析曲线的变化区域。

在 $0<\omega<\infty$ 区间内，需要分析频率特性变化的范围，即所在的象限以及单调性，特别是当开环传递函数中含有 $s$ 平面的右半平面上的零点或极点时，应注意其相频特性。

下面举例说明绘制开环频率特性极坐标图的方法。

[**例 5-2**]　已知 $G(s)=\dfrac{K}{(1+T_1 s)(1+T_2 s)}$，$K$、$T_1$、$T_2$ 均大于零，绘制系统的极坐标图。

[**解**]　① 先求系统的频率特性。

$$G(\mathrm{j}\omega)=\frac{K}{(1+\mathrm{j}\omega T_1)(1+\mathrm{j}\omega T_2)}=\frac{K}{\sqrt{(\omega T_1)^2+1}\sqrt{(\omega T_2)^2+1}}\angle(-\arctan\omega T_1-\arctan\omega T_2)$$

② 计算极坐标图上特征点处的幅值和相角，特征点如起点（$\omega=0$）、终点（$\omega=\infty$）及与虚轴的交点、与实轴的交点等。

当 $\omega=0$ 时，幅值为 $K$，相角为 $0°$；当 $\omega=\infty$ 时，幅值为 $0$，相角为 $-180°$。

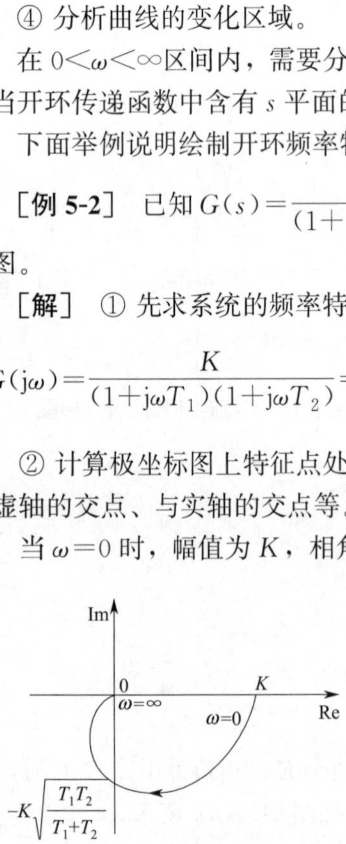

特性曲线与虚轴的交点：令 $\mathrm{Re}[G(\mathrm{j}\omega)]=0$，即

$$1-\omega^2 T_1 T_2=0\Rightarrow\omega=\frac{1}{\sqrt{T_1 T_2}}$$

代入 $\mathrm{Im}[G(\mathrm{j}\omega)]$ 中，可得

$$\mathrm{Im}[G(\mathrm{j}\omega)]=-K\sqrt{\frac{T_1 T_2}{T_1+T_2}}$$

③ 绘制系统的极坐标图，如图 5-11 所示。由图可见，当 $\omega$ 由 $0\to\infty$ 时，其极坐标图从正实轴上一点（$K$，j0）开始，经由第四象限到第三象限，并以 $-180°$ 的相角趋于坐标原点。

图 5-11　例 5-2 系统的极坐标图

[**例 5-3**]　已知系统的开环传递函数为 $G(s)H(s)=\dfrac{K}{s(s+1)}$，试概略绘制系统的幅相频率特性曲线。

[**解**]　先求系统的频率特性。

$$G(j\omega)H(j\omega)=\frac{K}{j\omega(j\omega+1)}=\frac{K}{\omega\sqrt{\omega^2+1}}\angle(-90°-\arctan\omega)$$

这是含有一个积分环节的二阶系统，确定极坐标曲线的起点和终点：当 $\omega=0$ 时，幅值为 $\infty$，相角为 $-90°$；当 $\omega=\infty$ 时，幅值为 0，相角为 $-180°$。经分析可知，该极坐标曲线的变化范围在第三象限。它的低频部分沿一条渐近线趋于无穷

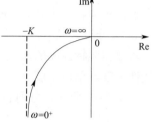

远处。$\omega\rightarrow 0$ 时的渐近线确定如下。

由式(5-18)，当 $\lim\limits_{\omega\rightarrow 0}\mathrm{Im}G(j\omega)=\pm\infty$ 时，由 $\lim\limits_{\omega\rightarrow 0}\mathrm{Re}G(j\omega)$ 可求出平行于虚轴的渐近线，本例中：

$$\lim_{\omega\rightarrow 0}\mathrm{Im}\big[G(j\omega)H(j\omega)\big]=\frac{-jK}{\omega^3+\omega}=-\infty$$

$$\lim_{\omega\rightarrow 0}\mathrm{Re}\big[G(j\omega)H(j\omega)\big]=\lim_{\omega\rightarrow 0}\frac{-K}{\omega^2+1}=-K$$

图 5-12　例 5-3 系统的极坐标图

这条渐近线是通过点 $(-K,j0)$ 且平行于虚轴的直线。绘制的极坐标图如图 5-12 所示。

**[例 5-4]**　已知系统开环传递函数为 $G(s)H(s)=\dfrac{K(\tau s+1)}{s^2(Ts+1)}$，$K$、$\tau$、$T>0$，试分析并绘制 $\tau>T$ 和 $T>\tau$ 情况下的概略开环幅相曲线。

**[解]**　本题主要考察根据系统参数之间的关系绘制开环幅相曲线，掌握系统参数变化对开环幅相曲线的影响。

系统的开环频率特性：

$$G(j\omega)H(j\omega)=\frac{K(1+j\tau\omega)}{-\omega^2(1+jT\omega)}=-\frac{K(1+T\tau\omega^2)}{\omega^2(1+T^2\omega^2)}-j\frac{K(\tau-T)\omega}{\omega^2(1+T^2\omega^2)}$$

开环幅相曲线的起点：$G(j0_+)H(j0_+)=\infty\angle-180°$；终点：$G(j\infty)H(j\infty)=0\angle-180°$，且与实轴无交点。

若 $\tau>T$，则 $\mathrm{Re}[G(j\omega)H(j\omega)]<0$，$\mathrm{Im}[G(j\omega)H(j\omega)]<0$，故开环幅相曲线位于第三象限，如图 5-13(a) 所示；若 $\tau<T$，则 $\mathrm{Re}[G(j\omega)H(j\omega)]<0$，$\mathrm{Im}[G(j\omega)H(j\omega)]>0$，故开环幅相曲线位于第二象限，如图 5-13(b) 所示。

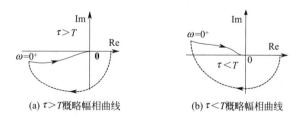

(a) $\tau>T$概略幅相曲线　　　　　　(b) $\tau<T$概略幅相曲线

图 5-13　例 5-4 系统的极坐标图

## 5.2.2　对数坐标图

对数频率特性图或称为伯德图（Bode 图），它由对数幅频特性图和对数相频特性图所组成。对数坐标图在频域分析法中应用最为广泛。它的主要优点是：①利用对数运算可以将串

联环节幅值的乘除运算转化为加减运算；②可以扩大所表示的频率范围，而又不降低低频段的准确度；③可以用渐近线特性绘制近似的对数频率特性，从而使频率特性的绘制过程大大简化。

（1）对数坐标

对数幅频特性图的横坐标表示 $\omega$，按照 $\omega$ 的对数 $\lg\omega$ 均匀分度。频率每变化十倍，称为一个十倍频程，记作 dec。纵坐标表示 $20\lg|G(j\omega)|$，一般用 $L(\omega)$ 表示 $20\lg|G(j\omega)|$，单位为 dB（分贝），$L(\omega)$ 按线性分度。

对数相频特性图的横坐标表示 $\omega$，也按照 $\omega$ 的对数 $\lg\omega$ 均匀分度；其纵坐标表示 $\varphi(\omega)$，按线性分度，单位是度（°）。

如图 5-14 所示，分别表述对数频率特性的幅频特性和相频特性的坐标。

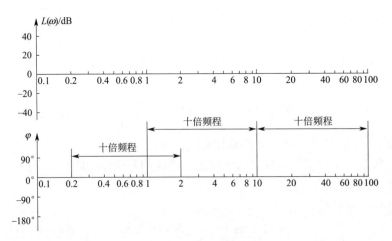

图 5-14　对数频率特性的坐标

（2）典型环节的对数频率特性曲线

① 比例环节　比例环节的传递函数为 $G(s)=K$，其频率特性为 $G(j\omega)=K\angle0°$。比例环节的对数幅频特性和对数相频特性分别为

$$L(\omega)=20\lg|G(j\omega)|=20\lg K$$
$$\varphi(\omega)=\angle G(j\omega)=0°$$

比例环节的对数频率特性图如图 5-15 所示。

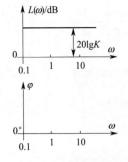

图 5-15　比例环节的对数频率特性图

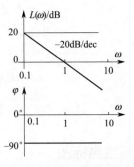

图 5-16　积分环节的对数频率特性图

② 积分环节　积分环节的传递函数为 $G(s)=1/s$，其频率特性为 $G(j\omega)=1/(j\omega)$，对数

幅频特性和对数相频特性分别为

$$L(\omega)=20\lg|G(\text{j}\omega)|=20\lg1/\omega=-20\lg\omega$$
$$\varphi(\omega)=\angle G(\text{j}\omega)=-90°$$

其对数频率特性图如图 5-16 所示。

由图 5-16 可见，积分环节的对数幅频特性图是一条斜率为$-20\text{dB/dec}$ 的直线。由于 $\omega=1$ 时，$20\lg|G(\text{j}\omega)|=0\text{dB}$，该直线在 $\omega=1$ 处穿越横轴（横轴也称 0dB 线）。积分环节对数相频特性图为一条通过纵轴上$-90°$且平行于横轴的直线。

如果有 $v$ 个积分环节串联，则传递函数为 $1/s^v$，其频率特性为 $G(\text{j}\omega)=1/(\text{j}\omega)^v$，对数频率特性为

$$20\lg|G(\text{j}\omega)|=-20\lg1/\omega^v=-20v\lg\omega$$
$$\angle G(\text{j}\omega)=-v\times90°$$

所以，它的对数幅频特性图为$-20v\text{dB/dec}$ 的直线，并在 $\omega=1$ 处穿越 0dB 线；它的对数相频图为通过纵轴上$-v\times90°$且平行于横轴的直线。

③ 微分环节　微分环节的传递函数为 $G(s)=s$，频率特性 $G(\text{j}\omega)=\text{j}\omega$，其对数幅频特性和对数相频特性分别为

$$L(\omega)=20\lg|G(\text{j}\omega)|=20\lg\omega=20\lg\omega$$
$$\varphi(\omega)=\angle G(\text{j}\omega)=90°$$

其对数频率特性图如图 5-17 所示。

由图 5-17 可见，微分环节的对数幅频特性图是一条斜率为 $20\text{dB/dec}$ 且通过 0dB 线上 $\omega=1$ 点的直线；微分环节的相频特性图是通过纵轴上 $90°$ 点且与横轴平行的直线。

④ 惯性环节　惯性环节传递函数 $G(s)=1/(Ts+1)$，频率特性 $G(\text{j}\omega)=1/(\text{j}\omega T+1)$，对数幅频特性和对数相频特性分别为

$$L(\omega)=20\lg|G(\text{j}\omega)|=20\lg\frac{1}{\sqrt{(\omega T)^2+1}}=-20\lg\sqrt{(\omega T)^2+1}$$
$$\varphi(\omega)=\angle G(\text{j}\omega)=-\arctan\omega T$$

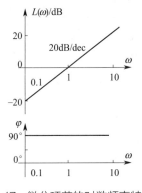

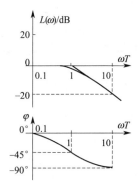

图 5-17　微分环节的对数频率特性图　　　　图 5-18　惯性环节的对数频率特性图

由对数幅频特性可知，当 $\omega\ll1/T$ 时，$(\omega T)^2\ll1$，故有 $L(\omega)\approx20\lg1=0(\text{dB})$。所以，在 $\omega<1/T$ 频段，惯性环节对数幅频特性图近似成一条与 0dB 线（横轴）重合的直线（低频渐近线）。当 $\omega\gg1/T$ 时，$(\omega T)^2\gg1$，有

$$L(\omega)=-20\lg\sqrt{(\omega T)^2+1}\approx-20\lg\omega T$$

故在 $\omega > 1/T$ 频段，其对数幅频特性图可近似成一条斜率为 $-20\text{dB}/\text{dec}$ 的直线（高频渐近线）。惯性环节的对数幅频特性图如图 5-18 所示。

低频渐近线与高频渐近线相交点频率为 $\omega = 1/T$，被称为转折频率。将图 5-18 中绘制出的惯性环节对数幅频的精确曲线与其渐近线比较，最大误差出现在 $\omega = 1/T$ 处，两者间的差为

$$L(\omega) = -20\lg\sqrt{(\omega T)^2 + 1} = -20\lg\sqrt{2} = -3.03(\text{dB})$$

由于误差不大，因此在对系统近似分析中，可用渐近线代替精确曲线。

由对数相频特性可绘制惯性环节的对数相频特性图，如图 5-18 所示。相频特性有 3 个特征点：

$\omega \to 0$ 时，$\varphi(0) = \angle G(\text{j}0) = 0°$；

$\omega = 1/T$ 时，$\varphi(1/T) = \angle G(\text{j}1/T) = -45°$；

$\omega \to \infty$ 时，$\varphi(\infty) = \angle G(\text{j}\infty) = -90°$。

⑤ 一阶微分环节　一阶微分环节传递函数 $G(s) = Ts + 1$，频率特性 $G(\text{j}\omega) = \text{j}\omega T + 1$。由于一阶微分环节的频率特性与积分环节的频率特性互为倒数，因此，可以根据图 5-18 方便地画出其对数频率特性曲线，如图 5-19 所示。

⑥ 振荡环节　振荡环节传递函数为

$$G(s) = \frac{1}{T^2 s^2 + 2\zeta Ts + 1} = \frac{\omega_n^2}{s^2 + 2\zeta\omega_n s + \omega_n^2}, \quad 0 < \zeta < 1 \tag{5-19}$$

式中，$T$ 为振荡环节的时间常数；$\omega_n$ 为无阻尼自然振荡频率，$\omega_n = 1/T$；$\zeta$ 为阻尼系数。

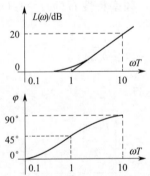

图 5-19　一阶微分环节的对数频率特性图

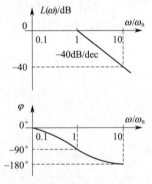

图 5-20　振荡环节的对数频率特性图

其对数幅频特性和相频特性分别为

$$L(\omega) = -20\lg\sqrt{\left(1 - \frac{\omega^2}{\omega_n^2}\right)^2 + \left(\frac{2\zeta\omega}{\omega_n}\right)^2} \tag{5-20}$$

$$\varphi(\omega) = -\arctan\frac{2\zeta\dfrac{\omega}{\omega_n}}{1 - \dfrac{\omega^2}{\omega_n^2}} \tag{5-21}$$

当 $\omega \ll \omega_n = 1/T$ 时，可认为式 (5-20) 中的 $\omega/\omega_n \approx 0$，则可得 $L(\omega) \approx -20\lg 1 = 0(\text{dB})$，这表示 $L(\omega)$ 的低频渐近线是一条 0dB 水平线。

当 $\omega \gg \omega_n = 1/T$ 时，忽略式(5-20)中的 1 及 $(2\zeta\omega/\omega_n)^2$，得

$$L(\omega) \approx -20\lg\frac{\omega^2}{\omega_n^2} = -40\lg\frac{\omega}{\omega_n} = 40\lg\omega_n - 40\lg\omega \tag{5-22}$$

上式表明，$L(\omega)$ 的高频渐近线为一条斜率为 $-40\text{dB/dec}$ 的直线，两条渐近线的交点在横轴上 $\omega = \omega_n$ 处。称 $\omega = \omega_n$ 为振荡环节的转折频率。由以上分析可绘制出振荡环节的渐近对数幅频特性图如图 5-20 所示。一般可用渐近线替代精确曲线，必要时进行修正。

绘制出的振荡环节精确的对数幅频特性图如图 5-21 所示。由图可见，振荡环节的对数幅频特性精确曲线与其渐近线之间存在一定的误差，误差的大小与阻尼比 $\zeta$ 的值有关。一般绘制出渐近线后，再利用图 5-22 的误差曲线进行修正。

根据式(5-21)振荡环节的相频特性，可绘制出振荡环节近似的对数相频特性图如图 5-21 所示。曲线的典型特征是：当 $\omega \to 0$ 时，$\angle G(j\omega) = 0°$；当 $\omega = 1/T$ 时，$\angle G(j\omega) = -90°$；当 $\omega \to \infty$ 时，$\angle G(j\omega) = -180°$。

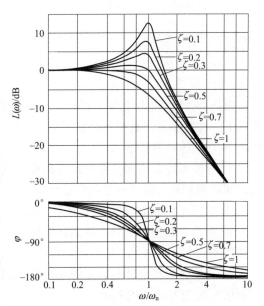

图 5-21　振荡环节对数频率特性图

⑦ 延迟环节　延迟环节的传递函数为 $G(s) = e^{-\tau s}$，频率特性为 $G(j\omega) = e^{-j\tau\omega}$。其对数幅频特性和相频特性分别为

$$L(\omega) = 20\lg 1 = 0(\text{dB}) \tag{5-23}$$

$$\varphi(\omega) = -\tau\omega \tag{5-24}$$

根据式(5-23)和式(5-24)，便可绘制出延迟环节的对数频率特性图如图 5-23 所示。

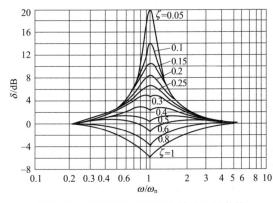

图 5-22　振荡环节对数频率特性误差曲线

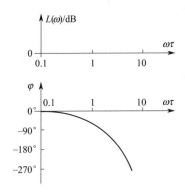

图 5-23　延迟环节的对数频率特性图

（3）系统的开环对数频率特性曲线

系统的开环传递函数可写成典型环节的传递函数相乘的形式，即

$$G(s) = G_1(s)G_2(s)\cdots G_n(s) = \prod_{i=1}^{n} G_i(s) \tag{5-25}$$

式中，$G_1(s)$，$G_2(s)$，$\cdots$，$G_n(s)$ 为基本环节的传递函数。与之对应的开环频率特性为

$$G(j\omega) = G_1(j\omega)G_2(j\omega)\cdots G_n(j\omega) = \prod_{i=1}^{n}G_i(j\omega) \tag{5-26}$$

开环对数幅频特性和对数相频特性分别为

$$L(\omega) = 20\lg|G_1(j\omega)| + 20\lg|G_2(j\omega)| + \cdots + 20\lg|G_n(j\omega)| = \sum_{i=1}^{n}20\lg|G_i(j\omega)| \tag{5-27}$$

$$\varphi(\omega) = \angle G_1(j\omega) + \angle G_2(j\omega) + \cdots + \angle G_n(j\omega) = \sum_{i=1}^{n}\angle G_i(j\omega) \tag{5-28}$$

由式(5-27) 和式(5-28)可知，开环对数频率特性等于其基本环节对数频率特性之和。实际上，在熟悉了对数幅频特性的性质后，可以采用更为简捷的办法直接画出开环系统的 Bode 图，具体步骤如下：

① 分析系统是由哪些典型环节串联组成的，将这些典型环节的传递函数都化成标准形式，即各典型环节传递函数的常数项为 1。

② 根据比例环节的 $K$ 值，计算 $20\lg K$。

③ 在半对数坐标纸上，找到横坐标为 $\omega = 1$、纵坐标为 $L(\omega)|_{\omega=1} = 20\lg K$ 的点，过该点作斜率为 $-20v\,\mathrm{dB/dec}$ 的斜线，其中 $v$ 为积分环节的数目。

④ 计算各典型环节的转角频率，将各转角频率按由低到高的顺序进行排列，并按下列原则依次改变 $L(\omega)$ 的斜率：

若过一阶惯性环节的转角频率，斜率减去 20dB/dec；

若过比例微分环节的转角频率，斜率增加 20dB/dec；

若过二阶振荡环节的转角频率，斜率减去 40dB/dec。

如果需要，可对渐近线进行修正，以获得较精确的对数幅频特性曲线。

[例 5-5] 已知系统开环传递函数为 $G(s) = \dfrac{2}{(2s+1)(8s+1)}$，试绘制其对数幅频特性曲线和相频特性曲线。

[解] 开环传递函数的频率特性为

$$G(j\omega) = \frac{2}{(2j\omega+1)(8j\omega+1)}$$

① 因为 $K = 2$，所以 $20\lg K = 6.02$。

② 渐近线的转折频率：$\omega_1 = 1/8 = 0.125$，惯性环节；$\omega_2 = 1/2 = 0.5$，惯性环节。

③ 由于 $v=0$，所以低频段（最左侧直线）渐近线的斜率为 0。由此可知，最左侧直线的延长线过 $(1,6.02)$ 这一点。

④ 系统相频特性按下式计算：$\varphi(\omega) = -\arctan 8\omega - \arctan 2\omega$。给定不同的 $\omega$ 值，可计算系统开环相频特性。

综上所述，系统幅频特性曲线的最左侧渐近线斜率为 0，随着频率的增加，遇到第一个转折频率 $\omega_1 = 0.125$，斜率变为 $-20\mathrm{dB/dec}$；遇到第二个转折频率 $\omega_2 = 0.5$，斜率变为 $-40\mathrm{dB/dec}$。系统的幅频特性和相频特性曲线如图 5-24 所示。如果利用误差曲线进行修正，即得精确的对数幅频特性曲线。

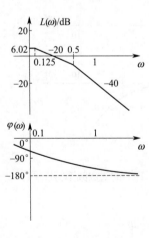

图 5-24 例 5-5 系统
的对数坐标图

（4）最小相位系统

如果系统的开环传递函数在 $s$ 平面的右半平面上没有极点和零点，则称为最小相位传递函数。具有最小相位传递函数的系统，称为最小相位系统。反之，则称为非最小相位系统。具有相同幅频特性的系统，最小相位系统的相角变化范围最小。最小相位名称由此得。

对于最小相位系统，其对数幅频特性和相频特性之间有着确定的单值关系。也就是说，如果系统的幅频特性已定，那么这个系统的相频特性也就唯一地被确定了，反之亦然。然而，对于非最小相位系统而言，上述关系是不成立的。

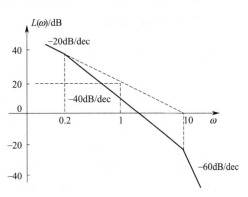

[**例 5-6**] 已知某最小相位系统的对数幅频特性如图 5-25 所示。试确定其传递函数。

[**解**] 从系统开环对数幅频特性曲线可知，系统由比例环节、积分环节和两个惯性环节组成，两个转角频率分别是 0.2 和 10。设开环传递函数为

图 5-25　例 5-6 系统的对数幅频特性图

$$G(s)H(s) = \frac{K}{s\left(\frac{1}{0.2}s+1\right)\left(\frac{1}{10}s+1\right)}$$

根据对数幅频特性曲线图可知 $20\lg K = 20$，所以 $K = 10$。因此所求开环传递函数为

$$G(s)H(s) = \frac{10}{s(5s+1)(0.1s+1)}$$

## 5.3　频域稳定性判据

在第 3 章和第 4 章中，应用劳斯判据和根轨迹法分析了闭环系统的稳定性。劳斯判据可以根据特征方程根和系数的关系判断系统的稳定性；根轨迹法是利用开环零、极点绘制闭环特征根随系统参数变化的轨迹来判断系统的稳定性。频率特性法分析系统稳定性时，采用奈奎斯特判据。奈奎斯特判据是根据系统的开环频率特性来判断相应闭环系统的稳定性。奈奎斯特判据不仅能判断闭环系统的绝对稳定性，而且还能够指出闭环系统的相对稳定性，并可进一步提出改善闭环系统动态响应的方法。因此，奈奎斯特判据在经典控制理论中占有十分重要的地位，在控制工程中得到了广泛的应用。奈奎斯特判据的理论基础是复变函数理论中的幅角原理，下面介绍基于幅角原理建立起来的奈奎斯特判据的基本原理。

### 5.3.1　开环频率特性与闭环特征方程的关系

图 5-26 所示系统的闭环传递函数为

$$W(s) = \frac{G(s)}{1+G(s)H(s)} \tag{5-29}$$

将上式等号右边的分母 $1+G(s)H(s)$ 定义为特征函数 $F(s)$，即令

$$F(s) = 1 + G(s)H(s) \tag{5-30}$$

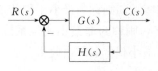

图 5-26　闭环系统结构图

令 $F(s)=0$，即

$$F(s)=1+G(s)H(s)=0 \tag{5-31}$$

上式即为闭环系统的特征方程。式(5-29)～式(5-31) 中的 $G(s)H(s)$ 是反馈控制系统的开环传递函数，设

$$G(s)H(s)=\frac{B(s)}{A(s)} \tag{5-32}$$

式中，$A(s)$ 为 $s$ 的 $n$ 阶多项式，$B(s)$ 为 $s$ 的 $m$ 阶多项式。则特征函数 $F(s)$ 可写为

$$F(s)=1+G(s)H(s)=1+\frac{B(s)}{A(s)}=\frac{A(s)+B(s)}{A(s)}=\frac{K\displaystyle\prod_{i=1}^{n}(s-z_i)}{\displaystyle\prod_{j=1}^{n}(s-p_j)} \tag{5-33}$$

式中，$p_j$ 是 $F(s)$ 的极点（$j=1,2,\cdots,n$）；$z_i$ 是 $F(s)$ 的零点（$i=1,2,\cdots,n$）。

由式(5-33) 可知，$F(s)$ 的分母和分子均为 $s$ 的 $n$ 阶多项式，也就是说，特征函数 $F(s)$ 的零点和极点的个数是相等的。

对照式(5-29)、式(5-32)、式(5-33) 可以看出，特征函数 $F(s)$ 的极点就是系统开环传递函数的极点，特征函数 $F(s)$ 的零点则是系统闭环传递函数的极点。因此根据前述闭环系统稳定的条件，要使闭环控制系统稳定，特征函数 $F(s)$ 的全部零点都必须位于 $s$ 平面的左半部分。

不同的 $s$ 值对应不同的特征函数 $F(s)$ 的值。特征函数 $F(s)$ 的值是一个复数，可以用复平面上的点来表示。用来表示特征函数 $F(s)$ 的复平面称为 $F$ 平面，如图 5-27(b) 所示。从图 5-27 中可以看出，在 $s$ 平面上的点或曲线，只要不是或不通过 $F(s)$ 的极点〔如是，则 $F(s)$ 为∞〕，就可以根据式(5-33) 求出对应的 $F(s)$，并映射到 $F$ 平面上去，所得的图形也是点或曲线。

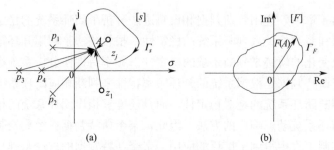

图 5-27　$s$ 平面与 $F$ 平面的映射关系

## 5.3.2　幅角原理

设辅助函数 $F(s)$ 为复变量 $s$ 的有理分式，并具有如下形式：

$$F(s)=\frac{(s-z_1)(s-z_2)\cdots(s-z_n)}{(s-p_1)(s-p_2)\cdots(s-p_n)} \tag{5-34}$$

式中，$z_1$、$z_2$、$\cdots$、$z_n$ 为 $F(s)$ 的 $n$ 个已知的零点，$p_1$、$p_2$、$\cdots$、$p_n$ 为 $F(s)$ 的 $n$ 个已知的极点，零极点在 $s$ 平面上的分布如图 5-27(a) 所示。

在图 5-27(a) 中，对于 $s$ 平面上任意一点 $A$，则有从已知的零极点指向点 $A$ 的矢量：

$$s-z_i=|s-z_i|e^{j\angle(s-z_i)} \tag{5-35}$$

$$s-p_i=|s-p_i|e^{j\angle(s-p_i)} \tag{5-36}$$

式中，$i=1,2,\cdots,n$。通过式(5-34)和$F(s)$的映射关系，在$F$平面上就可以确定与$s$对应的点$F(A)$（即$s$的象）为

$$
\begin{aligned}
F(s)&=\frac{(s-z_1)(s-z_2)\cdots(s-z_n)}{(s-p_1)(s-p_2)\cdots(s-p_n)}\\
&=\frac{|s-z_1|e^{j\angle(s-z_1)}|s-z_2|e^{j\angle(s-z_2)}\cdots|s-z_n|e^{j\angle(s-z_n)}}{|s-p_1|e^{j\angle(s-p_1)}|s-p_2|e^{j\angle(s-p_2)}\cdots|s-p_n|e^{j\angle(s-p_n)}}
\end{aligned} \tag{5-37}
$$

在$s$平面上，当$s$按任选的一条闭合曲线$\Gamma_s$〔该曲线不通过$F(s)$的任一零点和极点〕顺时针方向从$A$点开始到$A$终止变化一周时，则与之相应地，在$F$平面上，$F(s)$形成一条从点$F(A)$起始到$F(A)$终止的闭合曲线$\Gamma_F$。

由式(5-37)得$F(s)$的幅角：

$$\angle F(s)=\angle(s-z_1)+\cdots+\angle(s-z_n)-\angle(s-p_1)-\cdots-\angle(s-p_n) \tag{5-38}$$

当自变量$s$沿图 5-27(a)中封闭曲线$\Gamma_s$顺时针变化一周时，式(5-38)中各矢量均发生变化：包围在$\Gamma_s$内的矢量幅角变化为$-2\pi$；在$\Gamma_s$外的矢量幅角变化为$0$。设包围在$\Gamma_s$内有$P$个极点和$Z$个零点，则$\Gamma_s$顺时针变化一周时，$F(s)$幅角的变化为

$$
\begin{aligned}
\Delta\angle F(s)&=\Delta\angle(s-z_1)+\cdots+\Delta\angle(s-z_n)-\Delta\angle(s-p_1)-\cdots-\Delta\angle(s-p_n)\\
&=-Z\times2\pi-(-P\times2\pi)=2\pi(P-Z)
\end{aligned} \tag{5-39}
$$

式(5-39)两边同除以$2\pi$，得幅角原理表达式：

$$N=P-Z \tag{5-40}$$

式中，$N$表示当$s$沿$\Gamma_s$顺时针变化一周时，$\Gamma_F$在$F$平面上包围原点的圈数。$N<0$表示$\Gamma_F$顺时针包围原点；$N>0$表示$\Gamma_F$逆时针包围原点；$N=0$表示$\Gamma_F$不包围原点。

### 5.3.3 奈奎斯特判据

闭环控制系统稳定的充要条件是闭环系统在$s$平面的右半平面上无极点，即辅助函数$F(s)$在$s$平面的右半平面上无零点。基于此，由幅角原理和式(5-40)，可得奈奎斯特判据：

$$Z=P-N \tag{5-41}$$

上式表明，当已知特征函数$F(s)$的极点〔也即已知开环传递函数$G(s)H(s)$的极点〕在$s$平面上被封闭曲线$\Gamma_s$包围的个数$P$及已知矢量$F(s)$在$F$平面上包围坐标原点的次数$N$，即可求得特征函数$F(s)$的零点（也即闭环传递函数的极点）在$s$平面被封闭曲线$\Gamma_s$包围的个数。式(5-41)是奈奎斯特判据的重要理论基础。

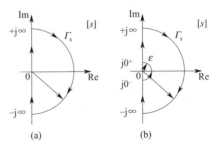

图 5-28　复变量 $s$ 的运动轨迹

为了分析$F(s)$有无零点位于$s$平面的右半平面，在$s$平面上选择包围整个右半平面的封闭曲线$\Gamma_s$，它由$s$平面的整个虚轴（从$\omega=-\infty$到$\omega=+\infty$）及其右半平面上以原点为圆心、半径为无穷大的半圆弧，如图 5-28(a)所示。

当 $F(s)$ 在虚轴上有极点时，则 $\Gamma_s$ 必须以这些点为圆心，作半径为无穷小的半圆，按逆时针方向从右侧绕过这些点。如图 5-28(b) 所示，$F(s)$ 在原点处有极点，$\Gamma_s$ 按上述办法绕过原点。

（1）奈奎斯特判据（一）

当系统的开环传递函数 $G(s)H(s)$ 在 $s$ 平面的原点及虚轴上没有极点时（例如 0 型系统），奈奎斯特判据可表述为：

① 当开环系统稳定时，表示开环系统传递函数 $G(s)H(s)$ 没有极点位于 $s$ 平面的右半平面，所以式(5-41) 中的 $P=0$，如果相应于 $\omega$ 从 $-\infty \rightarrow +\infty$ 变化时的奈奎斯特曲线 $G(j\omega)$ $H(j\omega)$ 不包围 $(-1, j0)$ 点，即式(5-41) 中的 $N$ 也等于零，则由式(5-41) 可得 $Z=0$，因此闭环系统是稳定的，否则就是不稳定的。

② 当开环系统不稳定时，说明系统的开环传递函数 $G(s)H(s)$ 有一个或一个以上的极点位于 $s$ 平面的右半部分，所以式(5-41) 中的 $P \neq 0$，如果相应于 $\omega$ 从 $-\infty \rightarrow +\infty$ 变化时的奈奎斯特曲线 $G(j\omega)H(j\omega)$ 逆时针包围 $(-1, j0)$ 点的次数 $N$，等于开环传递函数 $G(s)$ $H(s)$ 位于 $s$ 平面的右半平面上的极点数 $P$，即 $N=P$，则由式(5-41) 可知，闭环系统也是稳定的，否则（即 $N \neq P$），闭环系统就是不稳定的。

如果奈奎斯特曲线正好通过 $(-1, j0)$ 点，这表明特征函数 $F(s)=1+ G(s)H(s)$ 在 $s$ 平面的虚轴上有零点，也即闭环系统有极点在 $s$ 平面的虚轴上（确切地说，有闭环极点为 $s$ 平面的坐标原点），则闭环系统处于稳定的边界，这种情况一般也认为是不稳定的。

为简单起见，奈奎斯特曲线 $G(j\omega)H(j\omega)$ 通常只画 $\omega$ 从 $0 \rightarrow +\infty$ 变化的曲线的正半部分，另外一半曲线以实轴为对称轴。

应用奈奎斯特判据判别闭环系统稳定性的一般步骤如下：

① 绘制开环频率特性 $G(j\omega)H(j\omega)$ 的奈奎斯特图，作图时可先绘出对应于 $\omega$ 从 $0 \rightarrow +\infty$ 的曲线，然后以实轴为对称轴，画出对应于 $-\infty \rightarrow 0$ 的另外一半。

② 计算奈奎斯特曲线 $G(j\omega)H(j\omega)$ 对点 $(-1, j0)$ 的包围次数 $N$。为此可从 $(-1, j0)$ 点向奈奎斯特曲线 $G(j\omega)H(j\omega)$ 上的点作一矢量，并计算这个矢量当 $\omega$ 从 $-\infty \rightarrow 0 \rightarrow +\infty$ 时转过的净角度，并按每转过 $360°$ 为一次的方法计算 $N$ 值。

③ 由给定的开环传递函数 $G(s)H(s)$ 确定位于 $s$ 平面右半部分的开环极点数 $P$。

④ 应用奈奎斯特判据判别闭环系统的稳定性。

（2）奈奎斯特判据（二）

如果开环传递函数 $G(s)H(s)$ 在虚轴上有极点，则不能直接应用图 5-28(a) 所示的奈奎斯特路径，因为幅角定理要求奈奎斯特轨线不能经过 $F(s)$ 的奇点，为了在这种情况下应用奈奎斯特判据，可以对奈奎斯特路径略作修改。使其沿着半径为无穷小（$r \rightarrow 0$）的右半圆绕过虚轴上的极点。例如当开环传递函数中有纯积分环节时，$s$ 平面原点有极点，相应的奈奎斯特路径可以修改为图 5-28(b)。图中的小半圆绕过了位于坐标原点的极点，使奈奎斯特路径避开了极点，又包围了整个 $s$ 平面的右半平面，前述的奈奎斯特判据结论仍然适用，只是在画幅相曲线时，$s$ 取值需要先从 $j0$ 绕半径无限小的圆弧逆时针转 $90°$ 到 $j0^+$，然后再沿虚轴到 $j\infty$。这样需要补充 $s=j0 \rightarrow j0^+$ 小圆弧所对应的 $G(j\omega)H(j\omega)$ 特性曲线。

设系统开环传递函数为

$$G(s)H(s) = \frac{K\prod\limits_{i=1}^{m}(T_i s + 1)}{s^v \prod\limits_{j=1}^{n-v}(T_j s + 1)} \qquad (5\text{-}42)$$

式中，$v$ 为系统型别。当沿着无穷小半圆逆时针方向移动时，位于无限小半圆上的变点 $s$ 可表示为

$$s = r\mathrm{e}^{\mathrm{j}\varphi} \qquad (5\text{-}43)$$

映射到 $GH$ 平面的曲线可以按下式求得：

$$G(s)H(s)\Big|_{s=\lim\limits_{r\to 0}r\mathrm{e}^{\mathrm{j}\theta}} = \frac{K\prod\limits_{i=1}^{m}(T_i s + 1)}{s^v \prod\limits_{j=1}^{n-v}(T_j s + 1)}\Bigg|_{s=\lim\limits_{r\to 0}r\mathrm{e}^{\mathrm{j}\theta}} = \lim_{r\to 0}\frac{K}{r^v}\mathrm{e}^{-\mathrm{j}v\theta} = \infty\,\mathrm{e}^{-\mathrm{j}v\theta} \qquad (5\text{-}44)$$

由上述分析可见，当 $s$ 沿小半圆从 $\omega=0$ 变化到 $\omega=0^+$ 时，$\theta$ 角沿逆时针方向从 0 变化到 $\pi/2$，这时 $GH$ 平面上的映射曲线将从 $\angle G(\mathrm{j}0)$ 位置沿半径无穷大的圆弧按顺时针方向转过 $-v\pi/2$ 角度。在确定 $G(\mathrm{j}\omega)$ 绕 $(-1, \mathrm{j}0)$ 点圈数 $N$ 的值时，要考虑大圆弧的影响。

[**例 5-7**]　已知某系统开环频率特性的正频段如图 5-29 中的实线所示，并已知其开环极点均在 $s$ 平面的左半部。试判断闭环系统的稳定性。

[**解**]　系统开环稳定，所以 $P=0$；补画频率特性的负频段，如图中的虚线所示。从图中看到，当 $\omega$ 从 $-\infty$ 向 $+\infty$ 变化时，$G(\mathrm{j}\omega)H(\mathrm{j}\omega)$ 曲线不包围 $(-1, \mathrm{j}0)$ 点，即 $N=0$；因此 $Z=P-N=0$，闭环系统是稳定的。

[**例 5-8**]　设系统开环传递函数为 $G(s)H(s) = \dfrac{2}{(s+1)(3s+1)}$，试判断闭环系统的稳定性。

[**解**]　由开环传递函数可知，当 $\omega=0$ 时，$|G(\mathrm{j}\omega)H(\mathrm{j}\omega)|=2$，$\angle G(\mathrm{j}\omega)H(\mathrm{j}\omega)=0$；当 $\omega=\infty$ 时，$|G(\mathrm{j}\omega)H(\mathrm{j}\omega)|=0$，$\angle G(\mathrm{j}\omega)H(\mathrm{j}\omega)=-180°$。其开环极坐标图如图 5-30 所示。

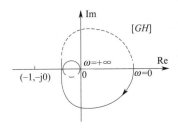

图 5-29　例 5-7 的极坐标图

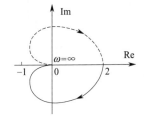

图 5-30　例 5-8 的极坐标图

由于开环传递函数在 $s$ 平面的右半平面上无极点，故 $P=0$，且 $G(\mathrm{j}\omega)H(\mathrm{j}\omega)$ 不包围 $(-1, \mathrm{j}0)$ 点，所以，闭环系统是稳定的。

[**例 5-9**]　设系统开环传递函数为 $G(s)H(s) = \dfrac{K}{s^2(Ts+1)}$，试判断闭环系统的稳定性。

[**解**]　开环频率特性为

$$G(\mathrm{j}\omega)H(\mathrm{j}\omega) = \frac{K}{\omega^2\sqrt{(\omega T)^2+1}}\angle(-180°-\arctan\omega T)$$

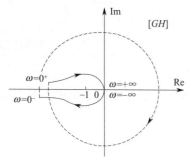

图 5-31　例 5-9 的极坐标图

画出 $\omega$ 从 $0^+$ 向 $+\infty$ 变化时的 $G(j\omega)H(j\omega)$ 曲线，根据对称性得到 $\omega$ 从 $-\infty$ 向 $0^-$ 变化时的 $G(j\omega)H(j\omega)$ 曲线，如图 5-31 中的实线所示。由于开环传递函数中含有积分环节，因此，从 $\omega=0^-$ 开始，以无穷大为半径顺时针转过 $2\pi$ 后终止于 $\omega=0^+$，如图 5-31 中的虚线所示。

系统开环传递函数在 $s$ 平面的右半平面上没有极点，故 $P=0$；从图 5-31 中可以看到奈奎斯特曲线顺时针包围 $(-1,j0)$ 点 2 周，$N=-2$。因此 $Z=P-N=2$，有 2 个特征根在 $s$ 平面的右半平面上，闭环系统不稳定。

### 5.3.4　对数频率稳定判据

图 5-32(a)、(b) 分别表示系统的幅相频率特性曲线和其对应的对数频率特性曲线。由图 5-32 可以看出这两种特性曲线之间存在下述对应关系：

① 幅相频率特性图上的单位圆对应对数幅频特性图上的 0dB 线，即对数幅频特性的横坐标轴；在 $GH$ 平面上单位圆之外的区域对应对数幅频特性曲线 0dB 线以上的区域，即 $L(\omega)>0$ 的部分；在 $GH$ 平面上单位圆之内的区域对应对数幅频特性曲线 0dB 线以下的区域，即 $L(\omega)<0$ 的部分。

② 幅相频率特性图上的负实轴对应于对数相频特性图上的 $-180°$ 线。

根据上述对应关系，幅相频率特性曲线的穿越次数可以利用 $L(\omega)>0$ 的区间内，$\varphi(\omega)$ 曲线对 $-180°$ 线的穿越次数来计算。在 $L(\omega)>0$ 的区间内，$\varphi(\omega)$ 曲线自下而上通过 $-180°$ 线为正穿越（相角增加），如图 5-32(b) 中的 $B$ 点；$\varphi(\omega)$ 曲线自上而下通过 $-180°$ 线为负穿越（相角减小），如图 5-32(b) 中的 $A$ 点。

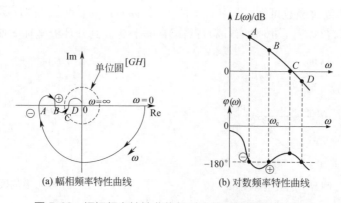

(a) 幅相频率特性曲线　　　　(b) 对数频率特性曲线

图 5-32　幅相频率特性曲线与对应的对数频率特性曲线

基于奈奎斯特判据和上述对应关系，对数频率稳定判据表述如下。

设系统开环极点有 $P$ 个在 $s$ 平面的右半平面上，则闭环系统稳定的充要条件：开环对数幅频特性 $L(\omega)>0$ 的所有频率范围内，对数相频特性 $\varphi(\omega)$ 与 $-180°$ 线正负穿越数之差为 $P/2$，即

$$N_+ - N_- = P/2 \tag{5-45}$$

若闭环系统不稳定，系统位于 $s$ 平面的右半平面上的闭环极点个数为

$$Z = P - 2(N_+ - N_-) \tag{5-46}$$

应用对数频率稳定判据时，应注意以下两点：

① 若开环传递函数存在积分环节，即开环系统存在 $s = 0$ 的 $v$ 重极点时，应从足够小的 $\omega$ 所对应的 $\varphi(\omega)$ 起向上补作 $v \times 90°$ 的虚垂线。

② 开环对数幅频特性 $L(\omega) > 0$ 的所有频率范围内，$\varphi(\omega)$ 起始于或终止于 $-(2k+1)$ $180°$ 线（$k = 0, \pm 1, \pm 2 \cdots$），记为半次穿越。

[**例 5-10**]　系统开环对数坐标图和 $s$ 平面的右半平面内极点个数 $P$ 如图 5-33 所示，试判断闭环系统的稳定性。

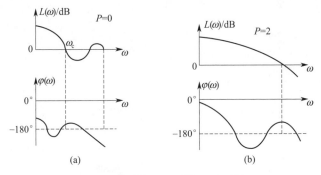

图 5-33　例 5-10 系统 Bode 图

[**解**]　对于图 5-33(a)：$P = 0$，在 $L(\omega) > 0$dB 区段，相频特性曲线穿越 $-180°$ 线次数 $N_- = N_+ = 1$，满足 $N_+ - N_- = P/2$，故系统闭环稳定。

对于图 5-33(b)：$P = 2$，在 $L(\omega) > 0$dB 区段，相频特性曲线穿越 $-180°$ 线次数 $N_- = N_+ = 1$，不满足 $N_+ - N_- = P/2$，故系统闭环不稳定。

## 5.4　系统的稳定裕度

控制系统中，由于外部环境及系统内部参数的变化会影响系统的稳定性，因此在选择系统元件和确定系统参数时，不仅要考虑系统稳定性，而且还要求系统有充足的稳定裕度。

根据奈奎斯特判据，若系统开环传递函数 $G(s)H(s)$ 在 $s$ 平面的右半平面上无极点（$P = 0$），当 $G(j\omega)H(j\omega)$ 曲线在 $GH$ 平面上包围（$-1, j0$）点时，系统闭环不稳定；当 $G(j\omega)H(j\omega)$ 曲线在 $GH$ 平面上经过（$-1, j0$）点时，系统闭环临界稳定，系统参数稍有波动，便可能使 $G(j\omega)H(j\omega)$ 曲线包围（$-1, j0$）点，从而使系统闭环不稳定；当 $G(j\omega)$ $H(j\omega)$ 曲线在 $GH$ 平面上不包围（$-1, j0$）点时，系统闭环稳定。显然，在闭环稳定的条件下，$G(j\omega)H(j\omega)$ 曲线离（$-1, j0$）越远，系统的相对稳定性越好。系统频率域的相对稳定性用相位裕度和幅值裕度表示。

### 5.4.1　相位裕度

在开环幅相频率特性曲线上，$\omega = \omega_c$（穿越频率）处所对应的矢量与负实轴之间的夹角称之为相位裕度，记作 $\gamma$，如图 5-34 所示。由图 5-34 所示的开环对数频率特性曲线，相位

裕度 $\gamma$ 是 $20\lg|G(j\omega_c)H(j\omega_c)|=0\mathrm{dB}$ 处，相频曲线与$-180°$线的相角差。其算式为

$$\gamma=180°+\varphi(\omega_c) \tag{5-47}$$

式中，$G(j\omega)H(j\omega)$ 的相位 $\varphi(\omega_c)$ 一般为负值。

当 $\gamma>0$ 时，$\gamma$ 称为正的相位裕度。此时，$G(j\omega)H(j\omega)$ 曲线不包围 $(-1，j0)$ 点，系统闭环稳定，如图 5-34(a) 所示。$\gamma$ 值越大，表明 $G(j\omega)H(j\omega)$ 曲线离 $(-1，j0)$ 点越远，系统相对稳定性越好。

当 $\gamma<0$ 时，$\gamma$ 称为负的相位裕度。此时，$G(j\omega)H(j\omega)$ 曲线包围 $(-1，j0)$ 点，系统闭环不稳定，如图 5-34(b) 所示。

实际控制系统通常要求 $\gamma$ 在 $40°\sim60°$之间。

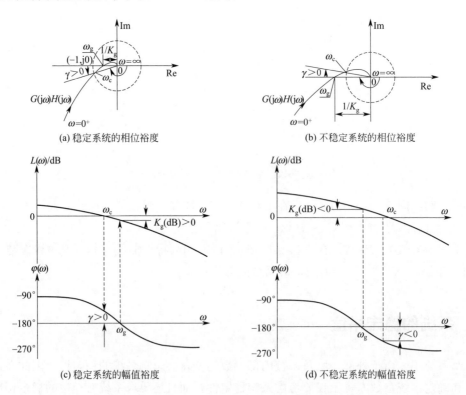

(a) 稳定系统的相位裕度  (b) 不稳定系统的相位裕度

(c) 稳定系统的幅值裕度  (d) 不稳定系统的幅值裕度

图 5-34　稳定与不稳定系统的相位裕度与幅值裕度

## 5.4.2　幅值裕度

在开环幅相频率特性曲线上，相角 $\varphi(\omega_g)=-180°$时所对应的频率 $\omega_g$ 处，开环频率特性的幅频值 $|G(j\omega_g)H(j\omega_g)|$ 的倒数，称作幅值裕度，记作 $K_g$，如图 5-34(c) 所示。

其算式为

$$K_g=\frac{1}{|G(j\omega_g)H(j\omega_g)|} \tag{5-48}$$

由图 5-34(c) 所示的开环对数频率特性曲线可知，幅值裕度 $K_g$ 也可以用分贝表示：

$$20\lg K_g=20\lg\frac{1}{|G(j\omega_g)H(j\omega_g)|}=-20\lg|G(j\omega_g)H(j\omega_g)|\,(\mathrm{dB}) \tag{5-49}$$

对于稳定系统，$K_g > 1$，$20\lg K_g > 0$(dB)，此时 $K_g$ 称为正的幅值裕度，如图 5-34(c)所示。

对于不稳定系统，$K_g < 1$，$20\lg K_g < 0$(dB)，此时 $K_g$ 称为负的幅值裕度，如图 5-34(d)所示。

实际控制系统通常要求 $20\lg K_g$ 在 6～10dB 之间。

[**例 5-11**]　某单位反馈控制系统的开环传递函数为 $G(s) = \dfrac{K^*}{s(s+1)(s+5)}$，试求当 $K^* = 10$ 和 $K^* = 100$ 时系统的相位裕度和幅值裕度。

[**解**]　系统开环频率特性为

$$G(j\omega) = \frac{K}{j\omega(j\omega + 1)(0.2j\omega + 1)}$$

式中，开环放大系数 $K = 0.2K^*$，两个转角频率分别是 $\omega_1 = 1$，$\omega_2 = 5$。

当 $K^* = 10$ 时，由 $20\lg|G(j\omega_c)H(j\omega_c)| = 0$dB，可得 $|G(j\omega_c)H(j\omega_c)| = 1$，因此有

$$\frac{2}{\omega_c\sqrt{\omega_c^2 + 1}\sqrt{(0.2\omega_c)^2 + 1}} = 1$$

解上式可得 $\omega_c = 1.23$。按式(5-47)计算相位裕度：

$$\gamma = 180° - 90° - \arctan\omega_c - \arctan 0.2\omega_c = 25.3°$$

再根据 $\varphi(\omega_g) = -180°$，可得

$$-90° - \arctan\omega_g - \arctan 0.2\omega_g = -180°$$

解上式可得 $\omega_g = 2.24$。按式(5-49)计算幅值裕度：

$$K_g(\text{dB}) = 20\lg 3 = 9.5(\text{dB})$$

所以，当 $K^* = 10$ 时系统是稳定的。

同理，可计算当 $K^* = 100$ 时，$\omega_c = 3.9$，$\gamma = -23.6°$；$\omega_g = 2.24$，$K_g(\text{dB}) = -10.5(\text{dB})$。所以当 $K^* = 100$ 时系统是不稳定的。

例 5-11 也可以用图解法求解：通过绘制对数频率特性曲线，由图上查出相位裕度和幅值裕度，请读者自行练习。

## 5.5　频域性能指标与瞬态性能指标之间的关系

在系统稳定的基础上，可以进一步考查其瞬态响应性能。由于时间响应的性能指标最为直观、最具有实际意义，因此，系统性能的优劣最终用时间响应性能指标来衡量。所以研究频率特性的性能指标与瞬态响应性能指标之间的关系，对于用频域法分析、设计控制系统是非常重要的。

开环频域指标主要包括剪切频率 $\omega_c$、相位裕度 $\gamma$ 以及幅值裕度 $K_g$；闭环频域指标主要包括谐振峰值 $M_r$，谐振频率 $\omega_r$ 以及带宽频率 $\omega_b$；时域暂态指标可以用超调量和调节时间来描述。本节主要讨论上述性能指标之间的关系。

### 5.5.1　开环频域性能指标与瞬态性能指标之间的关系

在第 3 章已建立了典型二阶系统的时域指标超调量 $\sigma\%$ 和调整时间 $t_s$ 与阻尼比 $\zeta$ 间的关

系。时域分析法主要是用 $\sigma\%$ 来评价二阶系统的平稳性，用 $t_s$ 来评价系统的快速性。而在频率特性分析法中，分别用相位裕度 $\gamma$ 和穿越频率 $\omega_c$ 来评价系统的相对稳定性和快速性。下面讨论它们之间的关系。

（1）相位裕度 $\gamma$ 与二阶系统参数阻尼比 $\zeta$ 之间的关系

因为典型二阶系统的开环频率特性为

$$G(j\omega)H(j\omega)=\frac{\omega_n^2}{j\omega(j\omega+2\zeta\omega_n)}=\frac{\omega_n^2}{\omega\sqrt{\omega^2+4\zeta^2\omega_n^2}}\angle\left(-\arctan\frac{\omega}{2\zeta\omega_n}-90°\right) \tag{5-50}$$

设 $\omega_c$ 为穿越频率，则由 $|G(j\omega_c)H(j\omega_c)|=1$，可得

$$\omega_c=\omega_n\sqrt{\sqrt{4\zeta^4+1}-2\zeta^2} \tag{5-51}$$

相位裕度为

$$\gamma=180°-90°-\arctan\frac{\omega_c}{2\zeta\omega_n}=\arctan\frac{2\zeta}{\sqrt{\sqrt{4\zeta^4+1}-2\zeta^2}} \tag{5-52}$$

由式(5-52)绘制的 $\gamma$ 与 $\zeta$ 之间的关系曲线如图 5-35 所示。可见，对于典型二阶系统，相位裕度 $\gamma$ 仅与阻尼比 $\zeta$ 有关，$\zeta$ 越大，则 $\gamma$ 就越大，系统的平稳性和相对稳定性就越高。由图 5-35 还可看出，在 $0<\zeta<0.707$ 范围内，$\gamma$ 与 $\zeta$ 关系曲线近似于一条直线，该直线方程为

$$\gamma|_{\omega_c}=100\zeta \tag{5-53}$$

式(5-53)表明，$\zeta$ 每增加 0.1，$\gamma$ 增加 10°。当相位裕度 $\gamma$ 取 30°~70° 时，对应二阶系统的阻尼比 $\zeta$ 为 0.3~0.7。

（2）相位裕度 $\gamma$ 和超调量 $\sigma\%$ 的关系

在第 3 章时域分析中，已建立典型二阶系统的超调量 $\sigma\%$ 与阻尼比 $\zeta$ 的关系，即

$$\sigma\%=e^{-\zeta\pi/\sqrt{1-\zeta^2}}\times100\% \tag{5-54}$$

由式(5-52)和式(5-54)可知，相位裕度 $\gamma$ 与超调量 $\sigma\%$ 均为系统阻尼比 $\zeta$ 的单值函数。由此可绘出二阶系统的超调量 $\sigma\%$ 与相位裕度 $\gamma$ 的关系曲线，如图 5-36 所示。图 5-36 表明，相位裕度 $\gamma$ 越大，超调量 $\sigma\%$ 越小；反过来，超调量 $\sigma\%$ 越大，相位裕度 $\gamma$ 越小。

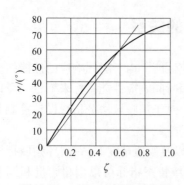

图 5-35　$\gamma$ 和 $\zeta$ 之间关系曲线

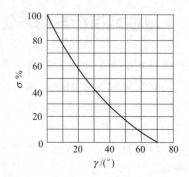

图 5-36　$\sigma\%$ 和 $\gamma$ 之间关系曲线

（3）穿越频率 $\omega_c$、相位裕度 $\gamma$ 与调整时间 $t_s$ 之间的关系

在第 3 章时域分析中，已知

$$t_s=3/(\zeta\omega_n),\ \Delta=5\% \tag{5-55}$$

将式(5-51)代入式(5-55)中，就得到 $\omega_c$、$\zeta$ 及 $t_s$ 三者之间的关系：

$$t_s\omega_c = \frac{3\sqrt{\sqrt{4\zeta^4+1}-2\zeta^2}}{\zeta} \tag{5-56}$$

再将式(5-52)代入式(5-56)，得

$$t_s\omega_c = \frac{6}{\tan\gamma} \tag{5-57}$$

式(5-57)表明，在相位裕度 $\gamma$ 不变时，穿越频率 $\omega_c$ 越大，调整时间 $t_s$ 越短。

## 5.5.2　闭环频域性能指标与瞬态性能指标之间的关系

(1) 二阶系统

典型二阶系统闭环传递函数为

$$W(s) = \frac{\omega_n^2}{s^2+2\zeta\omega_n s+\omega_n^2},\ 0<\zeta<1 \tag{5-58}$$

其闭环频率特性为

$$W(j\omega) = \frac{\omega_n^2}{(j\omega)^2+2\zeta\omega_n(j\omega)+\omega_n^2} = \frac{\omega_n^2}{(\omega_n^2-\omega^2)+j2\zeta\omega_n\omega} \tag{5-59}$$

上式也是振荡环节的频率特性。

① $M_r$ 与 $\sigma\%$ 的关系　典型二阶系统的闭环幅频特性为

$$M(\omega) = \frac{\omega_n^2}{\sqrt{(\omega_n^2-\omega^2)^2+(2\zeta\omega_n\omega)^2}} \tag{5-60}$$

在 $\zeta$ 较小时，幅频特性 $M(\omega)$ 出现峰值。其谐振峰值 $M_r$ 和谐振频率 $\omega_r$ 可用极值条件求得，即令 $dM(\omega)/d\omega=0$，则谐振频率为

$$\omega_r = \omega_n\sqrt{1-2\zeta^2},\ 0<\zeta\leqslant0.707 \tag{5-61}$$

将式(5-61)代入式(5-60)中，可求得幅频特性峰值。因 $\omega=0$ 时的幅频值 $M_0=1$，则求得幅频特性峰值即是谐振峰值，即

$$M_r = \frac{1}{2\zeta\sqrt{1-\zeta^2}},\ 0<\zeta\leqslant0.707 \tag{5-62}$$

当 $\zeta>0.707$ 时，$\omega_r$ 为虚数，说明不存在谐振峰值，幅频特性单调衰减。$\zeta=0.707$ 时，$\omega_r=0$，$M_r=1$。$\zeta<0.707$ 时，$\omega_r>0$，$M_r>1$。$\zeta\rightarrow0$ 时，$\omega_r\rightarrow\omega_n$，$M_r\rightarrow\infty$。

将式(5-62)所表示的 $M_r$ 与 $\zeta$ 的关系绘于图 5-37 中。由图明显看出，$M_r$ 越小，系统阻尼性能越好。如果谐振峰值较高，系统动态过程超调大，收敛慢，平稳性及快速性都差。由图 5-37 知，$M_r=1.2\sim1.5$ 对应 $\sigma\%=20\%\sim30\%$，这时可获得适度的振荡性能。若出现 $M_r>2$，则与此对应的超调量可高达 40% 以上。

② $M_r$、$\omega_b$ 与 $t_s$ 的关系　将频率 $\omega_b$ 代入式(5-60)，可得

$$\omega_b = \omega_n\sqrt{1-2\zeta^2+\sqrt{2-4\zeta^2+4\zeta^4}} \tag{5-63}$$

由 $t_s\approx3/(\zeta\omega_n)$ 求得 $\omega_n$，代入式(5-63)中，得

$$\omega_b t_s = \frac{3}{\zeta}\sqrt{1-2\zeta^2+\sqrt{2-4\zeta^2+4\zeta^4}}$$ (5-64)

将式(5-62) 与式(5-64) 联系起来, 可求得 $\omega_b t_s$ 与 $M_r$ 的关系, 绘成曲线如图 5-38 所示。由图可看出 $M_r$、$\omega_b$ 与 $t_s$ 的关系。对于给定的谐振峰值 $M_r$, 调节时间与频带宽成反比。如果系统有较宽的频带, 则说明系统自身的惯性很小, 动作过程迅速, 系统的快速性好。

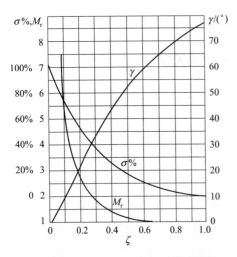

图 5-37　$\sigma\%$、$M_r$、$\gamma$ 与 $\zeta$ 的关系曲线

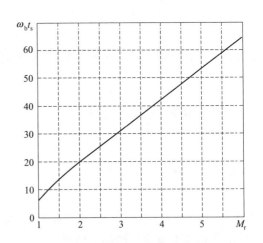

图 5-38　$\omega_b t_s$ 与 $M_r$ 的关系曲线

（2）高阶系统

对于高阶系统, 难以找出闭环频域指标和时域指标之间的确切关系。但如果高阶系统存在一对共轭复数闭环主导极点, 可针对二阶系统建立的关系近似采用。为了估计高阶系统时域指标和频域指标的关系, 可以采用如下近似经验公式:

$$\sigma\% = 0.16+0.4(M_r-1), 1\leqslant M_r \leqslant 1.8$$ (5-65)

$$t_s = \frac{K\pi}{\omega_c}$$ (5-66)

式中, $K = 2+1.5(M_r-1)+2.5(M_r-1)^2$。式(5-65) 表明, 高阶系统的 $\sigma\%$ 随 $M_r$ 增大而增大。式(5-66) 则表明, 调节时间 $t_s$ 随 $M_r$ 增大而增大, 且随 $\omega_c$ 增大而减小。

## 习　题

5-1　系统单位阶跃输入下的输出 $c(t)=1-1.8e^{-4t}+0.8e^{-9t}$ $(t\geqslant 0)$, 求系统的频率特性表达式。

5-2　已知单位负反馈系统的开环传递函数为 $G(s)=\dfrac{4}{s+1}$, 试求在输入信号 $r(t)=\sin(t+30°)$ 作用下闭环系统的稳态输出。

5-3　二阶系统的开环传递函数 $G(s)=\dfrac{\omega_n^2}{s(s+2\zeta\omega_n)}$, 当输入为 $r(t)=2\sin t$ 时, 系统的稳态输出 $c_{ss}(t)=2\sin(t-45°)$, 试确定系统参数 $\omega_n$、$\zeta$。

5-4　试绘制具有下列开环传递函数的各系统的开环幅相频特性曲线。

① $G(s)=\dfrac{1}{s(0.1s+1)}$；

② $G(s)=\dfrac{100}{s(0.02s+1)(0.2s+1)}$；

③ $G(s)=\dfrac{10s+1}{3s+1}$；

④ $G(s)=\dfrac{50(0.6s+1)}{s^2(4s+1)}$。

5-5　试求图5-39所示网络的频率特性，并绘制其幅相频率特性曲线。

5-6　系统的开环传递函数如下。试绘制极坐标曲线，并用奈奎斯特判据判别其闭环系统的稳定性。

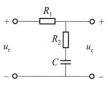

图 5-39　习题 5-5图

① $G(s)H(s)=\dfrac{1000(s+1)}{s^2(s+5)(s+15)}$；

② $G(s)H(s)=\dfrac{250}{s^2(s+50)}$。

5-7　给定系统的开环传递函数为 $G(s)H(s)=\dfrac{10}{s(s+1)(s+2)}$，试画出该系统的极坐标图，并用奈奎斯特判据判别其闭环系统的稳定性。

5-8　给定系统的开环传递函数为 $G(s)H(s)=\dfrac{K(s-1)}{s(s+1)}$，$K>0$，试用奈奎斯特判据判别其闭环系统的稳定性。

5-9　试绘制下列开环传递函数的开环对数幅频特性渐近线。

① $G(s)=\dfrac{100}{s^2(s+1)(10s+1)}$；

② $G(s)=\dfrac{8(10s+1)}{s(s+1)(0.5s+1)}$。

5-10　设最小相位系统的开环对数幅频特性渐近线如图5-40所示，试求其开环传递函数。

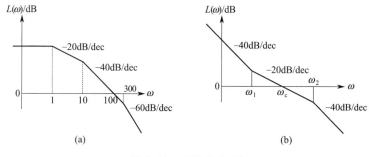

图 5-40　习题 5-10图

5-11　设单位反馈控制系统的开环传递函数为 $G(s)=\dfrac{as+1}{s^2}$，试确定使相位裕度等于 $45°$ 的 $a$ 值。

5-12　设单位负反馈控制系统的开环传递函数为 $G(s)=\dfrac{K}{(s+1)(3s+1)(7s+1)}$，求幅值裕度为 20dB 时的 $K$ 值。

5-13　已知系统开环传递函数为 $G(s)=\dfrac{K}{s(Ts+1)(s+1)}$；$K$，$T>0$。试根据奈奎斯特判据，确定其闭环稳定条件：

① $T=2$ 时，$K$ 值的范围；

② $K=10$ 时，$T$ 值的范围；

③ $K$、$T$ 值的范围。

5-14　已知系统的开环传递函数为 $G(s)H(s)=\dfrac{K}{s(s+1)(0.2s+1)}$，求 $K=2$ 时的相位裕度和幅值裕度。

5-15　已知系统开环传递函数为 $G(s)H(s)=\dfrac{100}{s(Ts+1)}$。求 $\gamma=36°$ 时的频域指标 $\omega_c$ 及系统参数 $T$，并求时域指标 $\sigma\%$ 和 $t_s$。

5-16　设最小相位系统开环对数幅频特性如图 5-41 所示，试：

① 写出系统开环传递函数 $G(s)$；

② 计算开环截止频率 $\omega_c$；

③ 计算系统的相位裕度 $\gamma$；

④ 求给定输入信号 $r(t)=1+0.5t$ 时，系统的稳态误差为多少。

5-17　已知小功率随动系统动态结构图如图 5-42 所示，试采用频域分析法判别其闭环稳定性。

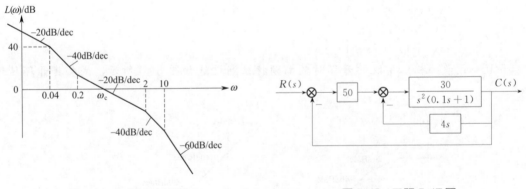

图 5-41　习题 5-16 图　　　　　　　　图 5-42　习题 5-17 图

5-18　设单位负反馈系统的开环传递函数为 $G(s)=\dfrac{K}{s(0.1s+1)(s+1)}$，试：

① 求系统相角裕度为 $\gamma=60°$ 时的 $K$ 值；

② 求系统幅值裕度为 20dB 时的 $K$ 值；

③ 估算谐振峰值 $M_r=1.4$ 时的 $K$ 值。

# 第6章
# 线性控制系统的校正

在前面各章中，我们较为详细地讨论了系统分析的基本方法。可以看出，所谓系统分析，就是在已经给定系统的结构、参数和工作条件下，对它的数学模型进行分析，包括稳定性和动态性能分析，看其是否满足要求，以及分析某些参数变化对上述性能的影响。本章讨论另一命题，即如何根据系统预先给定的性能指标，去设计一个能满足性能要求的控制系统。基于一个控制系统可视为由控制器和被控对象两大部分组成，当被控对象确定后，对系统的设计实际上归结为对控制器的设计，这项工作称为对控制系统的校正。本章主要介绍线性控制系统的频率特性校正方法。

## 6.1 系统的性能指标与校正方式

### 6.1.1 系统的性能指标

由于控制系统的校正是从系统所要求满足的性能指标入手的，对一个设计者来说，不仅要充分了解被控对象的结构、参数和特性，更应该深入分析系统所要求的各项性能指标。

性能指标的提法主要有两种，一种是时域指标，另一种是频域指标。根据性能指标的不同提法，可考虑采用不同的校正方法：针对时域性能指标，通常采用根轨迹法校正比较方便；针对频域指标，采用频域法校正更合适。两种性能指标之间可以互相换算。

常用的频域指标包括开环频率特性指标和闭环频率特性指标。针对开环频率特性所提出的指标有：截止频率 $\omega_c$、相位裕度 $\gamma$ 以及幅值裕度 $K_g$；对闭环幅频特性有：闭环谐振峰值 $M_r$、谐振角频率 $\omega_r$ 以及带宽频率 $\omega_b$。

### 6.1.2 校正方式

对控制精度及稳定性能都要求较高的控制系统来说，为使系统能全面满足性能指标，只能在原已选定的不可变部分基础上，引入其他元件来校正控制系统的特性。这些能使系统的控制性能满足设计要求的性能指标而有目的地增添的元件，称为控制系统的校正元件。校正元件的形式及其在系统中的位置，以及它和系统不可变部分的连接方式，称为系统的校正方案。在控制系统中，经常应用的基本上有两种校正方案，即串联校正与反馈校正。

如果校正元件与系统不可变部分串接起来，如图 6-1 所示，则称这种形式的校正为串联校正。

如果从系统的某个元件输出取得反馈信号，构成反馈回路，并在反馈回路内设置传递函数为 $G_c(s)$ 的校正元件，如图 6-2 所示，则称这种校正形式为反馈校正。

图 6-1　串联校正系统方框图　　　　图 6-2　反馈校正系统方框图

应用串联校正或（和）反馈校正，合理选择校正元件的传递函数 $G_c(s)$，可以改变控制系统的开环传递函数以及其性能指标。一般来说，系统的校正与设计问题，通常简化为合理选择串联或反馈校正元件的问题。究竟是选择串联校正还是反馈校正，主要取决于信号性质、系统各点功率的大小，可供采用的元件、设计者的经验以及经济条件等。在控制工程实践中，解决系统的校正与设计问题时，采用的设计方法一般依据性能指标而定。在利用试探法综合与校正控制系统时，对一个设计者来说，灵活的设计技巧和丰富的设计经验都将起着很重要的作用。

串联校正和反馈校正，是控制系统工程中两种常用的校正方法，在一定程度上可以使已校正系统满足给定的性能指标要求。把前馈控制和反馈控制有机结合起来的校正方法就是复合控制校正。在系统的反馈控制回路中加入前馈通路，组成一个前馈控制和反馈控制相组合的系统，选择得当的系统参数，这样的系统称之为复合控制系统，相应的控制方式称为复合控制。把复合控制的思想用于系统设计，就是所谓的复合校正。

复合校正中的前馈装置是按不变性原理进行设计的，可分为按扰动补偿和按输入补偿两种方式。

控制系统的校正与设计问题，是在已知下列条件的基础上进行的，即：

① 已知控制系统不可变部分的特性与参数；

② 已知对控制系统提出的全部性能指标。

根据第一个条件初步确定一个切实可行的校正方案，并在此基础上根据第二个条件利用本章介绍的理论与方法确定校正元件的参数。控制系统的综合与校正问题和分析问题既有联系又有差异。

## 6.2　常用校正装置及其特性

### 6.2.1　无源校正装置

（1）相位超前网络

由 $RC$ 网络构成的超前校正装置如图 6-3 所示，令阻抗 $Z_1$ 为 $R_1$ 和 $C$ 的并联值，即

$$Z_1 = R_1 /\!/ \frac{1}{Cs} = \frac{R_1}{R_1 Cs + 1}, \quad Z_2 = R_2，则 RC 网络的传递函数为$$

$$G_c(s)=\frac{U_o(s)}{U_i(s)}=\frac{Z_2}{Z_1+Z_2}=\frac{1}{\alpha}\times\frac{1+\alpha Ts}{1+Ts} \tag{6-1}$$

式中，时间常数 $T=\dfrac{R_1 R_2}{R_1+R_2}C$，分度系数 $\alpha=\dfrac{R_1+R_2}{R_2}>1$。

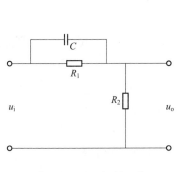

图 6-3　无源超前网络

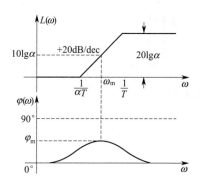

图 6-4　超前网络的伯德图

校正装置的放大系数 $1/\alpha<1$，这将影响到系统的稳态精度。因此控制系统在应用上述超前装置时，应增加一个放大系数为 $\alpha$ 的放大环节来补偿超前校正装置所造成的衰减，以保证系统的开环放大系数不变。这样整个校正环节的传递函数为

$$G_{c1}(s)=\alpha G_c(s)=\frac{1+\alpha Ts}{1+Ts} \tag{6-2}$$

其幅频特性和相频特性分别为

$$A(\omega)=|G_{c1}(j\omega)|=\left|\frac{1+j\alpha T\omega}{1+jT\omega}\right|=\frac{\sqrt{1+(\alpha T\omega)^2}}{\sqrt{1+(T\omega)^2}} \tag{6-3}$$

$$\varphi(\omega)=\arctan(\alpha\omega T)-\arctan(\omega T) \tag{6-4}$$

超前校正装置的对数频率特性如图 6-4 所示。转角频率分别为 $\omega_1=1/(\alpha T)$ 和 $\omega_2=1/T$。由于 $\alpha>1$，当 $0<\omega<\infty$ 时，$\varphi(\omega)>0$。这表明该校正装置输出信号的相位总是超前输入信号的相位，故称其为相位超前校正装置。

根据数学两角和的三角函数公式，由式（6-4），可得

$$\varphi(\omega)=\arctan\frac{\alpha T\omega-T\omega}{1+\alpha T^2\omega^2} \tag{6-5}$$

将式（6-5）对 $\omega$ 求导，并令其为零，可得相角 $\varphi(\omega)$ 的最大超前角频率 $\omega_m$ 和最大超前角为

$$\omega_m=\frac{1}{T\sqrt{\alpha}}=\sqrt{\frac{1}{T}\times\frac{1}{\alpha T}} \tag{6-6}$$

$$\varphi_m=\arctan\frac{\alpha-1}{2\sqrt{\alpha}}\text{ 或 }\varphi_m=\arcsin\frac{\alpha-1}{\alpha+1} \tag{6-7}$$

式（6-6）表明 $\omega_m$ 处在转折频率 $\dfrac{1}{T}$ 和 $\dfrac{1}{\alpha T}$ 的几何平均处。由式（6-3），可求出 $\omega_m$ 处的对

数幅值：

$$L_c(\omega)=20\lg|\alpha G_c(j\omega)|=10\lg\alpha \tag{6-8}$$

最大超前角 $\varphi_m$ 只与 $\alpha$ 有关，$\alpha$ 愈大，输出信号相位超前就愈多；但 $\alpha$ 取值过大时，系统的带宽过宽，对高频噪声干扰的抑制能力变差。所以，为了保持系统具有较高的信噪比，$\alpha$ 取值一般不大于 20。

（2）相位滞后网络

图 6-5 是由 $RC$ 网络构成的滞后校正装置，令阻抗 $Z_1=R_1$，$Z_2=R_2+\dfrac{1}{Cs}$，则滞后网络的传递函数为

$$G_c(s)=\frac{U_o(s)}{U_i(s)}=\frac{Z_2}{Z_1+Z_2}=\frac{R_2Cs+1}{(R_1+R_2)Cs+1}=\frac{1+Ts}{1+\beta Ts} \tag{6-9}$$

式中，$T=R_2C$，$\beta=\dfrac{R_1+R_2}{R_2}>1$。则其幅频特性和相频特性分别为

$$A(\omega)=|G_c(j\omega)|=\left|\frac{1+jT\omega}{1+j\beta T\omega}\right|=\frac{\sqrt{1+(T\omega)^2}}{\sqrt{1+(\beta T\omega)^2}} \tag{6-10}$$

$$\varphi(\omega)=\arctan(\omega T)-\arctan(\beta\omega T) \tag{6-11}$$

当 $\omega<1/(\beta T)$ 时，即处于低频部分，此时 $L(\omega)=20\lg A(\omega)\approx0$；当 $\omega>1/T$ 时，即处于高频部分，此时 $L(\omega)=20\lg A(\omega)\approx-20\lg\beta$。因此，滞后校正网络相当于低通滤波器，能够使系统的稳态精度得到显著提高。

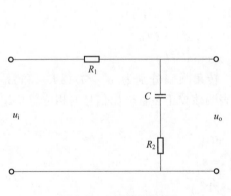

图 6-5  无源滞后网络

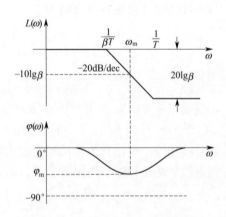

图 6-6  滞后网络的伯德图

由于 $\beta>1$，当 $0<\omega<\infty$ 时，$\varphi(\omega)<0$，表明该校正装置输出信号的相位总是滞后于输入信号的相位，故称其为相位滞后校正装置。滞后校正装置的对数频率特性如图 6-6 所示。其转角频率分别为 $\omega_1=1/(\beta T)$ 和 $\omega_2=1/T$。为保证系统的稳定性，$\beta$ 取值不宜超过 15。

将式(6-11)对 $\omega$ 求导，并令其为零，可得最大相位滞后角 $\varphi_m$ 和此时的角频率 $\omega_m$：

$$\omega_m=\frac{1}{T\sqrt{\beta}}=\sqrt{\frac{1}{\beta T}\times\frac{1}{T}}=\sqrt{\omega_1\omega_2} \tag{6-12}$$

$$\varphi_{\mathrm{m}}=\arctan\frac{\beta-1}{2\sqrt{\beta}}\ 或\ \varphi_{\mathrm{m}}=\arcsin\frac{\beta-1}{\beta+1} \tag{6-13}$$

（3）相位滞后-超前网络

图 6-7 是由 $RC$ 网络构成的滞后-超前校正装置，令阻抗 $Z_1=\dfrac{R_1}{R_1C_1s+1}$，$Z_2=R_2+\dfrac{1}{C_2s}$，则滞后-超前网络的传递函数为

$$G_{\mathrm{c}}(s)=\frac{U_{\mathrm{o}}(s)}{U_{\mathrm{i}}(s)}=\frac{Z_2}{Z_1+Z_2}=\frac{(R_1C_1s+1)(R_2C_2s+1)}{(R_1C_1s+1)(R_2C_2s+1)+R_1C_2s} \tag{6-14}$$

令 $R_1C_1=T_1$，$R_2C_2=T_2(T_2>T_1)$，$R_1C_1+R_2C_2+R_1C_2=\dfrac{T_1}{\alpha}+\alpha T_2(\alpha>1)$，则上式简化为

$$G_{\mathrm{c}}(s)=\frac{T_1s+1}{\dfrac{T_1}{\alpha}s+1}\times\frac{T_2s+1}{\alpha T_2s+1} \tag{6-15}$$

式中，等号右边第一项代表超前网络，第二项代表滞后网络。其幅频特性和相频特性分别为

$$A(\omega)=|G_{\mathrm{c}}(\mathrm{j}\omega)|=\left|\frac{(1+\mathrm{j}T_1\omega)(1+\mathrm{j}T_2\omega)}{\left(1+\mathrm{j}\dfrac{T_1}{\alpha}\omega\right)(1+\mathrm{j}\alpha T_2\omega)}\right|=\frac{\sqrt{1+(T_1\omega)^2}\sqrt{1+(T_2\omega)^2}}{\sqrt{1+\left(\dfrac{T_1}{\alpha}\omega\right)^2}\sqrt{1+(\alpha T_2\omega)^2}} \tag{6-16}$$

$$\varphi(\omega)=\arctan(\omega T_1)+\arctan(\omega T_2)-\arctan\left(\omega\frac{T_1}{\alpha}\right)-\arctan(\omega\alpha T_2) \tag{6-17}$$

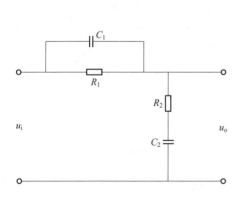

图 6-7　无源滞后-超前网络

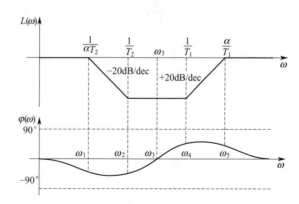

图 6-8　滞后-超前网络的伯德图

滞后-超前校正装置的对数频率特性如图 6-8 所示。其转角频率分别为 $\omega_1=1/(\alpha T_2)$、$\omega_2=1/T_2$、$\omega_4=1/T_1$ 及 $\omega_5=\alpha/T_1$。从伯特图中可以看出：在 $0<\omega<\omega_3$ 频段里，具有滞后校正作用；在 $\omega_3<\omega<\infty$ 频段里，具有超前校正作用。从图中知道 $\omega_3$ 处的相位角为 $0°$，不难计算出 $\omega_3$ 的值为 $1/\sqrt{T_1T_2}$。

## 6.2.2　有源校正装置

实际控制系统中广泛采用无源网络进行校正，但由于负载效应问题，有时难以实现希望

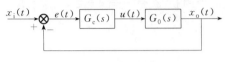

图 6-9　PID 控制系统结构

的控制规律，此外，复杂网络的设计与调整也不方便。因此，需要采用有源校正装置。

常用的有源校正装置是运算放大器、测速发电机等与无源网络的组合。下面只介绍常用的由运算放大器加电阻、电容组成的有源校正装置。

由第 3 章系统分析可知，系统的稳态性能取决于系统的型次和开环增益，而系统的瞬态性能取决于系统的零、极点分布。如果在系统中加入一个环节，能使系统的零、极点分布按性能要求来配置，这个环节就是调节器。大家所熟知的是 PID 调节器，由比例（P）、积分（I）、微分（D）环节构成，一般串接在系统的前向通道中，起着串联校正的作用（见图 6-9）。图中，$G_c(s)$ 是 PID 控制器的传递函数，$G_0(s)$ 为系统固有部分的传递函数。PID 控制器的时域表达式为

$$u(t) = K_P e(t) + \frac{1}{T_I} \int_0^t e(\tau)\mathrm{d}\tau + T_D \frac{\mathrm{d}}{\mathrm{d}t} e(t) \tag{6-18}$$

式中，$K_P$ 为比例增益，$T_I$ 为积分增益，$T_D$ 为微分增益，$u(t)$ 为控制输入，$e(t) = x_i(t) - x_o(t)$ 为误差信号。它的比例项产生一个和当前误差直接有关的信号；积分项产生的信号取决于以往所有的误差，这使输出带有惯性；微分项由误差的变化率确定，它可以看成是对系统未来状态的预测，利用它可使系统响应速度加快，当然如果误差信号含有较大的噪声，那么预测效果就很差。

下面对 PID 中常用的 P、PI、PD 及 PID 调节器做一简要分析。其相应的有源校正装置分别如图 6-10～图 6-13 所示。

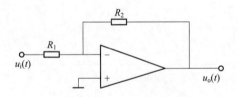

图 6-10　P 调节器网络

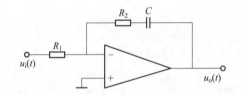

图 6-11　PI 调节器网络

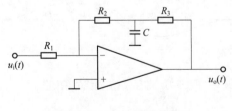

图 6-12　PD 调节器网络

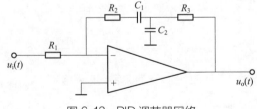

图 6-13　PID 调节器网络

（1）P 调节器

P 调节器，又称比例调节器，其时域表达式和传递函数为

$$G_c(s) = K_P \tag{6-19}$$

比例调节器能实时成比例地反映系统的偏差信号，如果系统产生偏差，调节器立即产生控制作用，从而使偏差减小。

采用比例调节器适当调整其参数，既可以提高系统的稳态性能，又可以加快瞬态响应速度。但仅用比例调节器校正系统是不够的，过大的开环增益不仅使系统的超调量增大，而且会使系统的稳定裕度变小，对高阶系统来说，甚至会使系统变得不稳定。

（2）PI 调节器

PI 调节器，又称比例-积分调节器，其传递函数为

$$G_c(s) = K_P + \frac{1}{T_I s} = \frac{T_I K_P s + 1}{T_I s} \tag{6-20}$$

通过比较比例调节器和比例-积分调节器可以发现：若采用 P 调节器，要使 $e(t) \to 0$，则势必 $K_P \to \infty$。如 $|e(t)|$ 存在较大扰动，必导致输出 $u(t)$ 很大，不仅影响系统的动态性能，也使执行器频繁处于大幅振动中；若采用 PI 调节器，当 $e(t) \to 0$ 时，控制器输出 $u(t)$ 由 $\frac{1}{T_I} \int_0^t e(\tau) \mathrm{d}\tau$ 得到一个常数，从而使输出 $c(t)$ 稳定于期望值。从参数调节来看，比例调节器仅可调节一个参数 $K_P$，而 PI 调节器可以调节参数 $K_P$ 和 $T_I$，调节灵活，容易得到理想的动、静性能指标。其作用相应于无源滞后网络。

（3）PD 调节器

PD 调节器，又称比例-微分调节器，产生比例和微分控制作用的调节器。其传递函数为

$$G_c(s) = K_P + T_D s = K_P \left(1 + \frac{T_D}{K_P} s\right) = K_P(1 + Ts) \tag{6-21}$$

PD 调节器具有相位超前的特性，幅频特性在转折频率后呈正斜率，因而它是一种超前校正装置。PD 调节器使系统增加了一个开环零点，使系统的稳定性及平稳性得到改善；当参数选择适当时，将使系统的调节时间变短，但系统抗高频干扰的能力下降。

（4）PID 调节器

在实际应用中，单纯采用 PD 控制的系统较少，原因在于：纯微分环节在实际中无法实现，同时系统各环节中的任何扰动均对系统的输出产生较大波动，不利于系统动态性能的改善。一般都采用比例-积分-微分调节器（PID 调节器），其传递函数为

$$G_c(s) = K_P + T_D s + \frac{1}{T_I s} = \frac{T_I T_D s^2 + T_I K_P s + 1}{T_I s} \tag{6-22}$$

PID 调节器相当于滞后-超前网络校正。在低频段，主要是 PI 控制规律起作用，提高系统型别，消除或减少稳态误差；在中高频段主要是 PD 规律起作用，增大截止频率和相位裕度，提高响应速度。因此，PID 调节器可以全面地提高系统的控制性能。

## 6.3　串联校正

在频域中设计校正装置实质是一种配置系统滤波特性的方法，设计依据的指标是频域参量。频率特性法设计校正装置主要是通过伯德图进行的，设计需根据给定的性能指标大致确定所期望的系统开环对数幅频特性（即伯德曲线），特性低频段的增益满足稳态误差的要求，特性中频段的斜率（即剪切率）为 $-20\mathrm{dB/dec}$，并且具有所要求的剪切频率 $\omega_c$，特性的高频段尽可能迅速衰减，以抑制噪声的不良影响。

### 6.3.1　校正方法

确定了校正方案以后，下面的问题就是如何确定校正装置的结构和参数。目前主要有两大类校正方法：分析法与综合法。

分析法又称为试探法。这种方法是把校正装置归结为易于实现的几种类型。例如，超前校正、滞后校正、滞后-超前校正等，它们的结构是已知的，而参数可调。设计者首先根据经验确定校正方案，然后根据系统的性能指标要求，"对症下药"地选择某一种类型的校正装置，然后再确定这些校正装置的参数。这种方法设计的结果必须验算，如果不能满足全部性能指标，则应调整校正装置参数，甚至重新选择校正装置的结构，直到系统校正后满足给定的全部性能指标。因此，分析法本质上是一种试探法。

分析法的优点是校正装置简单，可以设计成产品，例如工程上常用的各种 PID 调节器等。因此，这种方法在工程中得到了广泛的应用。

综合法又称为期望特性法。它的基本思想是按照设计任务所要求的性能指标，构造期望的数学模型，然后选择校正装置的数学模型，使系统校正后的数学模型等于期望的数学模型。综合法虽然简单，但得到的校正环节的数学模型一般比较复杂，在实际应用中受到限制，但它仍然是重要的方法之一，尤其是对校正装置的选择有很好的指导作用。

### 6.3.2　串联超前校正

利用超前网络或 PD 调节器进行串联校正的基本原理是利用超前网络或 PD 调节器的相位超前特性。只要正确地将超前网络的转折频率 $1/(\alpha T)$ 和 $1/T$ 选在未校正系统剪切频率的两边，并适当地选择参数 $\alpha$ 和 $T$，就可以使已校正系统的剪切频率和相位裕度满足性能指标的要求，从而改善闭环系统的动态性能。闭环系统稳态性能的要求，可通过选择已校正系统的开环增益来保证。

用频率特性法设计串联超前校正装置的步骤大致如下：

① 根据给定的系统稳态性能指标，确定系统的开环增益 $K$。

② 绘制在确定的 $K$ 值下系统的伯德图，并计算其相位裕度 $\gamma_0$。

③ 根据给定的相位裕度 $\gamma'$，计算所需要的相位超前量 $\varphi_0$：

$$\varphi_0 = \gamma' - \gamma_0 + \varepsilon \tag{6-23}$$

式中，$\varepsilon$ 为补偿角度。

④ 令超前校正装置的最大超前角 $\varphi_m = \varphi_0$，并按下式计算网络的系数 $\alpha$ 值：

$$\alpha = \frac{1 + \sin\varphi_m}{1 - \sin\varphi_m} \tag{6-24}$$

如 $\varphi_m$ 大于 $60°$，则应考虑采用有源校正装置或两级网络。

⑤ 将校正网络在 $\varphi_m$ 处的增益定为 $10\lg\alpha$，同时确定未校正系统伯德曲线上增益为 $-10\lg\alpha$ 处的频率即为校正后系统的剪切频率 $\omega'_c = \omega_m$。

⑥ 根据式（6-24）和 $T = \dfrac{1}{\omega_m\sqrt{\alpha}}$，可确定超前校正装置的交接频率：

$$\omega_1 = 1/(\alpha T), \omega_2 = 1/T \tag{6-25}$$

⑦ 画出校正后系统的伯德图，验算系统的相位裕度。如不符要求，可增大 ε 值，并从第 3 步起重新计算。

⑧ 校验其他性能指标，必要时重新设计参量，直到满足全部性能指标。

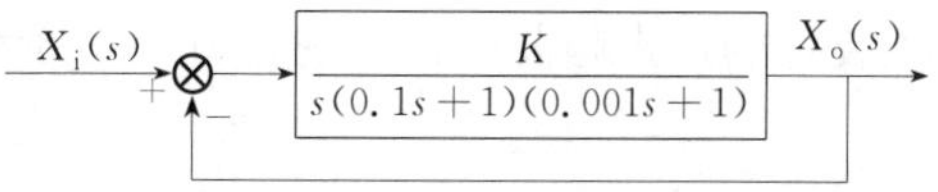

[例 6-1]　某控制系统结构如图 6-14 所示，要求系统在单位恒速输入时的稳态误差为 $e_{ss}=0.001$；相位裕度 $\gamma' \geqslant 45°$，试确定超前校正装置的参数。

图 6-14　例 6-1 的系统结构图

[解]　① 根据稳态误差确定开环增益 $K$。因为是 1 型系统，所以

$$K=\frac{1}{e_{ss}}=\frac{1}{0.001}=1000$$

则未校正前系统的开环传递函数为

$$G_0(s)=\frac{1000}{s(0.1s+1)(0.001s+1)}$$

幅频特性：　$A(\omega)=|G_0(j\omega)|=\dfrac{1000}{\omega\sqrt{(0.1\omega)^2+1}\sqrt{(0.001\omega)^2+1}}$

相频特性：　$\varphi(\omega)=-90°-\arctan(0.1\omega)-\arctan(0.001\omega)$

② 画出未校正系统的开环 Bode 图，如图 6-15 所示。

在未校正系统的开环对数幅频特性曲线上找到剪切频率 $\omega_c=100\text{rad/s}$。或由 $A(\omega_c)=1$ 求得 $\omega_c$ 的近似值为 $\omega_c=100\text{rad/s}$，此时的相位裕度为

$$\gamma_0=180°+\varphi(\omega_c)=180°+[-90°-\arctan(0.1\omega_c)-\arctan(0.001\omega_c)]=0°$$

其远远小于 $\gamma'$，系统不满足要求，需要引入相位超前校正装置。

③ 根据频率性能指标要求的相位裕度和实际的相位裕度确定最大超前相位角 $\varphi_m$：

$$\varphi_m=\gamma'-\gamma_0+\varepsilon$$

式中，ε 为补偿角度，用于超前校正装置的引入，使系统相频特性因剪切频率的增大而变得更负所进行的补偿。通常，如果未校正系统开环对数幅频特性在剪切频率 $\omega_c$ 处的斜率为 $-40\text{dB/dec}$，取 $\varepsilon=5°\sim10°$；如果在 $\omega_c$ 处的斜率为 $-60\text{dB/dec}$，取 $\varepsilon=15°\sim20°$。在本例中，因为未校正系统开环对数幅频特性在剪切频率 $\omega_c$ 处的斜率为 $-40\text{dB/dec}$，所以取 $\varepsilon=5°$。此时得到最大超前相位角为

$$\varphi_m=45°-0°+5°=50°$$

④ 根据所确定的 $\varphi_m$，按式(6-24) 计算 α 值。

$$\alpha=\frac{1+\sin\varphi_m}{1-\sin\varphi_m}=7.5$$

⑤ 选定校正装置的 $\omega_m$ 和校正后系统的 $\omega_c'$。

因为超前校正装置在 $\omega_m$ 处的对数幅频值为 $10\lg\alpha$，故可在 $L_0(\omega)$ 上找到幅频为 $-10\lg\alpha$ 的点，其对应的频率为超前校正装置的 $\omega_m$。在该点处，校正前系统的对数幅频和超前校正装置的对数幅频叠加后的代数和为 0dB，此点处频率就是校正后的系统的剪切频率 $\omega_c'$。显然，$\omega_c'=\omega_m$。对于本例：

$$L_0(\omega)=-10\lg\alpha=-10\lg7.5=-8.75(\text{dB})$$

在未校正系统的开环对数幅频特性曲线上找出与对数幅频值 $-8.75\text{dB}$ 对应的频率 $\omega_m$，即

$$20\lg A(\omega_m) = -8.75\text{dB}$$

求得，$\omega_m = 164.5\text{rad/s}$。为了最大限度地发挥串联超前校正的相位超前能力，应使得校正装置的最大超前相角出现在校正后系统的幅值剪切频率 $\omega_c'$ 处，即

$$\omega_c' = \omega_m = 164.5\text{rad/s}$$

⑥ 确定校正装置的转折频率，绘制校正装置的对数频率特性曲线。根据式 $\omega_m = \dfrac{1}{T\sqrt{\alpha}}$ 求

得参数 $T = \dfrac{1}{\omega_m\sqrt{\alpha}} = 0.00222\text{s}$。再根据式(6-25)，可得 2 个转折频率分别为

$$\omega_1 = \frac{1}{\alpha T} = 60\text{rad/s}, \omega_2 = \frac{1}{T} = 450\text{rad/s}$$

所以，串联超前校正装置的传递函数为

$$G_c(s) = \frac{1+\alpha Ts}{1+Ts} = \frac{1+0.0167s}{1+0.00222s}$$

绘制出校正装置的对数频率特性曲线，如图 6-15 所示。

⑦ 绘制校正后的系统对数频率特性曲线，校验系统的相位裕度是否满足性能要求。如果校正后系统的相位裕度不能满足性能要求，则增大 ε 的值，并从步骤③开始重新计算。本例中，校正后的系统的开环传递函数为

$$G(s) = G_0(s)G_c(s) = \frac{1000(0.0167s+1)}{s(0.00222s+1)(0.1s+1)(0.001s+1)}$$

校正后系统的对数频率特性曲线如图 6-15 所示。由图或计算可得校正系统的相位裕度约为 $45°$，满足要求。

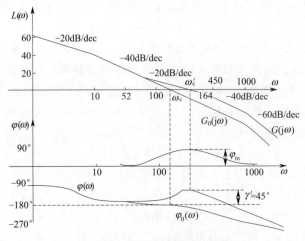

图 6-15    例 6-1 系统的伯德图

综上所述，超前校正有如下特点：超前校正装置具有相位超前作用，它可以补偿原系统过大的滞后相位，从而增加系统的相位裕度和带宽，提高系统的相对稳定性和响应速度。超前校正通常用来改善系统的动态性能，在系统的稳态性能较好而动态性能较差时，采用超前校正可以得到较好的效果。但由于超前校正装置具有微分的特性，是一种高通滤波装置，它对高频噪声更加敏感，从而降低了系统抗干扰的能力，因此在高频噪声较大的情况下，不宜采用超前校正。

## 6.3.3　串联滞后校正

串联滞后校正装置的作用：一是提高系统低频响应的增益，减小系统的稳态误差，同时基本保持系统的暂态性能不变；二是滞后校正装置的低通滤波器特性，使系统高频响应的增益衰减，降低系统的剪切频率，增加系统的相位裕度，以改善系统的稳定性和某些暂态性能。

用频率特性法设计串联滞后校正装置的步骤大致如下：

① 根据给定的稳态性能要求去确定系统的开环增益。

② 绘制未校正系统在已确定的开环增益下的伯德图，并求出其相角裕度 $\gamma_0$。

③ 根据式 $\varphi(\omega'_c) = -180° + \gamma' + \varepsilon$，确定校正后的幅值剪切频率 $\omega'_c$。

④ 令未校正系统的伯德图在 $\omega'_c$ 处的增益等于 $20\lg\beta$，由此确定滞后网络的 $\beta$ 值。

⑤ 按下列关系式确定滞后校正网络的交接频率：

$$\omega_2 = \frac{1}{T} = \left(\frac{1}{5} \sim \frac{1}{10}\right)\omega'_c \tag{6-26}$$

⑥ 画出校正后系统的伯德图，校验其相角裕度。

⑦ 必要时检验其他性能指标，若不能满足要求，可重新选定 $T$ 值。

[例 6-2]　设单位负反馈控制系统的开环传递函数为 $G(s) = \dfrac{K}{s(s+1)(0.25s+1)}$，要求系统在单位斜坡输入时的稳态误差为 $e_{ss} = 0.1$；相位裕度 $\gamma' \geqslant 40°$，幅值裕度 $20\lg K_g \geqslant 10\mathrm{dB}$，试确定滞后校正装置的参数。

[解]　① 根据稳态误差确定开环增益 $K$。对于本例的 1 型系统有 $K = 1/e_{ss} = 10$。则未校正前系统的开环传递函数为 $G(s) = \dfrac{10}{s(s+1)(0.25s+1)}$。令 $s = \mathrm{j}\omega$ 代入上式，得到系统的幅频特性和相频特性分别为

$$A(\omega) = |G(\mathrm{j}\omega)| = \frac{10}{\omega\sqrt{\omega^2+1}\sqrt{(0.25\omega)^2+1}}$$

$$\varphi(\omega) = -90° - \arctan\omega - \arctan(0.25\omega)$$

② 画出未校正系统开环伯德图，如图 6-16 所示。由 $A(\omega_c) = 1$ 得幅值剪切频率 $\omega_c$ 为 $\omega_c = 2.78\mathrm{rad/s}$，此时对应的相位裕度为

$$\gamma_0 = 180° + \varphi(\omega_c) = 180° + [-90° - \arctan(\omega_c) - \arctan(0.25\omega_c)] = -15°$$

由式 $\varphi(\omega_g) = -180°$ 求得相位穿越频率 $\omega_g = 2\mathrm{rad/s}$，幅值裕度为 $K_g = 1/A(\omega_g) = 0.5$，则

$$20\lg K_g = 20\lg0.5 = -6(\mathrm{dB})$$

由上可知，未校正前系统的相位裕度为 $-15°$，幅值裕度为 $-6\mathrm{dB}$，系统是不稳定的，需要引入校正装置。由于 $\gamma_0 < 0$，对于这样的系统一般考虑引入相位滞后校正装置。

③ 确定校正后的幅值剪切频率 $\omega'_c$。由下式确定校正后的幅值剪切频率 $\omega'_c$：

$$\varphi(\omega'_c) = -180° + \gamma' + \varepsilon$$

式中，$\varepsilon$ 为补偿角度，用于补偿因滞后校正引入可能产生的相位滞后。本例取 $\varepsilon = 5°$，则有

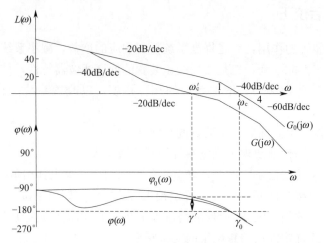

图 6-16    例 6-2 系统的伯德图

$$\varphi(\omega'_c) = -180° + 40° + 5° = -135°$$

从而得到校正后的幅值剪切频率为 $\omega'_c = 0.7\text{rad/s}$。

④ 确定校正参数 $\beta$。由校正后的幅值剪切频率性质，有 $L_c(\omega'_c) + L_0(\omega'_c) = 0$，再将 $L_c(\omega'_c) = -20\lg\beta$ 代入上式，则有 $L_0(\omega'_c) = 20\lg\beta$，因此可解得 $\beta = 11.53$。

⑤ 确定校正装置的转折频率。为了使滞后校正装置最大相角滞后量远离校正后的幅值剪切频率，一般选择 $\omega_2 = \left(\frac{1}{5} \sim \frac{1}{10}\right)\omega'_c$，本例中取 $\omega_2 = \frac{1}{10}\omega'_c = 0.07\text{rad/s}$。再由 $\omega_2 = 1/T$ 得到 $T = 14.3\text{s}$。则滞后校正装置的传递函数为

$$G_c(s) = \frac{Ts+1}{\beta Ts+1} = \frac{14.3s+1}{164.9s+1}$$

⑥ 验算。绘制校正后的系统对数频率特性曲线，校验系统的相位裕度是否满足性能要求。校正后的开环传递函数为

$$G(s) = G_c(s)G(s) = \frac{10(14.3s+1)}{s(164.9s+1)(s+1)(0.25s+1)}$$

画出校正后的伯德图。由图可看出校正后的相位裕度约为 $40°$，满足要求。

综上所述，滞后校正有如下特点：滞后校正装置具有低通滤波的特性，利用它的高频衰减特性降低系统的剪切频率，可以提高系统的相位裕度，改善系统的动态性能。此外，滞后校正的高频衰减特性可以降低高频噪声对系统的影响，从而提高系统抗干扰能力。但滞后校正减小了系统的带宽，降低了系统的响应速度。因此对响应速度要求较高的系统不宜采用滞后校正。

## 6.3.4    串联滞后-超前校正

在未校正系统中采用串联滞后-超前校正，既可有效地提高系统的阻尼程度与响应速度，又可大幅度增加其开环增益，从而提高控制系统的动态与稳态控制质量。

下面通过一个具体例题来说明串联滞后-超前校正的设计方法与步骤。

[**例 6-3**]　设有单位负反馈控制系统的开环传递函数为 $G(s) = \dfrac{K}{s(s+1)(0.5s+1)}$，要求系统在单位斜坡输入时稳态误差为 $e_{ss} = 0.1$；相位裕度 $\gamma' = 50°$，幅值裕度 $20\lg K_g \geqslant 10\text{dB}$，试确定滞后-超前校正装置的参数。

[**解**]　① 根据稳态误差确定开环增益 $K$。对于本例的 1 型系统有 $K = 1/e_{ss} = 10$，则未校正前系统的开环传递函数为 $G(s) = \dfrac{10}{s(s+1)(0.5s+1)}$。令 $s = j\omega$ 代入上式，得到系统的幅频特性和相频特性分别为

$$A(\omega) = |G_0(j\omega)| = \frac{10}{\omega\sqrt{\omega^2+1}\sqrt{(0.5\omega)^2+1}}$$

$$\varphi(\omega) = -90° - \arctan\omega - \arctan(0.5\omega)$$

② 绘制未校正系统的 Bode 图，如图 6-17 所示。由式 $A(\omega_c) = 1$ 求得幅值剪切频率的近似值为 $\omega_c = 2.7$。此时的相位裕度为

$$\gamma = 180° + \varphi(\omega_c) = 180° + [-90° - \arctan(\omega_c) - \arctan(0.5\omega_c)] = -33°$$

不满足要求。

③ 确定校正后的剪切频率 $\omega_c'$。当相位角为 $-180°$ 时对应的频率为

$$\varphi(\omega_g) = -90° - \arctan\omega_g - \arctan(0.5\omega_g) = -180°$$

即 $\omega_g = 1.4\text{rad/s}$，因此可以选择剪切频率 $\omega_c' = 1.5\text{rad/s}$ 满足相位超前角 $50°$ 的要求。

④ 确定校正装置滞后部分的传递函数。为了减小滞后校正装置部分的相位滞后对相位裕度的影响，令第二个转折频率为 $\omega_2 = 1/T_2 = (1/10)\omega_c' = 0.15\text{rad/s}$，则得 $T_2 = 6.67\text{s}$。取 $\alpha = 10$，此时对应的最大相位角 $\varphi_m = \arcsin\dfrac{\alpha-1}{\alpha+1} = 54.9°$，满足要求，因此可以选择 $\alpha = 10$，则 $\alpha T_2 = 66.7\text{s}$。校正装置的滞后部分的传递函数为

$$G_{c1}(s) = \frac{1+6.67s}{1+66.7s}$$

⑤ 确定校正装置超前部分的传递函数。未校正系统在 $\omega = 1.5\text{rad/s}$ 处的幅值为

$$L_0(\omega) = 20\lg A(\omega) = 13\text{dB}$$

要使得此频率为校正后的剪切频率，需校正装置在此处的幅值为 $-13\text{dB}$。根据超前装置的特点，过 $(1.5, -13)$ 作斜率为 20dB 的直线，由该直线与 $-20\text{dB}$ 的交点确定超前装置的转折频率，即 $\omega_1 = 1/T_1 = 0.7$，由此得 $T_1 = 1.43\text{s}$；$\omega_2 = \alpha/T_1 = 7$，由此得 $T_1/\alpha = 0.143\text{s}$。

校正装置的超前部分的传递函数为

$$G_{c2}(s) = \frac{1+1.43s}{1+0.143s}$$

⑥ 滞后-超前校正装置的传递函数为

$$G_c(s) = G_{c1}(s)G_{c2}(s) = \frac{1+6.67s}{1+66.7s} \times \frac{1+1.43s}{1+0.143s}$$

对应的伯德图如图 6-17 所示。

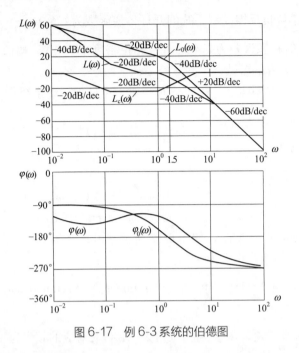

图 6-17　例 6-3 系统的伯德图

⑦ 校正后系统的传递函数为

$$G(s) = G_0(s)G_c(s) = \frac{10(1+6.67s)(1+1.43s)}{s(s+1)(0.5s+1)(1+66.7s)(1+0.143s)}$$

校正后的相位裕度约为 $50°$，幅值裕度 $20\lg K_g = 16\text{dB}$，满足设计要求。

　　综上所述，在系统的动态和稳态性能都有待改善时，单纯采用超前或滞后校正往往难以奏效，在这种情况下采用滞后-超前校正效果较好。利用校正装置的滞后特性改善系统的稳态性能提高系统精度，而利用它的超前作用来改善系统的动态性能提高系统的相位裕度和响应速度等。在校正的步骤上，可以先满足系统的动态性能确定出校正装置中超前部分的参数，然后再根据稳态性能确定滞后部分的参数，也可以按相反的顺序设计。

## 6.3.5　PID 校正

　　分析法是针对被校正系统的性能和给定的性能指标，首先选择合适的校正环节的结构，然后用校正方法确定校正环节的参数。在用分析法进行串联校正时，校正环节的结构通常采用超前校正、滞后校正、滞后-超前校正这三种类型，也就是工程上常用的 PID 调节器。下面通过一个例题来说明使用 PID 调节器校正时，如何确定它们结构和参数。

　　[例 6-4]　已知系统结构图如图 6-9 所示。系统的固有传递函数为

$$G_0(s) = \frac{K_0}{s(T_{01}s+1)(T_{02}s+1)}$$

式中，$K_0=35$，$T_{01}=0.01$，$T_{02}=0.2$。根据工程实际的需要，要求系统在斜坡信号输入下无静差，并使相位裕度 $\gamma' \geqslant 50°$。试设计校正装置的结构和参数。

[**解**]　根据 PID 调节器的传递函数式(6-22)，可得到 PID 调节器的伯德图如图 6-18 所示。未校正系统的伯德图如图 6-19 所示。此时，$\omega_c=13.5$，系统相位裕度为

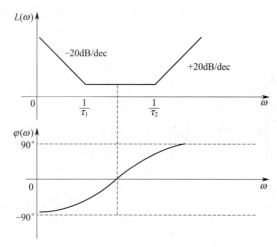

图 6-18　PID 调节器的伯德图

$$\gamma_0=180°-90°-\arctan(0.2\omega_c)-\arctan(0.01\omega_c)=12.6°$$

可见，系统不满足性能指标的要求。另外，系统为 1 型系统，在斜坡信号输入下有静差。

为了满足要求，需将系统校正成典型 2 型系统。典型 2 型系统形式为

$$G(s)=\frac{K(T_2s+1)}{s^2(T_1s+1)},T_2>T_1$$

校正环节可采用 PID 控制器，即

$$G_c(s)=\frac{(\tau_1s+1)(\tau_2s+1)}{Ts}$$

校正后系统的开环传递函数为

$$G(s)=\frac{K_0(\tau_1s+1)(\tau_2s+1)}{Ts^2(T_{01}s+1)(T_{02}s+1)}=\frac{35(\tau_1s+1)(\tau_2s+1)}{Ts^2(0.2s+1)(0.01s+1)}$$

取 $\tau_1=0.2$，上式可表示成

$$G(s)=\frac{35(\tau_2s+1)}{Ts^2(0.01s+1)}$$

选取 $\tau_2=0.1$，$T=0.11$。（选取方法请参阅控制系统设计相关文献）
因此，校正装置的传递函数为

$$G_c(s)=\frac{(0.2s+1)(0.1s+1)}{0.11s}$$

校正后的传递函数为

$$G(s)=\frac{316.5(0.1s+1)}{s^2(0.01s+1)}$$

其伯德图如图 6-19 所示。由图可知，校正后的穿越频率 $\omega_c'=31.5$，此时的相位裕度为

$$\gamma'=180°-180°+\arctan(0.1\omega_c')-\arctan(0.01\omega_c')=61°$$

满足设计要求。

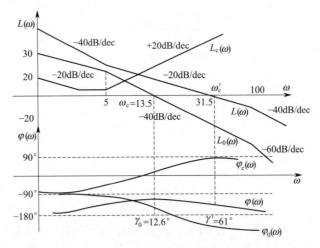

图 6-19  例 6-4 系统的伯德图

需要指出，无论是综合法还是分析法，都带有经验的成分，所得结果往往不是最优的。最优控制系统需要用最优控制理论来设计。

## 习　题

6-1　如果单位负反馈控制系统的开环传递函数为 $G(s)=\dfrac{200}{s(0.1s+1)}$，试设计一个串联校正网络，使系统的相位裕度 $\gamma'\geqslant45°$，剪切频率 $\omega_c'\geqslant50\text{rad/s}$。

6-2　设开环传递函数为 $G(s)=\dfrac{K}{s(s+1)(0.01s+1)}$，单位斜坡输入时产生的稳态误差 $e_{ss}\leqslant0.0625$。若使校正后相位裕度 $\gamma'\geqslant45°$，截止频率 $\omega_c'\geqslant2\text{rad/s}$，试设计校正网络。

6-3　设单位负反馈系统的开环传递函数为 $G(s)=\dfrac{K}{s(0.1s+1)}$，要求系统的稳态误差系数 $K_v=100\text{s}^{-1}$，相角裕度 $\gamma'\geqslant55°$，幅值裕度 $K_g\geqslant10\text{dB}$，试确定串联超前校正装置。

6-4　设单位负反馈系统开环传递函数为 $G(s)=\dfrac{4K}{s(s+2)}$，试设计串联校正装置，满足下列性能：①在单位斜坡作用下 $e_{ss}=0.05$；②相位裕度 $\gamma'\geqslant45°$，幅值裕度 $K_g\geqslant10\text{dB}$。

6-5　设单位负反馈系统的开环传递函数为 $G(s)=\dfrac{K}{s(s+1)(0.5s+1)}$，设计一串联校正网络，使校正后开环增益 $K=5$，相位裕度 $\gamma'\geqslant40°$，幅值裕度 $K_g\geqslant10\text{dB}$。

6-6　设单位负反馈系统的开环传递函数为 $G(s) = \dfrac{K}{s(s+1)(0.125s+1)}$，要求系统的开环增益 $K = 10$，相位裕度 $\gamma' \geqslant 30°$，试设计一个串联校正网络。

6-7　单位负反馈系统开环传递函数为 $G(s) = \dfrac{K}{s(0.1s+1)(0.01s+1)}$，设计一串联校正装置，使得静态速度误差系数 $K_v \geqslant 256\mathrm{s}^{-1}$，截止频率 $\omega_c' \geqslant 30\mathrm{rad/s}$，相位裕度 $\gamma' \geqslant 45°$。

6-8　已知某单位负反馈系统的开环传递函数为 $G(s) = \dfrac{K}{s(Ts+1)}$，试分别求出加入 PI 控制器对系统进行串联校正前后的稳态误差，并分析 PI 控制器改善系统稳定性能的作用。

# 第7章
# 离散控制系统

离散系统与连续系统相比，既有本质上的不同，又有分析和研究方法的相似性。利用 $Z$ 变换法研究离散系统，可以将连续系统中的许多概念和方法推广至离散系统中。本章主要讨论离散时间线性系统的分析方法。首先建立信号采样和保持的数学描述，然后介绍 $Z$ 变换理论与性质，以及系统的脉冲传递函数，最后研究系统稳定性分析和最少拍系统设计方法。

## 7.1 离散控制系统的基本结构

自动控制系统发展至今，数字计算机作为补偿装置或控制装置越来越多地应用到控制系统中。数字计算机中处理的信号是离散的数字信号。

从所处理的信号连续性来划分，系统可分为连续系统和离散系统。连续系统中每处的信号都是时间 $t$ 的连续函数，称其为连续信号。而离散系统中一处或几处的信号是时间 $t$ 的离散函数（脉冲或数码），称其为离散信号。离散信号是将连续信号通过采样开关的采样而得到的。而数字信号，是指由二进制数表示的信号，计算机中的信号就是数字信号。数字信号的取值只能是有限个离散的数值。如果一个控制系统中的变量有离散时间信号，就把这个系统叫作离散时间控制系统，简称离散控制系统（又称为采样控制系统）。如果一个系统中的变量有数字信号，则称这样的系统为数字控制系统。

离散控制系统的一般结构如图 7-1 所示。图中，连续信号 $e(t)$ 经采样开关按一定的时间 $T$ 重复闭合（每次闭合时间为 $\tau$，$\tau < T$）后转换成如图 7-2 所示的脉冲序列 $e^*(t)$，它作为脉冲控制器的输入，而控制器的输出为离散信号 $u^*(t)$。当离散信号不能直接驱动连续的被控对象时，还需要经过保持器使之变成相对应的连续信号 $u_b(t)$ 后，再去驱动被控对象。

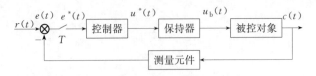

图 7-1 离散控制系统一般结构图

在图 7-1 所示的离散系统中，分别用模数转换器（A/D）、计算机和数模转换器（D/A）

图 7-2　连续信号的采样过程

代替图 7-1 中的采样开关 $T$、控制器和保持器，就构成了计算机控制系统（数字控制系统）。计算机控制系统结构如图 7-3 所示。

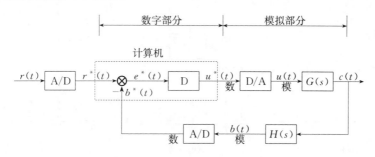

图 7-3　计算机控制系统结构图

数字控制系统在自动控制领域得到了广泛的应用，主要是由于数字控制系统较之一般的连续控制系统具有如下一些优点：

① 能够保证足够的计算精度；

② 在数字控制系统中可以采用高精度检测元件和执行元件，从而提高系统的精度；

③ 数字信号或脉冲信号的抗干扰性能好，可以提高系统的抗干扰能力；

④ 可以采用分时控制方式，提高设备的利用率，且可以采用不同控制规律进行控制；

⑤ 可以实现一些模拟控制器难以实现的控制律，特别对复杂的控制过程，如自适应控制、最优控制、智能控制等，只有数字计算机才能完成。

## 7.2　信号采样过程与采样定理

离散系统的特点是：系统中一处或数处的信号是脉冲序列或数字序列。为了将连续信号变换为离散信号，需要使用 A/D 转换器（采样器）；另外，为了控制连续的被控对象，又需使用 D/A 转换器（保持器）将离散信号转换为连续信号。因此，为了定量地研究离散系统，有必要对信号的采样和恢复过程进行描述。

### 7.2.1　信号的采样

采样是把连续时间信号变成离散时间脉冲序列的过程。图 7-2 中，连续信号 $e(t)$ 通过采样开关 $T$（也称采样器）转换为脉冲序列 $e^*(t)$（也称采样函数）。采样开关的采样周期

为 $T$，采样频率为 $f_s = 1/T$，而采样的角频率为 $\omega_s = 2\pi/T = 2\pi f_s (\mathrm{rad/s})$。

采样开关的闭合时间为 $\tau$，由于 $\tau$ 远小于 $T$，因此分析离散控制系统时可视 $\tau$ 为零。这样采样过程可看作 $e(t)$ 对理想脉冲序列 $\delta_T(t)$ 幅值的调制过程，采样开关相当于一个幅值调制器，$e(t)$ 为调制信号，$\delta_T(t)$ 为载波，$e(t)$ 控制 $\delta_T(t)$ 的幅值，如图 7-4 所示。经过采样开关之后，连续信号 $e(t)$ 就变成离散信号 $e^*(t)$。载波 $\delta_T(t)$ 的数学表达式为

$$\delta_T(t) = \sum_{k=0}^{+\infty} \delta(t - kT) \tag{7-1}$$

采样函数 $e^*(t)$ 可通过下式求得：

$$e^*(t) = e(t)\delta_T(t) = e(t) \sum_{k=0}^{+\infty} \delta(t - kT) \tag{7-2}$$

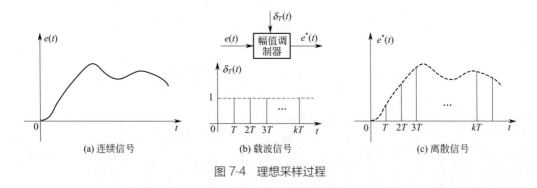

(a) 连续信号　　　　　(b) 载波信号　　　　　(c) 离散信号

图 7-4　理想采样过程

## 7.2.2　采样定理

在离散系统中，采样频率的选择是很重要的。若采样频率太高（采样间隔小），采样点太多，则对定长的时间记录来说其数字序列长，计算工作量增大；如果数字序列长度一定，则处理的时间历程就短，可能产生较大的误差。若采样频率太低（采样间隔大），采样点太少，则在两个采样点之间就可能会丢失信号中的重要信息。适当增大采样频率，则得到的离散信号就保留了原信号的特征。

当 $\omega_s \geqslant 2\omega_{max}$ 时，（$\omega_{max}$ 为连续频谱的最高频率）离散信号的频谱为无限多个孤立频谱组成的离散频谱，其中与 $k=0$ 对应的是采样前原连续信号的频谱，幅值为原来的 $1/T$，如图 7-5(a) 所示 [图中 $|E(j\omega)|$ 为连续信号 $e(t)$ 的频谱]。

若 $\omega_s < 2\omega_{max}$，离散信号 $e^*(t)$ 的频谱不再由孤立频谱构成，而是一种与原来连续信号 $e(t)$ 的频谱毫不相似的连续频谱，如图 7-5(b) 所示。

因此，要从离散信号 $e^*(t)$ 中完全复现出采样前的连续信号 $e(t)$，必须使采样频率 $\omega_s$ 足够高，以使相邻两频谱不相互重叠。

香农采样定理：如果对一个具有有限频谱（$-\omega_{max} < \omega < \omega_{max}$）的连续信号采样，当采样角频率满足

$$\omega_s \geqslant 2\omega_{max} \text{ 或 } f_s \geqslant 2f_{max} \tag{7-3}$$

时，则由采样得到的离散信号能够无失真地恢复到原来的连续信号。

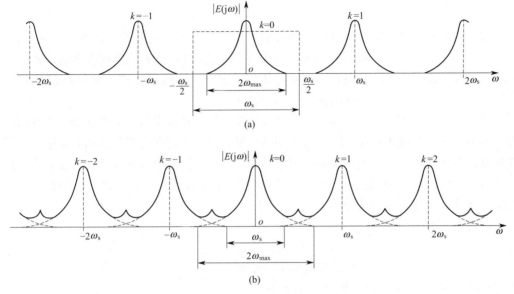

图 7-5　连续信号与离散信号的频谱

下面给出香农采样定理的几点说明：

① 香农采样定理给出的是由采样脉冲序列无失真地再现原连续信号所必需的最大采样周期或最低采样频率。在控制工程实践中，一般取 $\omega_s \geqslant 2\omega_{max}$。

② 若式(7-3) 成立，将离散信号 $e^*(t)$ 通过一个理想低通滤波器，就可以把 $\omega_s \geqslant \omega_{max}$ 的高频分量全部滤除掉，使离散信号的频谱中仅留下 $E(j\omega)/T$[$E(j\omega)$ 为连续信号 $e(t)$ 的傅里叶变换] 部分，再经过放大器对 $1/T$ 进行补偿，便可无失真地将原连续信号 $e(t)$ 完整地提取出来。理想低通滤波器特性如图 7-5(a) 中虚线所示。

③ 采样周期 $T$ 是离散控制系统中的一个关键参数。如果采样周期选得越小，即采样频率越高，对被控系统的信息了解得也就越多，控制效果也就越好。但同时会增加计算机的运算量。反之，如果采样周期选择得越大，由于不能全面掌握被控系统的信息，会给控制过程带来较大的误差，降低系统的动态性能，甚至有可能使整个控制系统变得很不稳定。

## 7.2.3　信号的恢复

当离散控制系统的被控对象只能由连续信号驱动时，则必须将系统的离散信号恢复成相应的连续信号。D/A 转换器就是一种将数字信号转换成模拟信号的装置，其转换的过程分成解码和保持。

解码是根据 D/A 转换器所采用的编码规则，将数字信号换算成相对应的电压或电流值 $e(kT)$，$e(kT)$ 大小仅仅对应各采样时刻的值，而相邻的两采样时刻之间的值不确定。

保持的任务是解决各相邻采样时刻之间的插值问题，将离散信号转换为连续时间信号。实现保持功能的器件称为保持器。保持器是一种在时域中对采样值进行外推的装置，通常把具有恒值、线性和抛物线外推规律的保持器分别称为零阶、一阶和二阶保持器。下面仅介绍工程上常用的零阶保持器。

零阶保持器将前一采样时刻 $kT$ 的采样值 $e(kT)$ 不增不减地保持到下一个采样时刻

$(k+1)T$，则零阶保持器输出的模拟信号 $e_h(t)$ 为

$$e_h(kT+\Delta t)=e(kT),0\leqslant\Delta t<T \tag{7-4}$$

式(7-4)表明，零阶保持器是一种按常值外推的保持器，它把前一时刻 $kT$ 的采样值 $e(kT)$ 一直保持到下一采样时刻 $(k+1)T$ 到来之前，其保持时间只有一个采样周期。这样，零阶保持器就将采样信号 $e^*(t)$ 变成阶梯信号 $e_h(t)$ 了。

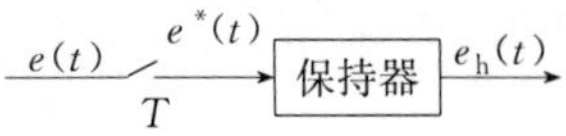

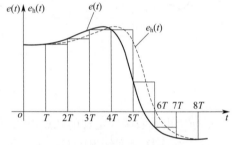

图 7-6　零阶保持器框图

零阶保持器及其输入信号和输出信号关系如图 7-6 所示。零阶保持器有无穷多个截止频率，除允许主频谱分量通过外，还允许部分高频分量通过。所以零阶保持器并不是只有一个截止频率的理想低通滤波器，因此由零阶保持器恢复的连续信号 $e_h(t)$ 与原连续信号 $e(t)$ 是有差异的（见图 7-7），主要表现在 $e_h(t)$ 具有阶梯形状，采样周期取得越小，上述差别也就越小。

零阶保持器输出 $e_h(t)$ 的平均响应为 $e[t-(T/2)]$，表明输出比输入在时间上要滞后 $T/2$，如图 7-7 中虚线所示。相当于给系统增加了一个延迟环节，使系统总的相角滞后增大，对系统稳定性不利。

式(7-4)还表明，零阶保持过程是由理想脉冲 $e(kT)\delta(t-kT)$ 作用的结果。如果给零阶保持器以理想单位脉冲 $\delta(t)$ 激励，则其单位脉冲响应是

图 7-7　零阶保持器框图

一个幅值为 1、持续时间为 $T$ 的矩形脉冲，并可表示成为两个阶跃函数的叠加：

$$e_h(t)=1(t)-1(t-T) \tag{7-5}$$

式(7-5)也可用图 7-8 来说明。

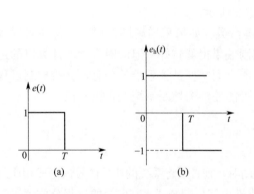

图 7-8　零阶保持器的时域特性

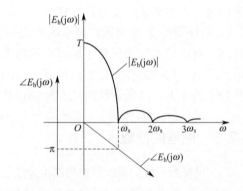

图 7-9　零阶保持器的幅频与相频特性

对式(7-5)取拉普拉斯变换，可得零阶保持器的传递函数为

$$E_h(s)=\frac{1}{s}-\frac{e^{-Ts}}{s}=\frac{1-e^{-Ts}}{s} \tag{7-6}$$

零阶保持器的频率特性为

$$E_h(j\omega)=\frac{1-e^{-j\omega T}}{j\omega}=\frac{2e^{-j\omega T/2}(e^{j\omega T/2}-e^{-j\omega T/2})}{2j\omega}=T\frac{\sin(\omega T/2)}{\omega T/2}e^{-j\omega T/2} \tag{7-7}$$

若以采样频率 $\omega_s = 2\pi/T$ 来表示，式(7-7) 可表示成

$$E_h(j\omega) = \frac{2\pi}{\omega_s} \times \frac{\sin\pi(\omega/\omega_s)}{\pi(\omega/\omega_s)} e^{-j\pi\omega/\omega_s} \tag{7-8}$$

由图 7-9 知，零阶保持器的幅值随频率的增大而快速地衰减，说明零阶保持器是具有高频衰减特性的低通滤波器，$\omega \rightarrow 0$ 时的幅值为 $T$。由相频特性可见，零阶保持器要产生相角滞后，且随 $\omega$ 的增大而加大，在 $\omega = \omega_s$ 处，相角滞后达 $-180°$，这将使闭环系统稳定性变差。

## 7.3　Z 变换理论

$Z$ 变换的思想来源于连续系统。在分析连续时间线性系统的动态和稳态特性时，采用拉普拉斯变换，将系统时域的微分方程转换成 $s$ 域的代数方程，并得到系统的传递函数，从而便于分析系统的性能。与此相似，在分析离散时间系统的性能时，可使用 $Z$ 变换建立离散时间线性系统的脉冲传递函数，进而分析系统的性能。$Z$ 变换又称为离散拉普拉斯变换，是分析离散系统的重要数学工具。

### 7.3.1　Z 变换定义

对离散函数 $e^*(t) = \sum\limits_{k=0}^{+\infty} e(kT)\delta(t-kT)$ 求拉普拉斯变换，得

$$L[e^*(t)] = X^*(s) = L\left[\sum_{k=0}^{+\infty} e(kT)\delta(t-kT)\right] = \int_0^{+\infty} \left[\sum_{k=0}^{+\infty} e(kT)\delta(t-kT)\right] e^{-st} dt$$

$$= \sum_{k=0}^{+\infty} e(kT) \int_0^{+\infty} \delta(t-kT) e^{-st} dt = \sum_{k=0}^{+\infty} e(kT) e^{-kTs} \tag{7-9}$$

式中，$e^{-kTs}$ 为超越函数。引入新变量 $z = e^{Ts}$，则有

$$E(z) = \sum_{k=0}^{+\infty} e(kT) z^{-k} \tag{7-10}$$

$E(z)$ 称作离散函数 $e^*(t)$ 的 $Z$ 变换。在 $Z$ 变换中，考虑的是连续时间信号经采样后的离散时间信号，即连续时间函数在采样时刻的采样值，而不考虑采样时刻之间的值。

$e^*(t)$ 的 $Z$ 变换可记为

$$E(z) = Z[e^*(t)] \tag{7-11}$$

### 7.3.2　Z 变换的性质

$Z$ 变换有一些基本定理，可以使 $Z$ 变换的应用变得简单和方便，在许多方面与拉普拉斯变换的基本定理有相似之处。

（1）线性定理

设 $Z[x_1(t)] = X_1(z)$，$Z[x_2(t)] = X_2(z)$，则有

$$Z[ax_1(t) \pm bx_2(t)] = aX_1(z) \pm bX_2(z) \quad (a, b \text{ 为常数}) \tag{7-12}$$

该定理运用 $Z$ 变换定义不难证明。

（2）实数位移定理

如果连续函数 $x(t)$ 在 $t<0$ 时 $x(t)=0$，且 $Z[x(t)]=X(z)$，则

$$Z[x(t-nT)]=z^{-n}X(z) \tag{7-13}$$

$$Z[x(t+nT)]=z^n\left[X(z)-\sum_{k=1}^{n-1}x(kT)z^{-k}\right] \tag{7-14}$$

式(7-13) 称为延迟定理；式(7-14) 称为超前定理。

（3）复数位移定理

如果 $Z[x(t)]=X(z)$，则有

$$Z[\mathrm{e}^{\pm at}x(t)]=X(z\mathrm{e}^{\mp aT}) \tag{7-15}$$

式中，$a$ 为常数。

（4）初值定理

如果 $Z[x(t)]=X(z)$，且 $\lim\limits_{z\to\infty}X(z)$ 存在，则有

$$x(0)=\lim_{t\to 0}x(t)=\lim_{k\to 0}x(kT)=\lim_{z\to\infty}X(z) \tag{7-16}$$

（5）终值定理

如果 $Z[x(t)]=X(z)$，且 $X(z)$ 的极点位于 $z$ 平面的单位圆内，则有

$$x(\infty)=\lim_{t\to\infty}x(t)=\lim_{k\to\infty}x(kT)=\lim_{z\to 1}(z-1)X(z) \tag{7-17}$$

上述 $Z$ 变换性质的证明，请参考相关书籍，此处证明略。

## 7.3.3  Z 变换方法

求取离散函数的 $Z$ 变换有多种方法，下面只介绍其中最常用的 3 种方法。

（1）级数求和法

将式(7-10) 展开：

$$E(z)=e(0)z^0+e(T)z^{-1}+e(2T)z^{-2}+e(3T)z^{-3}+\cdots+e(kT)z^{-k}+\cdots \tag{7-18}$$

式中，$e(kT)$ 表示采样脉冲的幅值，$z^{-k}$ 表示相应的采样时刻。所以，$E(z)$ 中包含了信号的量值和时间信息。这种级数展开式具有无穷多项，是开放的，如果不能写成闭式，是很难应用的。一些常用函数的 $Z$ 变换的技术展开式可以写成闭式的形式。

[例 7-1]  连续时间函数 $e(t)=a^t(t\geqslant 0)$，按周期 $T=1$ 进行采样，可得 $e(n)=a^n$，$(n\geqslant 0)$。试求 $E(z)$。

[解]  按 $Z$ 变换的定义有

$$E(z)=\sum_{n=0}^{+\infty}e(nT)z^{-n}=\sum_{n=0}^{+\infty}(az^{-1})^n=1+az^{-1}+(az^{-1})^2+(az^{-1})^3+\cdots$$

若 $|z|>|a|$，则无穷级数是收敛的，利用等比级数求和公式，可得闭合形式为

$$E(z)=\frac{1}{1-az^{-1}}=\frac{z}{z-a},|z|>|a|$$

[例 7-2]  试求衰减的指数函数 $\mathrm{e}^{-at}(a>0)$ 的 $Z$ 变换。

[解]  将 $\mathrm{e}^{-at}$ 在各采样时刻上的采样值 1，$\mathrm{e}^{-aT}$，$\mathrm{e}^{-2aT}$，$\cdots$，$\mathrm{e}^{-kaT}\cdots$代入式(7-18)中，可得

$$Z[\mathrm{e}^{-at}]=1+\mathrm{e}^{-aT}z^{-1}+\mathrm{e}^{-2aT}z^{-2}+\cdots+\mathrm{e}^{-kaT}z^{-k}+\cdots$$

若 $|e^{aT}z|>1$，则上式可写成闭式的形式，即

$$Z[e^{-at}]=\frac{1}{1-e^{-aT}z^{-1}}=\frac{z}{z-e^{-aT}}$$

**[例 7-3]** 试求单位阶跃函数 $1(t)$ 的 $Z$ 变换。

**[解]** 因为 $1(t)$ 在任何采样时刻的值均为 1，即

$$1(kT)=1,k=0,1,2\cdots$$

将上式代入式(7-18)，可得

$$1(z)=1+z^{-1}+z^{-2}+\cdots+z^{-k}+\cdots$$

上式中，若 $|z|>1$，则上式可写成闭式的形式，即

$$Z[1(t)]=1(z)=\frac{1}{1-z^{-1}}=\frac{z}{z-1}$$

**[例 7-4]** 试求理想脉冲序列 $\delta_T(t)=\sum\limits_{k=0}^{+\infty}\delta(t-kT)$ 的 $Z$ 变换。

**[解]** 因为 $T$ 为采样周期，所以

$$x^*(t)=\delta_T(t)=\sum_{k=0}^{+\infty}\delta(t-kT)$$

$$X^*(s)=L[x^*(t)]=\sum_{k=0}^{+\infty}e^{-kTs}$$

因此，理想脉冲序列的级数展开式为

$$Z[\delta_T(t)]=1+z^{-1}+z^{-2}+\cdots$$

将上式写成闭合形式，可得

$$Z[\delta_T(t)]=\frac{1}{1-z^{-1}}=\frac{z}{z-1}$$

**[例 7-5]** 试求正弦函数 $x(t)=\sin\omega t$ 的 $Z$ 变换。

**[解]** 因为 $\sin\omega t=\dfrac{e^{j\omega t}-e^{-j\omega t}}{2j}$，所以有

$$Z[\sin\omega t]=Z\left[\frac{e^{j\omega t}-e^{-j\omega t}}{2j}\right]=\frac{1}{2j}(Z[e^{j\omega t}]-Z[e^{-j\omega t}])$$

$$=\frac{1}{2j}\left(\frac{z}{z-e^{j\omega T}}-\frac{z}{z-e^{-j\omega T}}\right)=\frac{1}{2j}\times\frac{z(e^{j\omega T}-e^{-j\omega T})}{z^2-(e^{j\omega T}+e^{-j\omega T})+1}$$

$$=\frac{z\sin\omega T}{z^2-2z\cos\omega T+1}$$

综上可知，通过级数求和法求取已知函数 $Z$ 变换的缺点在于：需要将无穷级数写成闭合形式。在某些情况下需要很高的技巧。$Z$ 变换的无穷级数形式［式(7-18)］的优点在于具有鲜明的物理含义。

(2) 部分分式法

设连续函数 $x(t)$ 的拉普拉斯变换为 $X(s)$，并具有如下形式：

$$X(s)=\frac{M(s)}{N(s)}=\frac{b_m s^m+b_{m-1}s^{m-1}+\cdots+b_0}{a_n s^n+a_{n-1}s^{n-1}+\cdots+a_0},n\geqslant m \tag{7-19}$$

首先将式(7-19)展开为部分分式和的形式，即

$$X(s) = \sum_{i=1}^{n} \frac{A_i}{s - p_i} \tag{7-20}$$

式中，$p_i$ 为 $X(s)$ 的极点；$A_i$ 为待定系数。式(7-20) 中的每一项对应简单的时间函数；然后分别求出每一项的 $Z$ 变换，最后通分化简，就可求出 $x(t)$ 的 $Z$ 变换 $X(z)$。

**[例 7-6]**　利用部分分式法求取正弦函数 $\sin\omega t$ 的 $Z$ 变换。

**[解]**　已知 $L[\sin\omega t] = \dfrac{\omega}{s^2 + \omega^2}$，将 $\dfrac{\omega}{s^2 + \omega^2}$ 分解成部分分式和的形式，即

$$L[\sin\omega t] = -\frac{1}{2j} \times \frac{1}{s + j\omega} + \frac{1}{2j} \times \frac{1}{s - j\omega}$$

由于拉普拉斯变换 $\dfrac{1}{s \pm j\omega}$ 的原函数为 $e^{-(\pm j\omega)t}$；再根据衰减指数函数的 $Z$ 变换可求得上式的 $Z$ 变换为

$$Z[\sin\omega t] = -\frac{1}{2j} \times \frac{z}{z - e^{-j\omega t}} + \frac{1}{2j} \times \frac{z}{z - e^{j\omega t}} = \frac{z \sin\omega T}{z^2 - (2\cos\omega T)z + 1}$$

**[例 7-7]**　已知连续函数 $x(t)$ 的拉普拉斯变换为 $X(s) = \dfrac{a}{s(s + a)}$，求其 $Z$ 变换。

**[解]**　将 $X(s)$ 展开如下部分分式：

$$X(s) = \frac{a}{s(s + a)} = \frac{1}{s} - \frac{1}{s + a}$$

对上式逐项取拉普拉斯反变换，可得

$$x(t) = 1 - e^{-at}$$

根据求得的时间函数，逐项写出相应的 $Z$ 变换，得

$$X(z) = \frac{z}{z - 1} - \frac{z}{z - e^{-aT}} = \frac{z(1 - e^{-aT})}{z^2 - (1 - e^{-aT})z + e^{-aT}}$$

（3）留数计算法

若已知连续函数 $x(t)$ 的拉普拉斯变换 $X(s)$ 及全部极点 $s_i(i = 1, 2, 3\cdots, n)$，则 $x(t)$ 的 $Z$ 变换 $X(z)$ 可通过留数计算公式求得：

$$X(z) = \sum_{i=1}^{n} \text{Res}\left[\frac{zX(s)}{z - e^{Ts}}\right]_{s = s_i} \tag{7-21}$$

若 $s_i$ 为 $X(s)$ 的单极点，则

$$\text{Res}\left[X(s)\frac{zX(s)}{z - e^{Ts}}\right]_{s = s_i} = \lim_{s \to s_i}\left[X(s)(s - s_i)\frac{zX(s)}{z - e^{Ts}}\right] \tag{7-22}$$

若 $X(s)$ 在 $s_i$ 处具有 $r$ 个重极点，则

$$\text{Res}\left[\frac{zX(s)}{z - e^{Ts}}\right]_{s = s_i} = \frac{1}{(r-1)!}\lim_{s \to s_i}\frac{d^{r-1}}{ds^{r-1}}\left[(s - s_i)^r \frac{zX(s)}{z - e^{sT}}\right] \tag{7-23}$$

**[例 7-8]**　求 $x(t) = t$ 的 $Z$ 变换。

**[解]**　由于 $X(s) = L[t] = \dfrac{1}{s^2}$，所以 $s_1 = 0$，$r_1 = 2$，根据式(7-23) 计算 $X(z)$，即

$$X(z) = \frac{1}{(2-1)!} \times \frac{d}{ds}\left[s^2 \frac{1}{s^2} \times \frac{z}{z - e^{Ts}}\right]_{s = 0} = \frac{Tz}{(z - 1)^2}$$

[**例 7-9**]  设连续函数 $x(t)$ 的拉氏变换为 $X(s)=\dfrac{s+3}{(s+1)(s+2)}$，用留数法求 $x(t)$ 的 $Z$ 变换。

[**解**]  $X(s)$ 均为单极点，即 $s_1=-1,s_2=-2$，则

$$
\begin{aligned}
X(z) &= \mathrm{Res}\left[\frac{zX(s)}{z-\mathrm{e}^{Ts}}\right]_{s=-1} + \mathrm{Res}\left[\frac{zX(s)}{z-\mathrm{e}^{Ts}}\right]_{s=-2} \\
&= \lim_{s\to-1}\left[(s+1)\frac{zX(s)}{z-\mathrm{e}^{Ts}}\right] + \lim_{s\to-2}\left[(s+2)\frac{zX(s)}{z-\mathrm{e}^{Ts}}\right] \\
&= \lim_{s\to-1}\left[\frac{(s+3)z}{(s+2)(z-\mathrm{e}^{Ts})}\right] + \lim_{s\to-2}\left[\frac{(s+3)z}{(s+1)(z-\mathrm{e}^{Ts})}\right] \\
&= \frac{2z}{z-\mathrm{e}^{-T}} - \frac{z}{z-\mathrm{e}^{-2T}} = \frac{z\left[z+(\mathrm{e}^{-T}-2\mathrm{e}^{-2T})\right]}{z^2-(\mathrm{e}^{-T}+\mathrm{e}^{-2T})z+\mathrm{e}^{-3T}}
\end{aligned}
$$

常用函数的 $Z$ 变换及相应的拉普拉斯变换如表 7-1 所示。这些函数的 $Z$ 变换都是 $z$ 的有理分式，且分母多项式的次数大于或等于分子多项式的次数。表中各 $Z$ 变换的有理分式中，分母 $z$ 多项式的最高次数与相应的传递函数分母 $s$ 多项式的最高次数相等。

**表 7-1**  变换表

| $X(s)$ | $x(t)$ 或 $x(k)$ | $X(z)$ | $X(s)$ | $x(t)$ 或 $x(k)$ | $X(z)$ |
|---|---|---|---|---|---|
| $1$ | $\delta(t)$ | $1$ | $\dfrac{a}{s(s+a)}$ | $1-\mathrm{e}^{-at}$ | $\dfrac{(1-\mathrm{e}^{-aT})z}{(z-1)(z-\mathrm{e}^{-aT})}$ |
| $\mathrm{e}^{-kTs}$ | $\delta(t-kT)$ | $z^{-k}$ | $\dfrac{\omega}{s^2+\omega^2}$ | $\sin\omega t$ | $\dfrac{z\sin\omega T}{z^2-2z\cos\omega T+1}$ |
| $\dfrac{1}{s}$ | $1(t)$ | $\dfrac{z}{z-1}$ | $\dfrac{s}{s^2+\omega^2}$ | $\cos\omega t$ | $\dfrac{z(z-\cos\omega T)}{z^2-2z\cos\omega T+1}$ |
| $\dfrac{1}{s^2}$ | $t$ | $\dfrac{Tz}{(z-1)^2}$ | $\dfrac{1}{(s+a)^2}$ | $T\mathrm{e}^{-at}$ | $\dfrac{Tz\mathrm{e}^{-aT}}{(z-\mathrm{e}^{-aT})^2}$ |
| $\dfrac{2}{s^3}$ | $t^2$ | $\dfrac{T^2z(z+1)}{(z-1)^3}$ | $\dfrac{\omega}{(s+a)^2+\omega^2}$ | $\mathrm{e}^{-at}\sin\omega t$ | $\dfrac{z\mathrm{e}^{-aT}\sin\omega T}{z^2-2z\mathrm{e}^{-aT}\cos\omega T+\mathrm{e}^{-2aT}}$ |
| $\dfrac{1}{s+a}$ | $\mathrm{e}^{-at}$ | $\dfrac{z}{z-\mathrm{e}^{-aT}}$ | $\dfrac{s+a}{(s+a)^2+\omega^2}$ | $\mathrm{e}^{-at}\cos\omega t$ | $\dfrac{z^2-z\mathrm{e}^{-aT}\cos\omega T}{z^2-2z\mathrm{e}^{-aT}\cos\omega T+\mathrm{e}^{-2aT}}$ |
|  | $a^k$ | $\dfrac{z}{z-a}$ |  |  |  |

### 7.3.4  Z 反变换方法

从函数 $X(z)$ 求出原函数 $x^*(t)$ 或采样时刻值的一般表达式 $x(nT)$ 的过程称为 $Z$ 反变换，记为 $Z^{-1}[X(z)]$。下面介绍 3 种常用求 $Z$ 反变换的方法。

(1) 长除法

由函数的 $Z$ 变换表达式，直接利用长除法求出按 $z^{-1}$ 升幂排列的级数形式，再经过拉普拉斯反变换，求出原函数的脉冲序列。

设 $X(z)$ 的一般表达式为

$$
X(z)=\frac{b_mz^m+b_{m-1}z^{m-1}+\cdots+b_0}{a_0z^n+a_{n-1}z^{n-1}+\cdots+a_0}, n\geqslant m \tag{7-24}
$$

将式(7-24)展开成 $z^{-1}$ 的无穷级数，即

$$X(z) = \sum_{k=0}^{+\infty} x(kT)z^{-k} = x(0) + x(T)z^{-1} + x(2T)z^{-2} + \cdots + x(kT)z^{-k} + \cdots$$

$$(7\text{-}25)$$

根据滞后定理，对 $X(z)$ 求反变换，得采样后的离散信号 $x^*(t)$。

$$x^*(t) = x(0)\delta(t) + x(T)\delta(t-T) + x(2T)\delta(t-2T) + \cdots \qquad (7\text{-}26)$$

[例 7-10]　求 $X(z) = \dfrac{1}{1-0.5z^{-1}}$ 的 $Z$ 反变换。

[解]　用长除法将 $X(z)$ 展开为无穷级数形式：

$$
\begin{array}{r}
1+0.5z^{-1}+0.25z^{-2}+0.125z^{-3}+\cdots \\
\hline
1-0.5z^{-1} \,\big)\, 1 \qquad\qquad\qquad\qquad\qquad \\
\underline{1-0.5z^{-1}} \qquad\qquad\qquad\quad \\
0.5z^{-1} \qquad\qquad\qquad\quad \\
\underline{0.5z^{-1}-0.25z^{-2}} \qquad\quad \\
0.25z^{-2} \qquad\qquad\quad \\
\underline{0.25z^{-2}-0.125z^{-3}} \quad \\
0.125z^{-3} \\
\vdots
\end{array}
$$

$$X(z) = x(0) + x(T)z^{-1} + x(2T)z^{-2} + x(3T)z^{-3} + \cdots$$

$$= 1 + 0.5z^{-1} + 0.25z^{-2} + 0.125z^{-3} + \cdots$$

相应的脉冲序列为

$$x^*(t) = 1\delta(t) + 0.5\delta(t-T) + 0.25\delta(t-2T) + 0.125\delta(t-3T) + \cdots$$

（2）部分分式法

部分分式法求取 $Z$ 反变换的过程，与部分分式法求取拉普拉斯反变换相似。由于 $Z$ 变换的分子上通常含有 $z$，为了便于求 $Z$ 反变换，应将 $X(z)/z$ 展开为部分分式，然后将所得到展开式的每一项都乘 $z$，即得到 $X(z)$ 的展开式。最后分别对 $X(z)$ 的展开式每一项求反变换。

[例 7-11]　求 $X(z) = \dfrac{10z}{(z-1)(z-2)}$ 的 $Z$ 反变换。

[解]　先求 $\dfrac{X(z)}{z} = \dfrac{10}{(z-1)(z-2)} = \dfrac{-10}{z-1} + \dfrac{10}{z-2}$，由此可得 $X(z) = \dfrac{-10z}{z-1} + \dfrac{10z}{z-2}$

由查表可知

$$Z^{-1}\left[\frac{z}{z-1}\right] = 1,\; Z^{-1}\left[\frac{z}{z-2}\right] = 2^k$$

因此

$$x(kT) = 10(-1+2^k),\, k=0,1,2\cdots \text{ 或 } x^*(t) = 10\sum_{k=0}^{+\infty}(-1+2^k)\delta(t-kT)$$

（3）留数计算法

留数法又称反演积分法。在实际问题中遇到的 $Z$ 变换函数 $E(z)$，除了有理分式外，也可能是超越函数，此时无法应用部分分式法及幂级数法来求 $Z$ 反变换，只能采用留数法。

当然，留数法对 $X(z)$ 为有理分式的情形也适用。$X(z)$ 的幂级数展开形式为 $X(z)=\sum_{n=0}^{+\infty}x(nT)z^{-n}$。设函数 $X(z)z^{n-1}$ 除有限个极点 $z_1$，$z_2$，$\cdots$，$z_k$ 外，在 $z$ 域上是解析的，则有反演积分公式为

$$x(nT)=\frac{1}{2\pi\mathrm{j}}\oint_\Gamma X(z)z^{n-1}\mathrm{d}z=\sum_{i=1}^k\mathrm{Res}[X(z)z^{n-1}]_{z\to z_i} \tag{7-27}$$

式中，$\mathrm{Res}[X(z)z^{n-1}]_{z\to z_i}$ 表示函数 $X(z)z^{n-1}$ 在极点 $z_i$ 处的留数。留数计算方法如下。

若 $z_i(i=0,1,2,\cdots,k)$ 为单极点，则

$$\mathrm{Res}[X(z)z^{n-1}]_{z\to z_i}=\lim_{z\to z_i}[(z-z_i)X(z)z^{n-1}] \tag{7-28}$$

若 $z_i$ 为 $m$ 阶重极点，则

$$\mathrm{Res}[X(z)z^{n-1}]_{z\to z_i}=\frac{1}{(z-1)!}\left\{\frac{\mathrm{d}^{m-1}}{\mathrm{d}z^{m-1}}[(z-z_i)^m X(z)z^{n-1}]\right\}_{z=z_i} \tag{7-29}$$

[**例 7-12**]　设 $X(z)=\dfrac{10z}{(z-1)(z-2)}$，试用留数法求 $x(nT)$。

[**解**]　根据式(7-27)，有

$$\begin{aligned}
x(nT)&=\sum\mathrm{Res}\left[\frac{10z}{(z-1)(z-2)}z^{n-1}\right]\\
&=\left[\frac{10z^n}{(z-1)(z-2)}(z-1)\right]_{z=1}+\left[\frac{10z^n}{(z-1)(z-2)}(z-2)\right]_{z=2}\\
&=-10+10\times2^n=10(-1+2^n)\qquad n=0,1,2\cdots
\end{aligned}$$

## 7.4　离散控制系统的数学描述

系统的数学模型是描述系统中各变量之间相互关系的数学表达式。分析连续时间系统时，一般采用微分方程来描述系统输入变量与输出变量之间的关系。而在分析研究离散时间系统时，需建立系统的数学表达式，可以采用差分方程描述在离散的时间点上（即采样时刻），输入离散时间信号与输出离散时间信号之间的相互关系。

### 7.4.1　差分的定义

离散函数两离散值之差称为差分。差分可分为前向差分和后向差分。差分的图示如图 7-10 所示。图中，令 $T=1\mathrm{s}$。前向差分的定义如下。

一阶前向差分为

$$\Delta e(k)=e(k+1)-e(k) \tag{7-30}$$

二阶前向差分为

$$\begin{aligned}
\Delta^2e(k)&=\Delta[\Delta e(k)]=\Delta[e(k+1)-e(k)]\\
&=\Delta e(k+1)-\Delta e(k)\\
&=e(k+2)-e(k+1)-e(k+1)+e(k)\\
&=e(k+2)-2e(k+1)+e(k)
\end{aligned} \tag{7-31}$$

$n$ 阶前向差分为

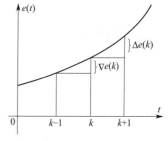

图 7-10　差分的图示

$$\Delta^n e(k) = \Delta^{n-1} e(k+1) - \Delta^{n-1} e(k) \tag{7-32}$$

同理可得后向差分的定义如下。

一阶后向差分为

$$\nabla e(k) = e(k) - e(k-1) \tag{7-33}$$

二阶后向差分为

$$\nabla^2 e(k) = \nabla[\nabla e(k)] = \nabla[e(k) - e(k-1)] = \nabla e(k) - \nabla e(k-1)$$
$$= e(k) - e(k-1) - e(k-1) + e(k-2) = e(k) - 2e(k-1) + e(k-2) \tag{7-34}$$

$n$ 阶后向差分为

$$\nabla^n e(k) = \nabla^{n-1} e(k) - \nabla^{n-1} e(k-1) \tag{7-35}$$

## 7.4.2　差分方程

若 $e(k)$ 的离散方程中含有 $e(k)$ 的差分，则此方程称为差分方程。对于一般线性离散系统，$k$ 时刻的输出 $x_0(k)$ 既与 $k$ 时刻的输入 $x_i(k)$ 有关，也与 $k$ 时刻以前的输入 $x_i(k-1)$，$x_i(k-2)$ … 有关，还与 $k$ 时刻以前的输出 $x_0(k-1)$，$x_0(k-2)$ … 有关。这种关系可用 $n$ 阶差分方程来描述。

$$a_n x_0(k+n) + a_{n-1} x_0(k+n-1) + \cdots + a_1 x_0(k+1) + x_0(k)$$
$$= b_m x_i(k+m) + b_{m-1} x_i(k+m-1) + \cdots + b_1 x_i(k+1) + x_i(k) \tag{7-36}$$

式(7-36) 可表示成

$$x_0(k) = -\sum_{i=1}^{n} a_i x_0(k+i) + \sum_{j=0}^{m} b_j x_i(k+j), n \geqslant m \tag{7-37}$$

式中，$a_i$ 和 $b_j$ 均为常数。

## 7.4.3　差分方程的解法

常系数线性差分方程的解法有两种：一种是迭代法；另一种是 $Z$ 变换法。

(1) 迭代法

迭代法非常适合在计算机上求解，已知差分方程并且给定输入序列和输出序列的初值，则可以利用差分方程式本身的递推关系一步一步地计算出输出序列。

[例 7-13]　已知差分方程为 $c(k) - 3c(k-1) + 6c(k-2) = r(k)$，输入为 $r(k) = 1(k) = 1$，$(k=1,2\cdots)$；初始条件为 $c(0) = 0, c(1) = 1$。试用迭代法求输出序列 $c(k)$ $(k=0,1,2\cdots)$。

[解]　按题意给出的差分方程可得递推关系为

$$c(k) = 3c(k-1) - 6c(k-2) + r(k)$$

根据初始条件，得

$$k=2 \quad c(2) = 3c(1) - 6c(0) + r(2) = 4$$
$$k=3 \quad c(3) = 3c(2) - 6c(1) + r(3) = 7$$
$$k=4 \quad c(4) = 3c(3) - 6c(2) + r(4) = -2$$
$$\cdots \quad \cdots \quad \cdots \quad \cdots \quad \cdots \quad \cdots$$

即　　　　　　$$c(0) = 0, c(1) = 1, c(2) = 4, c(3) = 7, c(4) = -2 \cdots$$

总之，迭代法是一种递推原理，是根据前 $n$ 个时刻的输入输出数据来获得当前时刻的值，将来时刻的数据是不能提前得到的，而且不容易得出输出在采样时刻值的一般项表达式。

（2）$Z$ 变换法

用变换法解差分方程的实质和用拉普拉斯变换解微分方程类似，对差分方程两端取 $Z$ 变换，并利用 $Z$ 变换的超前定理，得到以 $z$ 为变量的代数方程，然后对代数方程的解 $C(z)$ 取 $Z$ 反变换，求得输出序列 $c(k)$。

**[例 7-14]**　用 $Z$ 变换法解二阶差分方程 $c(k+2)+3c(k+1)+2c(k)=0$，设初始条件 $c(0)=0, c(1)=1$。

**[解]**　对差分方程的两端取 $Z$ 变换，根据超前定理得

$$Z[c(k+2)]=z^2 C(z)-z^2 c(0)-z c(1)=z^2 C(z)-z$$

$$Z[c(k+1)]=z C(z)-z c(0)=z C(z)$$

$$Z[c(k)]=C(z)$$

利用上式将差分方程转换为 $Z$ 的代数方程为 $(z^2+3z+2)C(z)=z$，因此 $C(z)$ 为

$$C(z)=\frac{z}{z^2+3z+2}=\frac{z}{z+1}-\frac{z}{z+2}$$

对上式进行 $Z$ 反变换，得

$$c(k)=Z^{-1}[C(z)]=(-1)^k-(-2)^k, \ k=0,1,2\cdots$$

### 7.4.4　脉冲传递函数

（1）脉冲传递函数的定义

设离散系统如图 7-11 所示，如果系统的输入信号为 $r(t)$，采样信号 $r^*(t)$ 的 $Z$ 变换函数为 $R(z)$，系统连续部分的输出为 $c(t)$，采样信号 $c^*(t)$ 的 $Z$ 变换函数为 $C(z)$，则线性定常离散系统的脉冲传递函数定义为：在零初始条件下，系统输出采样信号的 $Z$ 变换 $C(z)$ 与输入采样信号的 $Z$ 变换 $R(z)$ 之比，记作

$$G(z)=\frac{C(z)}{R(z)}=\frac{\displaystyle\sum_{n=0}^{+\infty}c(nT)z^{-n}}{\displaystyle\sum_{n=0}^{+\infty}r(nT)z^{-n}} \tag{7-38}$$

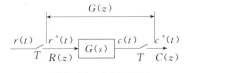
图 7-11　离散系统

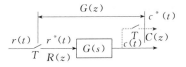
图 7-12　开环采样系统

所谓零初始条件，是指在 $t<0$ 时，输入脉冲序列各采样值 $r(-T), r(-2T)\cdots$ 以及输出脉冲序列各采样值 $c(-T), c(-2T)\cdots$ 均为零。

式（7-38）表明，如果已知 $R(z)$ 和 $G(z)$，则在零初始条件下，线性定常离散系统的输出采样信号为

$$c(nT)=Z^{-1}[C(z)]=Z^{-1}[G(z)R(z)] \tag{7-39}$$

输出是连续信号 $c(t)$ 的情况下，如图 7-12 所示。可以在系统输出端虚设一个开关，如图中虚线所示，它与输入采样开关同步工作，具有相同的采样周期。如果系统的实际输出 $c(t)$ 比较平

滑，且采样频率较高，则可用 $c^*(t)$ 近似描述 $c(t)$。必须指出，虚设的采样开关是不存在的，它只表明了脉冲传递函数所能描述的输出连续函数 $c(t)$ 在采样时刻的离散值 $c^*(t)$。

（2）串联环节的开环脉冲传递函数

当开环离散系统由几个环节串联组成时，其脉冲传递函数的求法与连续系统情况不完全相同。即使两个开环离散系统的组成环节完全相同，但是由于采样开关的数目和位置不同，所求的开环脉冲传递函数也是截然不同的。离散系统中总的脉冲传递函数可归纳为两种典型形式，即串联环节之间有采样开关（图 7-13）和串联环节之间无采样开关（图 7-14）。

图 7-13  串联环节间有采样开关          图 7-14  串联环节间无采样开关

① 串联环节之间有采样开关。

当串联环节 $G_1(s)$ 和 $G_2(s)$ 之间有采样开关时，由脉冲传递函数定义可知

$$D(z)=G_1(z)R(z)，C(z)=G_2(z)D(z)$$

其中，$G_1(z)$ 和 $G_2(z)$ 分别为 $G_1(s)$ 和 $G_2(s)$ 的脉冲传递函数。则

$$C(z)=G_2(z)G_1(z)R(z)$$

可以得到串联环节的脉冲传递函数为

$$G(z)=\frac{C(z)}{R(z)}=G_1(z)G_2(z) \tag{7-40}$$

上式标明，当串联环节之间有采样开关时，脉冲传递函数等于两个环节脉冲传递函数的乘积。同理可知，$n$ 个串联环节间都有采样开关时，脉冲传递函数等于各环节脉冲传递函数的乘积。

② 串联环节之间无采样开关。

当串联环节 $G_1(s)$ 和 $G_2(s)$ 之间没有理想采样开关时，系统的传递函数为

$$G(s)=G_1(s)G_2(s)$$

由脉冲传递函数定义可知

$$G(z)=\frac{C(z)}{R(z)}=Z[G_1(s)G_2(s)]=G_1G_2(z) \tag{7-41}$$

上式表明，当串联环节之间没有采样开关时，脉冲传递函数等于两个环节的连续传递函数乘积的 $Z$ 变换。同理可知，$n$ 个串联环节间都没有采样开关时，脉冲传递函数等于各环节的连续传递函数乘积的 $Z$ 变换。

显然，$G_1(z)G_2(z) \neq G_1G_2(z)$。从上面的分析我们可以得出结论：在串联环节之间有无采样开关，脉冲传递函数是不相同的。

**［例 7-15］**  设开环离散系统如图 7-13、图 7-14 所示，$G_1(s)=1/s，G_2(s)=a/(s+a)$，输入信号 $r(t)=1(t)$，试求两种系统的脉冲传递函数 $G(z)$ 和输出的 $Z$ 变换 $C(z)$。

**［解］**  因为输入 $r(t)=1(t)$ 的 $Z$ 变换为 $R(z)=\dfrac{z}{z-1}$，对图 7-13 所示系统：

$$G_1(z)=Z\left[\frac{1}{s}\right]=\frac{z}{z-1}，G_2(z)=Z\left[\frac{a}{s+a}\right]=\frac{az}{z-\mathrm{e}^{-aT}}$$

因此，有

$$G(z) = G_1(z)G_2(z) = \frac{az^2}{(z-1)(z-e^{-aT})}$$

$$C(z) = G(z)R(z) = \frac{az^3}{(z-1)^2(z-e^{-aT})}$$

对图 7-14 所示系统：

$$G_1(s)G_2(s) = \frac{a}{s(s+a)}$$

$$G(z) = G_1G_2(z) = Z\left[\frac{a}{s(s+a)}\right] = \frac{z(1-e^{-aT})}{(z-1)(z-e^{-aT})}$$

$$C(z) = G(z)R(z) = \frac{z^2(1-e^{-aT})}{(z-1)^2(z-e^{-aT})}$$

显然，在串联环节之间有无采样开关时，其总的脉冲传递函数和输出 $Z$ 变换是不相同的。但是，不同之处仅表现在其开环零点不同，极点仍然一样。

（3）闭环系统的脉冲传递函数

由于采样开关在闭环系统中可能存在于多个位置，因此闭环离散系统没有唯一的结构形式。下面介绍几种常用的闭环系统的脉冲传递函数。

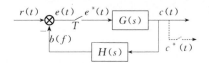

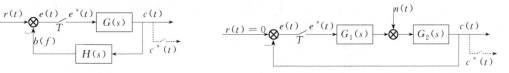

图 7-15　闭环离散系统　　　　　图 7-16　扰动输入时的闭环离散系统

① 设闭环离散系统如图 7-15 所示。图中虚线所示的理想采样开关是为了便于分析而虚设的，并且所有采样开关都是同步工作的。在系统中，误差信号是采样的。由方框图可得

$$E(z) = R(z) - B(z)$$

$$B(z) = GH(z)E(z)$$

式中，$E(z)$、$R(z)$、$B(z)$ 分别是 $e(t)$、$r(t)$、$b(t)$ 经采样后脉冲序列的 $Z$ 变换；$GH(z)$ 为环节串联且环节之间无采样器时的脉冲传递函数，它是 $G(s)H(s)$ 的 $Z$ 变换。由以上两式可求得

$$E(z) = \frac{R(z)}{1+GH(z)} \tag{7-42}$$

系统输出的 $Z$ 变换为 $C(z) = G(z)E(z)$，即

$$C(z) = \frac{G(z)R(z)}{1+GH(z)} \tag{7-43}$$

$$\frac{C(z)}{R(z)} = \frac{G(z)}{1+GH(z)} \tag{7-44}$$

式(7-44) 的为图 7-15 所示闭环离散系统的脉冲传递函数。由式(7-42) 和式(7-43) 可分别求出采样时刻的误差值和输出值。

② 设扰动输入时的闭环离散系统如图 7-16 所示。下面讨论系统的连续部分有扰动输入 $n(t)$ 时的脉冲传递函数。此时假设给定输入信号为零，即 $r(t)=0$。由方框图得到

$$C(z) = NG_2(z) + G_1G_2(z)E(z)$$

$$E(z) = -C(z)$$

由以上两式可求得

$$C(z) = \frac{NG_2(z)}{1+G_1G_2(z)} \tag{7-45}$$

式中，由于作用在连续环节 $G_2(s)$ 输入端的扰动未经采样，所以只能得到输出量的 $Z$ 变换式，而不能得出对扰动的脉冲传递函数，这与连续系统有所区别。

[**例 7-16**] 系统结构如图 7-17 所示，试求闭环系统的脉冲传递函数。

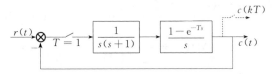

图 7-17 例 7-16 的闭环离散系统

[**解**] 系统的开环脉冲传递函数为

$$G(z) = Z\left[\frac{1-e^{-Ts}}{s} \times \frac{1}{s(s+1)}\right] = (1-z^{-1})Z\left[\frac{1}{s^2} - \frac{1}{s} + \frac{1}{s+1}\right]$$

$$= \frac{(T-1+e^{-T})z + (1-Te^{-T}-e^{-T})}{z^2 - (1+e^{-T})z + e^{-T}}$$

$$= \frac{0.368z + 0.264}{z^2 - 1.368z + 0.368}$$

其闭环系统的脉冲传递函数为

$$\frac{C(z)}{R(z)} = \frac{G(z)}{1+G(z)} = \frac{0.368z + 0.264}{z^2 - z + 0.632}$$

[**例 7-17**] 系统结构如图 7-18 所示，试求闭环系统的脉冲传递函数。

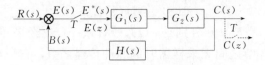

图 7-18 例 7-17 的闭环离散系统

[**解**] 由图 7-18 可得

$$C(s) = E^*(s)G_1(s)G_2(s)$$

对 $C(s)$ 离散化，有

$$C^*(s) = [E^*(s)G_1(s)G_2(s)]^* = E^*(s)[G_1(s)G_2(s)]^*$$

对上式两边求 $Z$ 变换，则有

$$C(z) = E(z)G_1G_2(z)$$

因为

$$E(s) = R(s) - B(s) = R(s) - C(s)H(s)$$
$$= R(s) - E^*(s)G_1(s)G_2(s)H(s)$$

对上式离散化后进行 Z 变换，整理后得

$$E^*(s)=R^*(s)-E^*(s)[G_1(s)G_2(s)H(s)]^*$$

$$E(z)=R(z)-E(z)G_1G_2H(z)$$

$$E(z)=\frac{R(z)}{1+G_1G_2H(z)}$$

整理上式可得到该闭环离散系统的脉冲传递函数为

$$\frac{C(z)}{R(z)}=\frac{G_1G_2(z)}{1+G_1G_2H(z)}$$

在连续系统中，闭环传递函数与开环传递函数之间存在确定的关系，因而可以用统一的结构图来描述闭环系统。但在离散系统中，由于采样器在闭环系统中可以有多种配置的可能性，因而没有唯一的结构形式。这使得闭环离散系统的脉冲传递函数没有统一的公式，只能根据系统的具体结构来求取。

由于采样开关位置不同，对有些离散系统是不能求出闭环系统的脉冲传递函数，而只能求出系统的输出的 Z 变换。

根据采样开关在闭环系统中的不同位置所构成的闭环离散系统的典型结构及其输出信号的 Z 变换 $C(z)$ 参见表 7-2。

表 7-2   闭环离散系统典型结构图

| 结 构 图 | $C(z)$ |
|---|---|
| 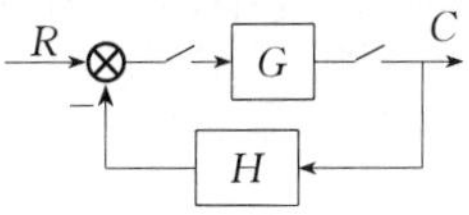 | $C(z)=\dfrac{G(z)R(z)}{1+G(z)H(z)}$ |
| 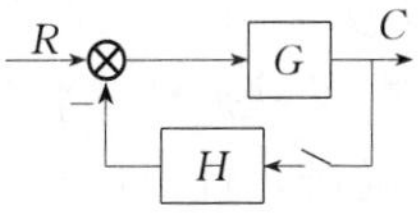 | $C(z)=\dfrac{G(z)R(z)}{1+G(z)H(z)}$ |
| 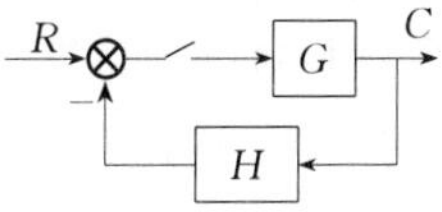 | $C(z)=\dfrac{G(z)R(z)}{1+GH(z)}$ |
| 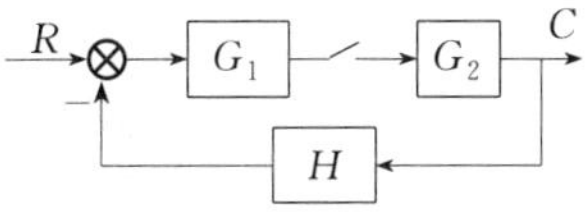 | $C(z)=\dfrac{G_2(z)G_1R(z)}{1+G_1G_2H(z)}$ |
| 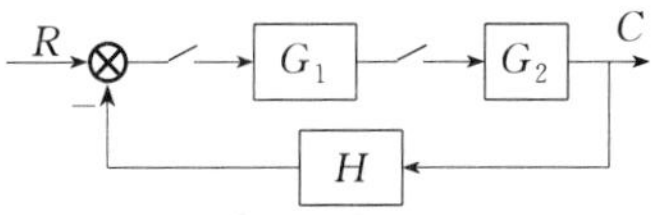 | $C(z)=\dfrac{G_1(z)G_2(z)R(z)}{1+G_1(z)G_2H(z)}$ |
| 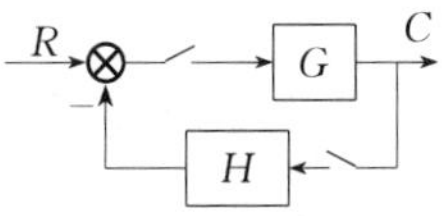 | $C(z)=\dfrac{G(z)R(z)}{1+G(z)H(z)}$ |

| 结 构 图 | $C(z)$ |
|---|---|
| 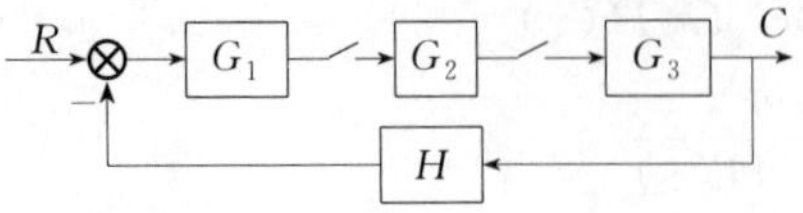 | $C(z) = \dfrac{G_2(z)G_3(z)G_1R(z)}{1+G_2(z)G_1G_3H(z)}$ |
| 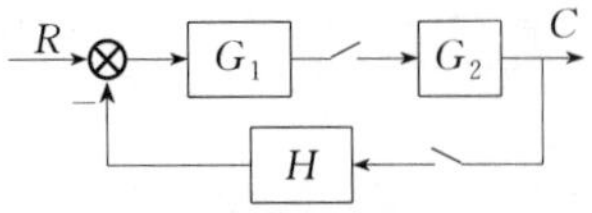 | $C(z) = \dfrac{G_2(z)G_1R(z)}{1+G_2(z)G_1H(z)}$ |

## 7.5 离散控制系统的分析

离散时间控制系统的分析包括四方面内容：系统稳定性、瞬态性能、稳态性能和最少拍设计。

### 7.5.1 稳定性分析

为了将连续系统在 $s$ 平面上的稳定性理论移植到 $z$ 平面上分析离散系统的稳定性，首先研究 $s$ 平面与 $z$ 平面的映射关系，随后讨论如何在 $z$ 域中分析离散系统的稳定性。

（1） $s$ 域到 $z$ 域的映射

在前面定义 $Z$ 变换时，可知 $z$ 与 $s$ 的映射关系为 $z=\mathrm{e}^{sT}$，其中，$T$ 为采样周期。如果令 $s=\sigma+\mathrm{j}\omega$，则有

$$z=\mathrm{e}^{(\sigma+\mathrm{j}\omega)T}=\mathrm{e}^{\sigma T}\mathrm{e}^{\mathrm{j}\omega T} \tag{7-46}$$

$z$ 的模和幅角分别为 $|z|=\mathrm{e}^{\sigma T}$，$\arg z=\omega T$。具体的映射关系可分三部分说明如下：

① $s$ 平面的虚轴映射到 $z$ 平面　$s$ 平面的虚轴（$\sigma=0$，$s=\mathrm{j}\omega$）映射到 $z$ 平面为 $|z|=\mathrm{e}^{0T}=1$，$\arg z=\omega T$，即 $s$ 平面的虚轴映射到 $z$ 平面上为圆心在原点的单位圆，且 $\omega$ 从 $-\infty\rightarrow+\infty$ 时，$z$ 平面上的轨迹已经沿着单位圆逆时针转了无数圈。

② $s$ 平面左半平面上的点映射到 $z$ 平面　$s$ 平面左半平面上的点的特点为 $\sigma<0$，映射到 $z$ 平面为 $|z|=\mathrm{e}^{\sigma T}<1$，即映射到 $z$ 平面上是以原点为圆心的单位圆内。

③ $s$ 平面右半平面上的点映射到 $z$ 平面　$s$ 平面左半平面上的点的特点为 $\sigma>0$，映射到 $z$ 平面为 $|z|=\mathrm{e}^{\sigma T}>1$，即映射到 $z$ 平面上是以原点为圆心的单位圆外。

上述理论总结起来，即 $s$ 平面和 $z$ 平面的映射关系为：$s$ 平面左半平面映射到 $z$ 平面是以原点为圆心的单位圆内；$s$ 平面的虚轴映射到 $z$ 平面是以原点为圆心的单位圆上；$s$ 平面右半平面映射到 $z$ 平面是以原点为圆心的单位圆外。

（2） $z$ 平面内的稳定条件

根据第 3 章所述，连续系统稳定的充分必要条件是系统的闭环极点均在 $s$ 平面左半部，$s$ 平面的虚轴是稳定区域的边界。如果系统中有极点在 $s$ 平面右半部，则系统就不稳定了。

因此，根据上述 $s$ 平面与 $z$ 平面的关系，得到线性离散系统稳定的充要条件：

$$|z_i|<1, i=1,2,\cdots,n \tag{7-47}$$

式中，$z_i$ 为闭环脉冲传递函数的极点。也就是说，对于离散系统，其稳定的条件是系统的闭环极点均在 $z$ 平面上以原点为圆心的单位圆内，$z$ 平面上的单位圆为稳定域的边界。如果系统中有闭环极点在 $z$ 平面上的单位圆外，则系统是不稳定的。具体如图 7-19 所示。

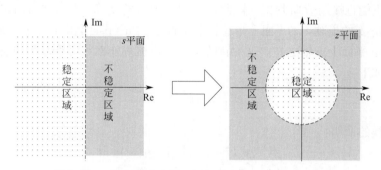

图 7-19　s 平面的稳定性区域与其在 z 平面的映射区域

（3）线性离散系统的稳定判据

通过判断线性离散系统的闭环特征根（或闭环极点）是否在 $z$ 平面的单位圆内来确定系统的稳定性。常用的方法有如下两种：

① 通过线性离散系统的闭环极点判断稳定性　当线性离散系统的阶数较低时，就可直接通过求出系统的特征根来判断系统的稳定性。

[例 7-18]　设二阶离散系统如图 7-20 所示，采样周期 $T = 1\text{s}$，$K = 1$。试判断系统的稳定性。

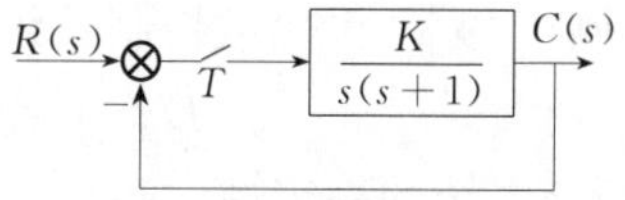

[解]　先求出系统的闭环脉冲传递函数为

$$\frac{C(z)}{R(z)} = \frac{G(z)}{1 + G(z)}$$

图 7-20　例 7-18 的离散系统结构图

式中，$G(z) = Z\left[\dfrac{K}{s(s+1)}\right] = \dfrac{Kz(1-\mathrm{e}^{-T})}{(z-1)(z-\mathrm{e}^{-T})}$。因此，闭环系统的特征方程为

$$1 + G(z) = \frac{(z-1)(z-\mathrm{e}^{-T}) + Kz(1-\mathrm{e}^{-T}z)}{(z-1)(z-\mathrm{e}^{-T})} = 0$$

即

$$(z-1)(z-\mathrm{e}^{-T}) + Kz(1-\mathrm{e}^{-T}z) = 0$$

将 $K = 1$，$T = 1$ 代入，可得

$$z^2 - 0.736z + 0.368 = 0$$

解之可得

$$z_1 = 0.368 + \mathrm{j}0.482, z_2 = 0.368 - \mathrm{j}0.482$$

特征方程的两个根都在单位圆内，所以系统是稳定的。若保持采样周期 $T = 1\text{s}$ 不变，将系统开环放大系数增大到 $K = 5$，则其 $z$ 特征方程为

$$z^2 + 1.792z + 0.368 = 0$$

解之可得 $z_1 = -0.237$　$z_2 = -1.555$，特征方程有一个根在单位圆外，系统是不稳定的。

如果上述二阶离散系统是二阶连续系统，只要 $K$ 值是正的，则连续系统一定是稳定的。但是当系统成为二阶离散系统时，即使 $K$ 值是正的，也不一定能保证系统是稳定的。这就说明了采样过程的存在影响了系统的稳定性。

由例 7-18 可看出，当线性离散系统特征方程的阶数较高时，求解特征根是很困难的，所以用上述方法来判断系统稳定性是很不方便的。

②　线性离散系统的劳斯判据　线性连续系统用劳斯判据判断系统的稳定性理论依据是特征方程的根是否在 $s$ 平面虚轴的左边。但在线性离散系统中，稳定性的边界是单位圆而不是虚轴，所以不能直接用劳斯判据。因此，采用一种新的变换，使 $z$ 平面上的单位圆映射为新的复平面 $w$ 上的虚轴，$z$ 平面上单位圆外的映射为 $w$ 平面上虚轴之右；$z$ 平面上单位圆内的映射为 $w$ 平面上虚轴之左。这种新的坐标变换被称作双线性变换，也称 $w$ 变换。双线性变换公式如下：

$$z=\frac{w+1}{w-1} \text{ 或 } w=\frac{z+1}{z-1} \tag{7-48}$$

双线性变换的证明：

设 $z=x+\mathrm{j}y$，$w=u+\mathrm{j}v$，代入式(7-48) 的后一项，可得

$$u+\mathrm{j}v=\frac{x+\mathrm{j}y+1}{x+\mathrm{j}y-1}=\frac{(x^2+y^2)-1}{(x-1)^2+y^2}-\mathrm{j}\frac{2y}{(x-1)^2+y^2} \tag{7-49}$$

即有 $u=\dfrac{(x^2+y^2)-1}{(x-1)^2+y^2}$，$v=\dfrac{2y}{(x-1)^2+y^2}$。因此根据上式，很显然有：

a. 当 $|z|=x^2+y^2=1$，则 $u=0$，即有 $z$ 平面上的单位圆映射成 $w$ 平面的虚轴；

b. 当 $|z|=x^2+y^2<1$，则 $u<0$，即有 $z$ 平面上的单位圆内映射成 $w$ 平面左半平面；

c. 当 $|z|=x^2+y^2>1$，则 $u>0$，即有 $z$ 平面上的单位圆外映射成 $w$ 平面右半平面。

经过双线性变换后，就可以用劳斯判据来分析线性离散系统的稳定性。

[例 7-19]　设离散控制系统的特征方程为

$$D(z)=z^3-1.001z^2+0.3356z+0.00535=0$$

试判断该系统的稳定性。

[解]　对上式进行 $w$ 变换，令 $z=\dfrac{w+1}{w-1}$，简化后可得

$$2.33w^3+3.68w^2+1.65w+0.34=0$$

列出劳斯表如下：

$$
\begin{array}{c|cc}
w^3 & 2.33 & 1.65 \\
w^2 & 3.68 & 0.34 \\
w^1 & 1.43 & \\
w^0 & 0.34 &
\end{array}
$$

由于劳斯表中第一列系数均为正，所以系统是稳定的。

[例 7-20]　设离散控制系统结构图如图 7-21 所示。试求使该系统稳定的 $K$ 值范围。

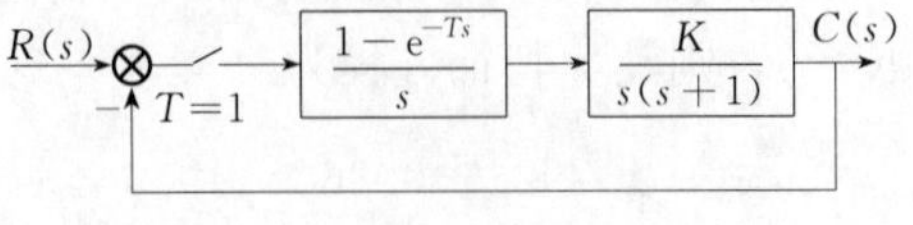

图 7-21　例 7-20 的离散控制系统结构图

[解]　由结构图可知

$$G(s)=\frac{1-\mathrm{e}^{-Ts}}{s}\times\frac{K}{s(s+1)}$$

$$G(z)=Z[G(s)]=\frac{z-1}{z}Z\left[\frac{K}{s^2}-\frac{K}{s}+\frac{K}{s+1}\right]=\frac{K(e^{-1}z+1-2e^{-1})}{(z-1)(z-e^{-1})}$$

$$=\frac{0.368Kz+0.264K}{z^2-1.368z+0.368}$$

系统的闭环脉冲传递函数为

$$W(z)=\frac{G(z)}{1+G(z)}$$

可得闭环特征方程为 $1+G(z)=0$，即

$$z^2+(0.368K-1.368)z+(0.264K+0.368)=0$$

令 $z=\dfrac{w+1}{w-1}$，代入到上面的闭环特征方程中去，得

$$\left(\frac{w+1}{w-1}\right)^2+(0.368K-1.368)\frac{w+1}{w-1}+(0.264K+0.368)=0$$

用 $(w-1)^2$ 乘上式两边，化简后得

$$0.632Kw^2+(1.264-0.528K)w+2.736-0.104K=0$$

对于二阶系统，只要系数大于零，系统就是稳定的，于是 $K>0$，$K<2.394$，$K<26.3$，于是系统稳定的 $K$ 值范围为 $0<K<2.394$。

## 7.5.2　稳态误差

与连续系统类似，离散系统的稳态性能也是用稳态误差来表征的。在离散系统中，稳态误差的计算也可以采用与连续系统类似的方法，即其一，根据具体结构下的离散系统，求其误差脉冲传递函数，再利用 $Z$ 变换的终值定理求出系统的稳态误差；其二，根据系统开环脉冲传递函数的结构形式，依据输入信号的形式以及系统的型别，来确定系统是否有差，再依据开环增益来确定稳态误差的大小。

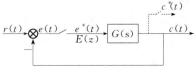

图 7-22　单位反馈线性离散系统

（1）利用终值定理求稳态误差

设单位反馈线性离散系统如图 7-22 所示。其中 $G(s)$ 为连续部分的传递函数，$e(t)$ 和 $e^*(t)$ 分别为系统的连续误差信号和离散误差信号。根据图 7-22 求得系统的闭环脉冲传递函数 $W(z)$ 和误差的脉冲传递函数 $G_e(z)$ 分别为

$$W(z)=\frac{C(z)}{R(z)}=\frac{G(z)}{1+G(z)}, \quad G_e(z)=\frac{E(z)}{R(z)}=\frac{1}{1+G(z)}$$

误差信号的 $z$ 变换为

$$E(z)=R(z)-C(z)=[1-W(z)]R(z)=G_e(z)R(z)$$

对于闭环稳定的线性离散系统，由终值定理可求得系统采样瞬时的稳态误差：

$$e_{ss}(\infty)=\lim_{t\to\infty}e^*(t)=\lim_{z\to1}(z-1)E(z)=\lim_{z\to1}(z-1)\frac{R(z)}{1+G(z)} \tag{7-50}$$

式(7-50) 表明，线性离散系统的稳态误差，既与系统的结构参数有关，也与输入序列的形式有关。此外，由于 $G(z)$ 以及大多数的典型输入 $R(z)$ 还与采样周期 $T$ 有关，因此系统的稳态值也与采样周期 $T$ 的选取有关。

（2）利用系统的型别求稳态误差

设线性闭环离散系统的开环脉冲传递函数 $G_K(s)$ 的一般表达式为

$$G_K(s) = \frac{K \prod\limits_{i=1}^{m}(z-z_i)}{(z-1)^v \prod\limits_{j=1}^{n-v}(z-p_j)} \tag{7-51}$$

式中，$v$ 为系统积分环节个数，也称为系统的型别。

下面分析图 7-22 所示的不同型别的离散系统在三种典型输入信号作用下的稳态误差。

① 单位阶跃信号输入时的稳态误差　设系统输入 $r(t)=1(t)$，其 $Z$ 变换为 $R(z)=\dfrac{z}{z-1}$，代入式(7-50)，得

$$e_{ss}(\infty) = \lim_{z \to 1}(z-1)\frac{1}{1+G_K(z)} \times \frac{z}{z-1} = \frac{1}{\lim\limits_{z \to 1}[1+G_K(z)]} = \frac{1}{K_p} \tag{7-52}$$

式中，常数 $K_p$ 定义为静态位置误差系数，$K_p$ 可以从开环脉冲传递函数中直接求出，即

$$K_p = \lim_{z \to 1}[1+G_K(z)] \tag{7-53}$$

从式(7-53)中可看出，当 $G_K(z)$ 没有 $z=1$ 的极点时，$K_p=$ 有限值，$e_{ss}(\infty)=1/K_p \neq 0$；当 $G_K(z)$ 有一个及以上 $z=1$ 的极点时，$K_p=\infty$，从而 $e_{ss}(\infty)=1/K_p=0$。

② 单位斜坡信号输入时的稳态误差　设系统输入 $r(t)=t$，其 $Z$ 变换为 $R(z)=\dfrac{Tz}{(z-1)^2}$，代入式(7-50)，得

$$\begin{aligned}
e_{ss}(\infty) &= \lim_{z \to 1}(z-1)\frac{1}{1+G_K(z)} \times \frac{Tz}{(z-1)^2} \\
&= \lim_{z \to 1}\frac{T}{(z-1)G_K(z)} = \frac{1}{\dfrac{1}{T}\lim\limits_{z \to 1}[(z-1)G_K(z)]} = \frac{1}{K_v}
\end{aligned} \tag{7-54}$$

定义系统的静态速度误差系数为

$$K_v = \frac{1}{T}\lim_{z \to 1}[(z-1)G_K(z)] \tag{7-55}$$

从式(7-56) 可看出，当 $G_K(z)$ 没有 $z=1$ 的极点时，则 $K_v=0$，从而 $e_{ss}(\infty)=1/K_v=\infty$；当 $G_K(z)$ 有一个 $z=1$ 的极点时，则 $K_v=$ 有限值，从而 $e_{ss}(\infty)=1/K_v$；当 $G_K(z)$ 有两个及以上 $z=1$ 的极点时，$K_v=\infty$，从而 $e_{ss}(\infty)=1/K_v=0$。

③ 单位加速度信号输入时的稳态误差　设系统输入 $r(t)=t^2/2$，其 $Z$ 变换为 $R(z)=\dfrac{T^2 z(z+1)}{2(z-1)^3}$，代入式(7-50)，得

$$\begin{aligned}
e_{ss}(\infty) &= \lim_{z \to 1}(z-1)\frac{1}{1+G_K(z)} \times \frac{T^2 z(z+1)}{2(z-1)^3} = \lim_{z \to 1}\frac{T^2(z+1)}{2(z-1)^2[1+G_K(z)]} \\
&= \frac{1}{\dfrac{1}{T^2}\lim\limits_{z \to 1}(z-1)^2 G_K(z)} = \frac{1}{K_a}
\end{aligned} \tag{7-56}$$

定义系统的静态加速度误差系数为

$$K_{\mathrm{a}}=\frac{1}{T^2}\lim_{z\to 1}(z-1)^2 G_{\mathrm{K}}(z) \tag{7-57}$$

从式(7-57)中可看出，当 $G_{\mathrm{K}}(z)$ 有一个或没有 $z=1$ 的极点时，则 $K_{\mathrm{a}}=0$，从而 $e_{\mathrm{ss}}(\infty)=1/K_{\mathrm{a}}=\infty$；当 $G_{\mathrm{K}}(z)$ 有两个 $z=1$ 的极点时，则 $K_{\mathrm{a}}=$ 有限值，从而 $e_{\mathrm{ss}}(\infty)=1/K_{\mathrm{a}}$；当 $G_{\mathrm{K}}(z)$ 有三个及以上 $z=1$ 的极点时，$K_{\mathrm{a}}=\infty$，从而 $e_{\mathrm{ss}}(\infty)=1/K_{\mathrm{a}}=0$。

根据上述分析可知，$G_{\mathrm{K}}(z)$ 中 $z=1$ 的极点个数即为系统的型别 $v$。因此，归纳单位反馈系统在三种典型输入信号作用下的稳态误差，如表 7-3 所示。

**表 7-3**　典型输入信号作用下的稳态误差

| 项目 | 位置误差 $r(t)=1(t)$ | 速度误差 $r(t)=t$ | 加速度误差 $r(t)=t^2/2$ |
|---|---|---|---|
| 0 型系统 | $\dfrac{1}{K_{\mathrm{p}}}$ | $\infty$ | $\infty$ |
| 1 型系统 | 0 | $\dfrac{1}{K_{\mathrm{v}}}$ | $\infty$ |
| 2 型系统 | 0 | 0 | $\dfrac{1}{K_{\mathrm{a}}}$ |
| 3 型系统 | 0 | 0 | 0 |

**［例 7-21］** 已知离散系统如图 7-23 所示，其中采样周期 $T=1\mathrm{s}$，试求该系统在输入信号 $r(t)=1$ 作用下的稳态误差。

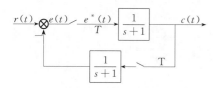

图 7-23　例 7-21 的离散系统结构图

**［解］**　根据系统结构图 7-23，可得系统的误差脉冲传递函数为

$$G_{\mathrm{e}}(z)=\frac{1}{1+Z\left[\dfrac{1}{s+1}\right]Z\left[\dfrac{1}{s+1}\right]}=\frac{(z-\mathrm{e}^{-T})^2}{(z-\mathrm{e}^{-T})^2+z^2}$$

将 $T=1$ 代入上式，可得

$$G_{\mathrm{e}}(z)=\frac{z^2-0.736z+0.1353}{2z^2-0.736z+0.1353}$$

由上式可知，系统闭环特征方程为

$$2z^2-0.736z+0.1353=0$$

解得系统闭环特征根为 $z_{1,2}=0.184\pm\mathrm{j}0.1838$，均在 $z$ 平面上以原点为圆心的单位圆内，故闭环控制系统稳定。

此时，系统在输入信号 $r(t)=1$ 作用下的稳态误差为

$$\begin{aligned}
e_{\mathrm{ss}}(\infty)&=\lim_{z\to 1}(z-1)E(z)=\lim_{z\to 1}(z-1)G_{\mathrm{e}}(z)R(z)\\
&=\lim_{z\to 1}(z-1)\frac{z^2-0.736z+0.1353}{2z^2-0.736z+0.1353}\times\frac{z}{z-1}\\
&=0.2854
\end{aligned}$$

**［例 7-22］** 已知离散系统如图 7-24 所示。设采样周期 $T=0.1\mathrm{s}$，试确定系统分别在单位阶跃、单位斜坡和单位抛物线函数输入信号作用下的稳态误差。

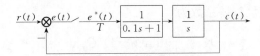

图 7-24 例 7-22 的离散系统结构图

[解] 根据系统结构图 7-24，可知系统的开环传递函数为

$$G_K(s) = \frac{1}{s(0.1s+1)}$$

将上式 $Z$ 变换可得系统的开环脉冲传递函数为

$$G_K(z) = Z[G_K(s)] = \frac{z(1-e^{-1})}{(z-1)(z-e^{-1})} = \frac{0.632z}{(z-1)(z-0.368)}$$

为应用终值定理，必须判别系统是否稳定，否则求稳态误差没有意义。系统闭环特征方程为

$$D(z) = 1 + G_K(z) = 0$$

即

$$z^2 - 0.736z + 0.368 = 0$$

令 $z = \dfrac{w+1}{w-1}$ 代入上式，求得

$$D(w) = 0.632w^2 + 1.264w + 2.104 = 0$$

由于系数均大于零，所以系统是稳定的。先求出静态误差系数：

静态位置误差系数为

$$K_p = \lim_{z \to 1}[1 + G_K(z)] = 1 + \lim_{z \to 1} \frac{0.632z}{(z-1)(z-0.368)} = \infty$$

静态速度误差系数为

$$K_v = \frac{1}{T}\lim_{z \to 1}[(z-1)G_K(z)] = \frac{1}{T}\lim_{z \to 1}\frac{0.632z}{z-0.368} = 10$$

静态加速度误差系数为

$$K_a = \frac{1}{T^2}\lim_{z \to 1}(z-1)^2 G_K(z) = \frac{1}{T^2}\lim_{z \to 1}(z-1)\frac{0.632z}{z-0.368} = 0$$

所以，不同输入信号作用下的稳态误差为：单位阶跃输入信号作用下 $e_{ss} = 1/K_p = 0$；单位斜坡输入信号作用下 $e_{ss} = 1/K_v = 1/10 = 0.1$；单位抛物线输入信号作用下 $e_{ss} = 1/K_a = \infty$。

实际上，若从结构图鉴别出系统属 1 型系统，则可根据表 7-3 中的结论，直接得出上述结果，而不必逐步计算。

## 7.5.3 瞬态响应

离散系统的动态特性是通过在外部输入信号作用下的输出曲线来反映的。瞬态响应分析的焦点是闭环零极点对瞬态响应的定性影响，离散系统的定量分析比起连续系统来说更为复杂。

在连续时间线性系统中，闭环极点在 $s$ 平面上的位置决定了瞬态响应中各分量的类型。同样，离散系统的瞬态响应决定于系统的零、极点分布。假如能找到一对主导极点，系统的瞬态响应也可由二阶系统来近似估计。二阶系统的性能指标是易求的，它们与参数的关系也可以查到。下面讨论 $z$ 平面上零、极点分布与离散系统瞬态性能之间的关系。

设闭环离散系统的脉冲传递函数为

$$W(z)=\frac{M(z)}{N(z)}=\frac{b_0z^m+b_1z^{m-1}+\cdots+b_m}{a_0z^n+a_1z^{n-1}+\cdots+a_n}=\frac{b_0}{a_0}\times\frac{(z-z_1)(z-z_2)\cdots(z-z_m)}{(z-p_1)(z-p_2)\cdots(z-p_n)} \quad (7\text{-}58)$$

当 $r(t)=1(t)$，$W(z)$ 无重极点时，有

$$C(z)=\frac{M(1)}{N(1)}\times\frac{z}{z-1}+\sum_{j=1}^{n}-\frac{c_jz}{z-p_j} \quad (7\text{-}59)$$

式中，常数分别为

$$c_j=\frac{M(p_j)}{(p_j-1)N'(p_j)},\ N'(p_j)=\frac{\mathrm{d}N(z)}{\mathrm{d}z}\Big|_{z=p_j}$$

式(7-59)中，等号右边第一项的 $Z$ 反变换为 $M(1)/N(1)$，它是 $c^*(t)$ 的稳态分量；而第二项的 $Z$ 反变换为 $c^*(t)$ 的瞬态分量。

根据 $p_j$ 在单位圆内的位置不同，所对应的瞬态分量的形式也不同，如图 7-25 所示。只要闭环极点在单位圆内，则对应的瞬态分量总是衰减的；极点越靠近原点，衰减得越快。不过，当极点为正时为指数衰减；极点为负或为共轭复数，对应为振荡衰减。

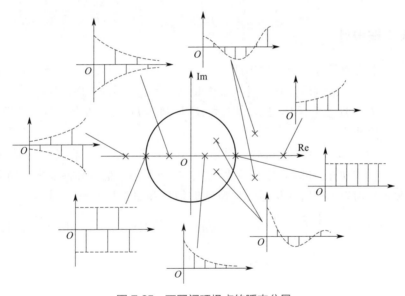

图 7-25　不同闭环极点的瞬态分量

## 7.6　离散系统的数字控制器设计

为了使离散系统性能满足性能指标要求，常常要对系统进行数字校正。所谓离散系统的数字校正，是将控制系统按离散化（数字化）进行分析，求出系统的脉冲传递函数，然后通过设计数字控制器 $D(z)$ 对系统进行校正。

### 7.6.1　数字控制器的脉冲传递函数

设离散控制系统如图 7-26 所示。图中，$G(s)$ 为保持器和被控对象的传递函数，$H(s)$ 为

反馈装置的传递函数，$D(z)$为数字控制器（数字校正装置）的脉冲传递函数。$D(z)$前后的两个开关是同步的。

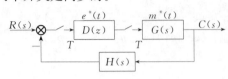

图 7-26　具有数字控制器 $D(z)$ 的离散控制系统

设 $H(s)=1$，$G(s)$ 的 $Z$ 变换为 $G(z)$，由图 7-26 分别得系统的闭环脉冲传递函数和误差的脉冲传递函数 $G_e(z)$ 为

$$W(z)=\frac{C(z)}{R(z)}=\frac{D(z)G(z)}{1+D(z)G(z)} \tag{7-60}$$

$$G_e(z)=\frac{E(z)}{R(z)}=\frac{1}{1+D(z)G(z)} \tag{7-61}$$

$W(z)$ 和 $G_e(z)$ 的关系为

$$W(z)=1-G_e(z) \tag{7-62}$$

则由 $W(z)$ 和 $G_e(z)$ 得数字控制器的脉冲传递函数 $D(z)$ 为

$$D(z)=\frac{W(z)}{G(z)[1-W(z)]}=\frac{1-G_e(z)}{G(z)G_e(z)} \tag{7-63}$$

由以上分析可知，离散系统校正的方法是：首先根据离散系统性能指标的要求，确定 $W(z)$ 或 $G_e(z)$，然后利用式(7-63)确定 $D(z)$。

## 7.6.2　最少拍设计

在采样过程中，通常称一个采样周期为一拍。所谓最少拍系统，是指在典型输入信号的作用下，能以最少拍结束响应过程，且在采样时刻上无稳态无差的离散系统。

下面针对图 7-26 所示的采样系统，探讨数字控制器 $D(z)$ 在什么样的情况下，能够满足此系统为最少拍系统。

式(7-63)中，$G(z)$ 为保持器和被控对象的脉冲传递函数。它在校正时是不可改变的。$G_e(z)$ 或 $W(z)$ 是系统的闭环脉冲传递函数，应根据典型输入信号和性能指标确定。

当典型输入分别为单位阶跃信号、单位斜坡信号和单位抛物线信号时，其 $Z$ 变换分别为 $\dfrac{1}{1-z^{-1}}$、$\dfrac{Tz^{-1}}{(1-z^{-1})^2}$、$\dfrac{T^2 z^{-1}(1+z^{-1})}{2(1-z^{-1})^3}$。由此得到典型输入信号的 $Z$ 变换的一般形式为

$$R(z)=\frac{A(z)}{(1-z^{-1})^v} \tag{7-64}$$

式中，$A(z)$ 为不包含 $(1-z^{-1})$ 项的 $z^{-1}$ 的多项式。

最少拍的设计原则是：如果系统广义被控对象 $G(z)$ 无延迟且在 $z$ 平面单位圆上及单位圆外均无零、极点，要求选择闭环脉冲传递函数 $W(z)$，使系统在典型输入作用下，经最少采样周期后能使输出序列在各采样时刻的稳态误差为零，达到完全跟踪的目的，从而确定所需要的数字控制器的脉冲传递函数 $D(z)$。

根据此设计原则，需要求出稳态误差 $e_{ss}(\infty)$ 的表达式，将式(7-64)代入式(7-61)得

$$E(z)=R(z)G_e(z)=G_e(z)\frac{A(z)}{(1-z^{-1})^v} \tag{7-65}$$

根据 $Z$ 变换的终值定理，系统的稳态误差终值为

$$e_{ss}(\infty)=\lim_{z \to 1}(1-z^{-1})E(z)=\lim_{z \to 1}(1-z^{-1})\frac{A(z)}{(1-z^{-1})^v}G_e(z)$$

为了实现系统无稳态误差，$G_{\mathrm{e}}(z)$ 应当包含 $(1-z^{-1})^v$ 的因子，因此，设

$$G_{\mathrm{e}}(z)=(1-z^{-1})^v F(z) \tag{7-66}$$

式中，$F(z)$ 为不包含 $(1-z^{-1})$ 项的 $z^{-1}$ 的多项式，则

$$W(z)=1-G_{\mathrm{e}}(z)=1-(1-z^{-1})^v F(z) \tag{7-67}$$

由此可得

$$C(z)=R(z)W(z)=R(z)-A(z)F(z) \tag{7-68}$$

为了使求出的 $D$（$z$）简单、阶数最低，可取 $F$（$z$）$=1$，由式(7-66)及式(7-67)，取 $F(z)=1$ 可使 $W(z)$ 全部极点都位于 $z$ 平面的原点，这时离散控制系统的暂态过程可在最少拍内完成。因此设

$$G_{\mathrm{e}}(z)=(1-z^{-1})^v \text{ 或 } W(z)=1-(1-z^{-1})^v \tag{7-69}$$

式(7-69)是无稳态误差的最少拍采样系统的闭环脉冲传递函数。

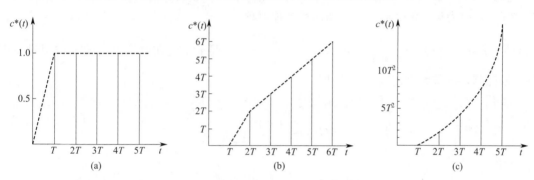

图 7-27　典型输入信号的最少拍系统的响应

下面以单位阶跃输入为例，讨论最少拍系统在该输入作用下 $D(z)$ 的确定方法。输入信号为单位阶跃信号 $r(t)=1(t)$，其 $Z$ 变换为

$$R(z)=\frac{1}{1-z^{-1}}=1+z^{-1}+z^{-2}+\cdots+z^{-k}+\cdots \tag{7-70}$$

式中，$v=1$，$A(z)=1$。若取 $F(z)=1$，由于

$$G_{\mathrm{e}}(z)=1-z^{-1},W(z)=1-G_{\mathrm{e}}(z)=z^{-1} \tag{7-71}$$

于是，数字控制器的脉冲传递函数为

$$D(z)=\frac{1-G_{\mathrm{e}}(z)}{G(z)G_{\mathrm{e}}(z)}=\frac{W(z)}{G(z)G_{\mathrm{e}}(z)}=\frac{z^{-1}}{G(z)(1-z^{-1})} \tag{7-72}$$

且系统输出和误差分别为

$$C(z)=W(z)R(z)=z^{-1}\frac{1}{1-z^{-1}}=z^{-1}+z^{-2}+z^{-3}+\cdots+z^{-k}+\cdots \tag{7-73}$$

$$E(z)=G_{\mathrm{e}}(z)R(z)=(1-z^{-1})\frac{1}{1-z^{-1}}=1 \tag{7-74}$$

这表明：$c(0)=0$，$c(T)=c(2T)=\cdots=1$，$e(0)=0$，$e(T)=e(2T)=\cdots=0$。系统的输出信号 $c^*(t)$ 如图 7-27(a)所示。系统经过一拍之后便可完全跟踪阶跃输入，过渡时间 $t_{\mathrm{s}}=T$。同样，可求出最少拍系统在单位斜坡和单位加速度输入作用时的 $D(z)$，系统响应如图 7-27(b)和(c)所示。三种典型输入信号作用下的数字控制器的脉冲传递函数见表 7-4，其一般形式为

$$D(z) = \frac{1-(1-z^{-1})^v}{(1-z^{-1})^v G(z)} \tag{7-75}$$

表 7-4　典型输入信号的最少拍设计结果

| 典型输入 | | 闭环脉冲传递函数 | | 数字控制器的脉冲传递函数 $D(z)$ | 调节时间 $t_s$ |
|---|---|---|---|---|---|
| $r(t)$ | $R(z)$ | $W(z)$ | $G_e(z)$ | | |
| $1(t)$ | $\dfrac{1}{1-z^{-1}}$ | $z^{-1}$ | $1-z^{-1}$ | $\dfrac{z^{-1}}{(1-z^{-1})G(z)}$ | $T$ |
| $t$ | $\dfrac{Tz^{-1}}{(1-z^{-1})^2}$ | $2z^{-1}-z^{-2}$ | $(1-z^{-1})^2$ | $\dfrac{z^{-1}(2-z^{-1})}{(1-z^{-1})^2 G(z)}$ | $2T$ |
| $\dfrac{1}{2}t^2$ | $\dfrac{T^2 z^{-1}(1+z^{-1})}{2(1-z^{-1})^3}$ | $3z^{-1}-3z^{-2}+z^{-3}$ | $(1-z^{-1})^3$ | $\dfrac{z^{-1}(3-3z^{-1}+z^{-2})}{(1-z^{-1})^3 G(z)}$ | $3T$ |

**[例 7-23]**　设离散控制系统如图 7-26 所示。图中，反馈传递函数 $H(s)=1$，采样周期 $T=1\text{s}$，$G(s)$ 为包含保持器 $G_h(s)$ 和连续被控对象 $G_0(s)$ 一起的传递函数，即 $G(s)=G_0(s)G_h(s)$，其中 $G_0(s)=\dfrac{10}{s(s+1)}$，$G_h(s)=\dfrac{1-e^{-Ts}}{s}$。若要求系统在单位斜坡输入作用时实现最少拍控制，试求数字控制器的脉冲传递函数 $D(z)$。

**[解]**　由题可知系统开环传递函数为

$$G(s) = \frac{10(1-e^{-Ts})}{s^2(s+1)}$$

因为

$$Z\left[\frac{1}{s^2(s+1)}\right] = \frac{Tz}{(z-1)^2} - \frac{(1-e^T)z}{(z-1)(z-e^{-T})}$$

所以

$$G(z) = 10(1-z^{-1})\left[\frac{Tz}{(z-1)^2} - \frac{(1-e^T)z}{(z-1)(z-e^{-T})}\right] = \frac{3.68z^{-1}(1+0.717z^{-1})}{(1-z^{-1})(1-0.368z^{-1})}$$

根据单位斜坡函数 $r(t)=t$，由表 7-4 可知最少拍系统应具有的闭环脉冲传递函数和误差脉冲传递函数分别为

$$W(z) = 2z^{-1}(1-0.5z^{-1}), \quad G_e(z) = (1-z^{-1})^2$$

$G_e(z)$ 的零点 $z=1$ 正好可以补偿 $G(z)$ 在单位圆中的极点 $z=1$；$W(z)$ 已包含 $G(z)$ 的传递函数延迟 $z^{-1}$。因此，上述 $G(z)$ 和 $G_e(z)$ 满足对消 $G(z)$ 中传递延迟 $z^{-1}$ 及补偿 $G(z)$ 在单位圆上极点 $z=1$ 的限制要求，故按式(7-63)可求出最少拍控制的数字控制器脉冲传递函数为

$$D(z) = \frac{1-G_e(z)}{G(z)G_e(z)} = \frac{0.543(1-0.368z^{-1})(1-0.5z^{-1})}{(1-z^{-1})(1+0.717z^{-1})}$$

# 习　题

**7-1**　求下列函数的 $Z$ 变换。

① $x(t)=t$；

② $x(t)=1-e^{-at}$；

③ $x(t)=\cos\omega t$；

④ $x(t) = t\mathrm{e}^{-at}$。

7-2　求下列函数的 $Z$ 变换。

① $X(s) = \dfrac{1}{(s+a)(s+b)}$;

② $X(s) = \dfrac{K}{s(s+a)}$。

7-3　求下列函数的 $Z$ 反变换。

① $X(z) = \dfrac{10z}{(z-1)(z-4)}$;

② $X(z) = \dfrac{(1-\mathrm{e}^{-aT})z}{(z-1)(z-\mathrm{e}^{-aT})}$;

③ $X(z) = \dfrac{z}{(z+1)(z+2)}$;

④ $X(z) = \dfrac{z}{(z-\mathrm{e}^{-T})(z-\mathrm{e}^{-2T})}$。

7-4　已知离散系统输出的 $Z$ 变换函数为 $C(z) = \dfrac{1+10z^{-1}}{2-3z^{-1}+6z^{-2}}R(z)$，试求系统的差分方程。

7-5　已知系统的输入序列 $r(k)=1$，初始条件 $c(0)=0$，$c(1)=1$，试求差分方程 $c(k+2)+3c(k+1)+2c(k)=r(k)$ 的解。

7-6　求图 7-28 所示系统的输出 $Z$ 变换 $C(z)$。

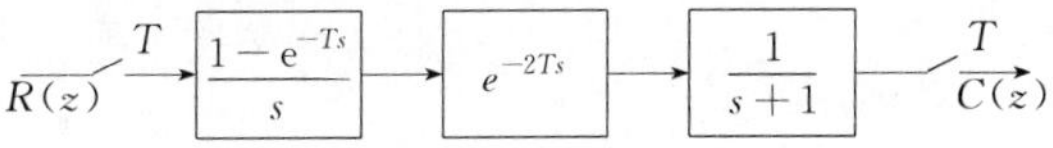

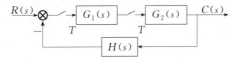

图 7-28　习题 7-6 图

7-7　求图 7-29 所示的闭环系统的脉冲传递函数。

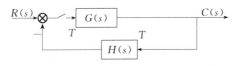

图 7-29　习题 7-7 图

7-8　闭环离散控制系统如图 7-30 所示，已知 $G(s) = \dfrac{8}{s(s+1)}$，$H(s)=1$，$T=1$。试求该系统的稳定性。

图 7-30　习题 7-8 图

7-9　设离散系统特征方程 $D(z) = 45z^3 - 117z^2 + 119z - 39$，试判断该系统的稳定性。

7-10　已知线性离散系统如图 7-31 所示，其中 $G_1(s) = \dfrac{1-\mathrm{e}^{-sT}}{s}$，$G_2(s) = \dfrac{K}{s+1}$，$H(s)=1$。求使系统稳定的 $K$ 值的范围。

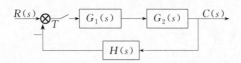

图 7-31　习题 7-10 图

7-11　离散控制系统如图 7-32 所示，其中，$G_1(s) = \dfrac{1-e^{-sT}}{s}$，$G_2(s) = \dfrac{10(0.5s+1)}{s^2}$，

采样周期 $T = 0.1\mathrm{s}$，输入信号 $r(t) = 1 + t + \dfrac{1}{2}t^2$，试计算系统的稳态误差。

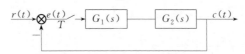

图 7-32　习题 7-11 图

7-12　设离散控制系统结构图如图 7-26 所示，图中，采样周期 $T = 0.5\mathrm{s}$，$H(s) = 1$，传递函数 $G(s) = G_0(s)G_\mathrm{h}(s) = \dfrac{4(1-e^{-Ts})}{s^2(0.5s+1)}$，试求在单位斜坡信号 $r(t) = t$ 作用下最少拍系统的 $D(z)$。

# 第8章
# 非线性控制系统

前面介绍了线性定常系统的分析与综合。严格说来，任何一个实际控制系统，其元部件都或多或少地带有非线性，理想的线性系统实际上不存在，总会有一些非线性因素。当能够采用小偏差法将非线性系统线性化时，称为非本质非线性，可以应用线性理论。但是，并不是所有的非线性系统都可以进行线性化处理，对于某些不能进行线性化处理的系统，称为本质非线性控制系统。非线性控制系统与线性控制系统最重要的区别在于非线性控制系统不满足叠加原理，且系统的响应与初始状态有关。因此，前面各章用于分析线性控制系统的有效方法，不能直接用于非线性控制系统。到目前为止，对非线性控制系统的分析研究，没有一种像线性控制系统那样普遍适用的方法。已有的方法，在应用上都有一定的局限性。所以对某类非线性控制系统，必须考虑相应的分析和设计方法。

本章先介绍自动控制系统中常见的典型非线性特性，在此基础上介绍分析非线性控制系统的常用两种方法——描述函数法和相平面法。

## 8.1 概述

线性系统用传递函数、频率特性、根轨迹等概念，线性系统的运动特性与输入幅值、系统初始状态无关，故常在典型输入信号下和零初始条件下进行分析研究。而由于非线性系统的数学模型是非线性微分方程，故不能采用线性系统的分析方法。当实际系统的非线性程度不严重时，其在某一范围内或某些条件下可以近似地视为线性系统，这时采用线性方法去进行研究具有实际意义，分析的结果符合实际系统的情况。但是，如果实际系统的非线性程度比较严重，则不能采用线性方法去进行研究，否则会产生较大的误差，甚至会导致错误的结论，故有必要对非线性系统作专门的研究。

由于非线性系统的复杂性和特殊性，受数学工具限制，一般情况下难以求得非线性微分方程的解析解，通常采用工程上适用的近似方法。目前工程上常用的分析方法有：

① 描述函数法　描述函数法是一种频域的分析方法，它是线性理论中的频率法在非线性系统中的推广应用，其实质是应用谐波线性化的方法，将非线性元件的特性线性化，然后用频率法的一些结论来研究非线性系统。这种方法不受系统阶次的限制，且所得结果也比较符合实际，故得到了广泛应用。

② 相平面法　相平面法是时域分析法在非线性系统中的推广应用，通过在相平面上绘制相轨迹，可以求出微分方程在任何初始条件下的解，所得结果比较精确和全面。但对于高

于二阶的系统，需要讨论变量空间中的曲面结构，从而大大增加了工程使用的难度。故相平面法仅适用于一、二阶非线性系统的分析。

③ 计算机求解法　用模拟计算机或数字计算机直接求解非线性微分方程，对于分析和设计复杂的非线性系统，几乎是唯一有效的方法。随着计算机的广泛应用，这种方法定会有更大的发展。

但是，这些方法主要是解决非线性系统的"分析"问题，而且是以稳定性问题为中心展开的，非线性系统"综合"方法的研究远不如稳定性问题的成果，可以说到目前为止还没有一种简单而实用的综合方法可以用来设计任意的非线性控制系统。因此本章以系统分析方法为主，重点介绍广泛应用的描述函数法和相平面法。

## 8.2　典型非线性特性与特点

### 8.2.1　典型非线性特性

（1）间隙特性

间隙又称回环，间隙特性如图 8-1 所示。在齿轮传动中，由于间隙存在，当主动齿轮方向改变时，从动轮保持原位不动，直到间隙消失后才改变转动方向。铁磁元件中的磁滞现象也是一种回环特性。间隙特性对系统性能的影响：一是增大了系统的稳态误差，降低了控制精度，这相当于死区的影响；二是因为间隙特性使系统频率响应的相角滞后增大，从而使系统过渡过程的振荡加剧，甚至使系统变为不稳定。

（2）死区特性

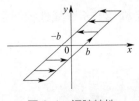

图 8-1　间隙特性

死区特性如图 8-2 所示。死区特性常见于测量、放大或传动耦合部件的间隙中。该特性的存在对系统产生的影响有：①降低了系统的稳态准确度，使稳态误差不可能小于死区值。②对系统暂态性能影响的利弊与系统的结构和参数有关，如某些系统，由于死区特性的存在，可以抑制系统的振荡；而对另一些系统，死区又能导致系统产生自振荡。③死区能滤去从输入引入的小幅值干扰信号，提高系统抗干扰能力。一些场合，为提高系统的抗干扰能力，有时要故意引入或增大死区。④由于死区存在有时会引起系统在输出端的滞后。

（3）饱和特性

饱和特性如图 8-3 所示，饱和特性可以由磁饱和、放大器输出饱和、功率限制等引起。一般情况下，系统因存在饱和特性的元件，当输入信号超过线性区时，系统的开环增益会有大幅度的减小，从而导致系统过渡过程时间的增加和稳态误差的加大。但在某些自动控制系统中饱和特性能够起到抑制系统振荡的作用。因为在暂态过程中，当偏差信号增大进入饱和区时，系统的开环放大系数下降，从而抑制了系统振荡。在自动调速系统中，常人为地引入饱和特性，以限制电动机的最大电流。

（4）继电器特性

图 8-4 给出了几种型式的继电器特性。其中图 8-4（a）是理想继电器特性；图 8-4（b）是死区继电器特性；图 8-4（c）是回环继电器特性，该特性的特点是，反向释放电压与正向吸合电压相同，以及正向释放电压与反向吸合电压相同；图 8-4（d）是兼有死区和回环的

继电器特性，当吸合电压值 $\Delta$ 和释放电压值 $m\Delta$ 很小时，可视为理想继电器特性。一般继电器总有一定的吸合电压值，所以特性必然出现死区和回环。

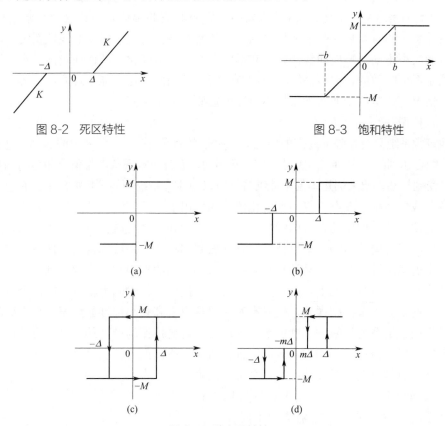

图 8-2　死区特性　　　　　　　　　　　　　　图 8-3　饱和特性

图 8-4　继电器特性

继电器特性一般会使系统产生自振荡，甚至导致系统不稳定，并且也使其稳态误差增大。但继电特性能够使被控制的执行电机始终工作在额定或最大电压下，可以充分发挥其调节能力，实现快速控制。

## 8.2.2　非线性系统的特点

描述线性系统运动状态的数学模型是线性微分方程，其重要特征是可以应用叠加原理；描述非线性系统运动状态的数学模型是非线性微分方程，不能应用叠加原理。由于两类系统的根本区别，它们的运动规律是很不相同的。因此非线性系统具有如下运动特点：

（1）稳定性

线性系统的稳定性只取决于系统的结构和参数，而与外作用和初始条件无关。因此，讨论线性系统的稳定性时，可不考虑外作用和初始条件。只要线性系统是稳定的，就可以断言，这个系统所有可能的运动都是稳定的。而非线性系统的稳定性不仅取决于结构参数，而且与输入信号以及初始状态都有关。对于同一结构参数的非线性系统，初始状态位于某一较小数值的区域内时系统稳定，但是在较大初始值时系统可能不稳定，有时也可能相反。故对于非线性系统，不应笼统地讲系统是否稳定，需要研究的是非线性系统平衡状态的稳定问题。

（2）时间响应

线性系统时间响应的一些基本特征（如振荡性和收敛性）与输入信号的大小及初始条件无关。对于线性系统，阶跃输入信号的大小只影响响应的幅值，而不会改变响应曲线的形状。非线性系统的时间响应与输入信号的大小和初始条件有关。对于非线性系统，随着阶跃输入信号的大小不同，响应曲线的幅值和形状会产生显著变化，从而使输出具有多种不同的形式。同是振荡收敛的，但振荡频率和调节时间均不相同，还可能出现非周期形式，甚至出现发散的情况。这是由于非线性特性不遵守叠加原理的结果。

（3）自持振荡

线性定常系统只有在临界稳定的情况下，才能产生等幅振荡。需要说明的是，这种振荡是靠参数的配合达到的，因而实际上是很难观察到的，而且等幅振荡的幅值及相角与初始条件有关，一旦受到扰动，原来的运动便不能维持，所以说线性系统中的等幅振荡不具有稳定性。

有些非线性系统在没有外界周期变化信号的作用下，系统中就能产生具有固定振幅和频率的稳定周期运动。如振荡发散的线性系统中引入饱和特性时会产生等幅振荡，这种固定振幅和频率的稳定周期运动称为自持振荡，其振幅和频率由系统本身的特性所决定。自持振荡具有一定的稳定性，当受到某种扰动之后，只要扰动的振幅在一定的范围之内，这种振荡状态仍能恢复。在多数情况下，不希望系统有自持振荡。长时间大幅度的振荡会造成机械磨损、能量消耗，并带来控制误差。但是有时又故意引入高频小幅度的颤振，来克服间隙、摩擦等非线性因素给系统带来的不利影响。因此必须对自持振荡产生的条件、自持振荡振幅和频率的确定，以及自持振荡的抑制等问题进行研究。所以说自持振荡是非线性系统一个十分重要的特征，也是研究非线性系统的一个重要内容。

（4）频率响应

线性系统当输入某一恒定幅值和不同频率 $\omega$ 的正弦信号时，稳态输出的幅值 $A$ 是频率 $\omega$ 的单值连续函数。对于非线性系统输出的幅值 $A$ 与 $\omega$ 的关系可能会发生跳跃谐振和多值响应，其特性如图 8-5 所示。当 $\omega$ 增加时，系统输出的幅值从 1 点逐渐变化到 2 点，然后会从 2 点突跳到 3 点；而当 $\omega$ 减小时，系统输出的幅值会从 4 点变化到 5 点，然后会从 5 点突跳到 6 点，这种振幅随频率的改变出现突跳的现象称为跳跃谐振。在 $\omega_1$ 到 $\omega_2$ 之间的每一个频率，都对应着三个振幅

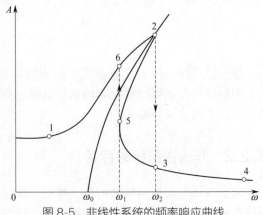

图 8-5  非线性系统的频率响应曲线

值，不过 2 点到 5 点之间对应的振荡是不稳定的，因此一个频率对应了两个稳定的振荡，这种现象称为多值响应。产生跳跃谐振的原因是系统中滞环特性的多值特点造成的。

在深入研究时，还会遇到非线性系统所具有的其他特殊现象，这里就不另赘述了。

## 8.3  相平面分析法

相平面法由庞加莱 1895 年首先提出。该方法通过图解法将一阶和二阶系统的运动过程

转化为位置和速度平面上的相轨迹，直观、形象、准确地反映了系统的稳定性、平衡状态和稳定精度，以及初始条件和参数对系统运动的影响。其绘制方法步骤简单、计算量小，特别适用于分析常见非线性特性和一、二阶线性环节组合而成的非线性系统。

### 8.3.1　相平面法的概念

设一个二阶系统可以用下列微分方程描述：

$$\ddot{x} = f(x, \dot{x}) \tag{8-1}$$

考虑到：

$$\ddot{x} = \frac{\mathrm{d}\dot{x}}{\mathrm{d}t} = \frac{\mathrm{d}\dot{x}}{\mathrm{d}x} \times \frac{\mathrm{d}x}{\mathrm{d}t} = \dot{x}\frac{\mathrm{d}\dot{x}}{\mathrm{d}x} \tag{8-2}$$

式(8-1)可改写为：

$$\frac{\mathrm{d}\dot{x}}{\mathrm{d}x} = \frac{f(x, \dot{x})}{\dot{x}} \tag{8-3}$$

式(8-3)是一个以 $x$ 为自变量、以 $\dot{x}$ 为因变量的一阶微分方程，如果能解出该方程，即求出 $\dot{x}$ 和 $x$ 的关系，则可以运用 $\dot{x} = \mathrm{d}x/\mathrm{d}t$，把 $x$ 和 $t$ 的关系计算出来。因此对方程式(8-1)的研究，可以用研究方程式(8-3)来代替，即方程式(8-1)的解既可用 $x$ 和 $t$ 的关系来表示，也可以用 $\dot{x}$ 和 $x$ 的关系来表示。实际上，如果把方程式(8-1)看作一个质点的运动方程，则 $x$ 代表质点的位置，$\dot{x}$ 代表质点的速度（因而也代表了质点的动量）。用 $x$ 和 $\dot{x}$ 描述方程式(8-1)的解，也就是用质点的状态（如位置和动量）来表示该质点的运动。以 $x(t)$ 为横坐标、$\dot{x}(t)$ 为纵坐标所组成的直角坐标平面称为相平面（状态平面）。在某一时刻 $t$，$x(t)$ 和对应于相平面上的一个点，称为相点（状态点），它代表了系统在该时刻的一个状态。通常系统在初始时刻 $t_0$ 的初始状态用相点（$x_0$，$\dot{x}_0$）表示，随着时间的增长，系统的状态不断地变化，沿着时间增加的方向，将描述这些状态的许多相点连接起来，在相平面上就形成了一条轨迹曲线，这种反映系统状态变化的轨迹曲线叫相轨迹，如图 8-6 所示。相轨迹的箭头表示时间增加时，相点的运动方向。从图中可以看出，在 $\dot{x}>0$ 的范围内（即上半平面），相轨迹总是沿着 $x$ 增加的方向运动（向右运动），而在 $\dot{x}<0$ 的范围内（即下半平面），相轨迹总是沿着 $x$ 减小的方向运动（向左运动）。根据微分方程解的存在和唯一性定理，对于任一初始条件，微分方程有唯一的解与之对应。因此，对某一个微分方程，在相平面上布满了与不同初始条件相对应的一簇相轨迹，由这样一簇相轨迹所组成的图像叫相平面图，简称相图。用相平面图分析系统性能的方法就称为相平面法。由于在相平面上只能表示两个独立的变量，故相平面法只能用来研究一、二阶线性和非线性系统。

### 8.3.2　相轨迹的绘制方法

求解系统的相轨迹有两类方法，即解析法和图解法。解析法只适用于系统的微分方程较为简单、便于求解的场合。当用解析法比较困难时，常采用图解法。

（1）解析法

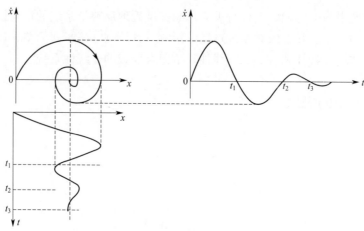

图 8-6   $x(t)$、 $\dot{x}(t)$ 和 $x$-$\dot{x}$ 曲线

所谓解析法就是通过求解微分方程的办法，找出变量的关系，从而在相平面上绘制相轨迹。解析法有两种方法：

① 消去参变量 $t$   这种方法是设法通过直接求解二阶微分方程 $\ddot{x}=f(x,\dot{x})$ 得到 $x(t)$，经求导得 $\dot{x}(t)$ 的表达式，在 $x(t)$ 和 $\dot{x}(t)$ 的表达式中，消去参变量 $t$，就可得到 $\dot{x}$ 和 $x$ 的关系，进而在相平面上绘制相轨迹。

② 直接积分   若式(8-3)可以分解为 $g(\dot{x})\mathrm{d}\dot{x}=h(x)\mathrm{d}x$，则通过积分也可直接得到 $\dot{x}$ 和 $x$ 的关系，并绘制相轨迹。

[例 8-1]   二阶系统的微分方程为 $\ddot{x}+a^2x=0$，试绘制系统的相平面图。

[解]   系统方程可改写为

$$\dot{x}\frac{\mathrm{d}\dot{x}}{\mathrm{d}x}+a^2x=0 \tag{8-4}$$

方程式(8-4)可用分离变量法进行积分，求得相轨迹方程为

$$\frac{\dot{x}^2}{a^2}+x^2=C^2 \tag{8-5}$$

式中，$C$ 为常量，由初始条件确定。

设初始状态为 $(x_0,0)$，则 $C=x_0$。由方程式(8-5)可知，系统相轨迹为一组以坐标原点为中心的椭圆轨迹簇，如图 8-7 所示。其中粗实线是初始条件为 $(x_0,0)$ 的相轨迹。

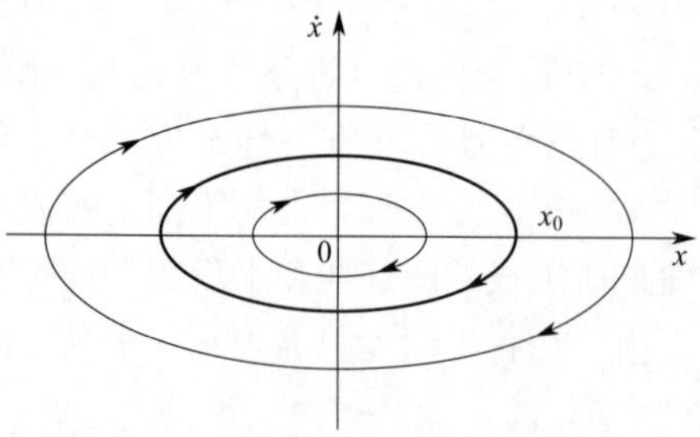

（2）图解法

图解法是一种不必求解微分方程的解，直接通过各种逐步作图的办法，在相平面上画出相轨迹的方法。当系统的微分方程用解析法难以求解时，可采用图解法。对于非线性系统，图解法尤为重要。图解法有多种，本书重点介绍等倾线法。

图 8-7   例 8-1 的相平面图

等倾线法适用于下述一般形式的系统：

$$\ddot{x}=f(x,\dot{x}) \tag{8-6}$$

上式可改写为

$$\frac{\mathrm{d}\dot{x}}{\mathrm{d}x}=\frac{f(x,\dot{x})}{\dot{x}} \tag{8-7}$$

如果令

$$\frac{\mathrm{d}\dot{x}}{\mathrm{d}x}=\alpha \tag{8-8}$$

则有

$$\alpha=\frac{f(x,\dot{x})}{\dot{x}} \tag{8-9}$$

　　若在相平面上绘制相轨迹，由式(8-8)可以看到，相轨迹上各点的斜率为 $\alpha$，令 $\alpha$ 为某一常数，式(8-9)即为一条等倾线方程，也就是说，相轨迹上的点满足式(8-9)时，相轨迹在该点处的斜率均为 $\alpha$，这条曲线就称为等倾线。当 $\alpha$ 取不同值时，由式(8-9)可以绘制若干不同的等倾线，在每条等倾线上画出表示该等倾线斜率值的小线段，这些小线段表示了相轨迹通过该等倾线时的方向。任意给定一个初始条件就相当于给定了相平面上的一个起始点，由该点出发的相轨迹可以这样作出来：从该点出发，按照它所在的等倾线上的方向作一小线段，这个小线段与第二条等倾线交于一点，再由这个交点出发，按照第二条等倾线上的方向再作一小线段，这个小线段交于第三条等倾线，依次连续作下去，就可以得到一条从给定初始条件出发的各个方向小线段组成的折线，最后把这条折线光滑处理，就得到了所要求的相轨迹，如图 8-8 所示。

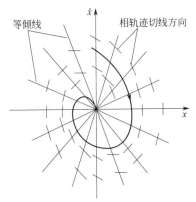

图 8-8　用等倾线法绘制的相轨迹

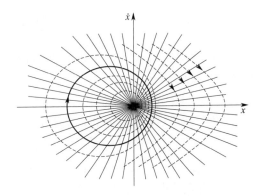

图 8-9　例 8-2 的相平面图

[例 8-2]　试用等倾线法求下列方程的相平面图。

$$\ddot{x}+a\,|\,\dot{x}\,|+x=0 \tag{8-10}$$

[解]　式(8-10)是非线性微分方程，但可分解为两个线性微分方程：

$$\ddot{x}+a\dot{x}+x=0,\dot{x}>0 \tag{8-11}$$

$$\ddot{x}-a\dot{x}+x=0,\dot{x}<0 \tag{8-12}$$

　　由方程式(8-10) 可知，$f(x,\dot{x})=-a\,|\,\dot{x}\,|-x$，而 $f(x,\dot{x})=f(x,-\dot{x})$。因此相平面图对称于 $x$ 轴，只需绘制上半平面的相轨迹，再用对称性确定下半平面的相轨迹。

　　由式(8-11)可得上半平面的等倾线方程：

$$\dot{x}=-\frac{1}{a+\alpha}x$$

设 $\alpha=1$，求得等倾线如图 8-9 实线所示，画出等倾线上的平行短线，作为相轨迹线段的近似。适当配置短线并把它们连成曲线即相轨迹曲线，如图 8-9 中虚线所示。由于图形对称于 $x$ 轴，所以相轨迹为一组封闭的卵形圆。在任何非零初始条件下，系统将沿相轨迹作周期运动。

### 8.3.3　相轨迹的特点

在相平面的分析中，相轨迹可以通过解析法作出，也可以通过图解法或实验法作出。相轨迹一般具有如下几个重要特点：

① 相轨迹运动方向的确定　在相平面的上半平面上，由于 $\dot{x}>0$，表示随着时间 $t$ 的推移，系统状态沿相轨迹的运动方向是 $x$ 的增大方向，即向右运动。反之，在相平面下半平面上，由于 $\dot{x}<0$，表示随着时间 $t$ 的推移，相轨迹的运动方向是 $x$ 的减小方向，即向左运动。

② 相轨迹上的每一点都有其确定的斜率　系统 $\ddot{x}+f(x,\dot{x})=0$ 可写为

$$\ddot{x}=\mathrm{d}\dot{x}/\mathrm{d}t=-f(x,\dot{x}) \tag{8-13}$$

上式等号两边同除以 $\dot{x}=\mathrm{d}x/\mathrm{d}t$，则有

$$\frac{\mathrm{d}\dot{x}}{\mathrm{d}x}=-\frac{f(x,\dot{x})}{\dot{x}} \tag{8-14}$$

若令 $x_1=x$，$x_2=\dot{x}$，则式(8-14) 改写为

$$\frac{\mathrm{d}x_2}{\mathrm{d}x_1}=-\frac{f(x_1,x_2)}{x_2} \tag{8-15}$$

式(8-14)或式(8-15)称为相轨迹的斜率方程，它表示相轨迹上每一点的斜率 $\mathrm{d}x_2/\mathrm{d}x_1$ 都满足这个方程。

③ 相轨迹的奇点和普通点　由微分方程式解的唯一性定理可知，对每一个给定的初始条件，只有一条相轨迹。因此，从不同初始条件出发的相轨迹是不会相交的。只有同时满足 $x_2=0,f(x_1,x_2)=0$ 的特殊点，由于该点相轨迹的斜率为 $0/0$，是一个不定值，因而通过该点的相轨迹就有无数多条，且它们的斜率也彼此不相等。具有 $x_2=0,\dot{x}_2=f(x_1,x_2)=0$ 的点称为奇点。由于奇点的速度和加速度为零，同时，它一般表示系统的平衡状态。

在相平面上，除奇点以外的其他点，叫作普通点。在普通点上，系统的速度和加速度不同时为零，普通点不是系统的平衡点；系统在普通点上斜率是唯一的。

④ 相轨迹正交于 $x_1$ 轴　因为在 $x_1$ 轴上的所有点，其 $x_2$ 总等于零，因而除去其中 $f(x_1,x_2)=0$ 的奇点外，在其他点上的斜率为 $\mathrm{d}x_2/\mathrm{d}x_1=\infty$，这表示相轨迹与相平面的横轴 $x_1$ 是正交的。

### 8.3.4　由相轨迹求时间响应曲线

相平面图清晰地描绘出了系统运动特性，因此，可以根据系统的相轨迹，对系统进行分析。但是倘若还对系统的时间响应感兴趣，可以采用图解计算的方法，由相轨迹逐步求出时间信息，从而获得系统的时间响应曲线 $x(t)$。这里介绍一种按平均速度求时间信息 $\Delta t$ 的方法。

由 $\dot{x}=\mathrm{d}x/\mathrm{d}t$ 可得到 $\mathrm{d}t=\mathrm{d}x/\dot{x}$，设系统相轨迹如图 8-10(a)所示，从初始值 $A$ 点开始，截取 $\Delta x_{AB}$，$\Delta x_{BC}$，$\Delta x_{CD}$…相应地 $A$、$B$ 两点纵坐标的平均值为 $\dot{x}_{AB}=(\dot{x}_A+\dot{x}_B)/2$，$B$、$C$ 两点纵坐标的平均值为 $\dot{x}_{BC}=(\dot{x}_B+\dot{x}_C)/2$…则 $\mathrm{d}t=\mathrm{d}x/\dot{x}$ 相应地成为 $\Delta t_{AB}=\Delta x_{AB}/\dot{x}_{AB}$，$\Delta t_{BC}=\Delta x_{BC}/\dot{x}_{BC}$，$\Delta t_{CD}=\Delta x_{CD}/\dot{x}_{CD}$…根据逐段求的 $\Delta x$ 和 $\Delta t$，在 $x(t)$ 和 $t$ 的直角坐标系中画图，就得到系统的时间响应曲线 $x(t)$，如图 8-10（b）所示。显然，这种求解法的精确程度，取决于每步间隔 $\Delta x$ 的选择。

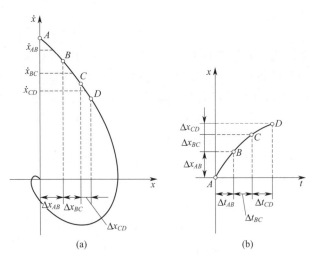

图 8-10　从相轨迹求取时间特性

## 8.3.5　奇点和极限环

奇点是相平面上的一个特殊点。由于在该点处，相变量的各阶导数均为零，因而奇点实际上就是系统的平衡点。为了研究系统在奇点附近的行为，或者说了解系统在奇点附近相轨迹的特征，则需要先把系统的微分方程在奇点处进行线性化处理。

（1）方程式的线性化和坐标系的变换

一般情况下，由两个独立状态变量描述的系统，可用两个一阶微分方程式表示，即

$$\frac{\mathrm{d}x}{\mathrm{d}t}=\dot{x}$$

$$\frac{\mathrm{d}\dot{x}}{\mathrm{d}t}=-f(x,\dot{x})\tag{8-16}$$

假设坐标原点为奇点，则有

$$f(0,0)=0$$

为了确定奇点和奇点附近相轨迹的性质，将 $f(x,\dot{x})$ 在原点附近展开为泰勒级数，即

$$f(x,\dot{x})=a\dot{x}+bx+g(x,\dot{x})\tag{8-17}$$

式中，$g(x,\dot{x})$ 为 $x$ 和 $\dot{x}$ 的二阶或更高阶项。由于在原点附近 $x$ 和 $\dot{x}$ 的变化都很小，故可略去其二次项及以后的各项，于是式（8-16）近似地表示为

$$\frac{\mathrm{d}x}{\mathrm{d}t}=\dot{x}$$

$$\frac{\mathrm{d}\dot{x}}{\mathrm{d}t} = -a\dot{x} - bx \tag{8-18}$$

对于二阶线性常微分方程:

$$\ddot{x} + a\dot{x} + bx = 0 \tag{8-19}$$

为了便于对奇点附近的相轨迹作一般定性的分析,需根据系统特征值的性质去判别奇点附近相轨迹的特征。若方程式(8-19)的特征根均为实数,则原点是渐近稳定的平衡点。若至少有一个特征根为0,则不能由式(8-19)确定原点的稳定性,而应进一步考虑泰勒展开式(8-17)中高阶项的影响。

(2)奇点的分类

奇点的特性和奇点附近相轨迹的行为主要取决于系统的特征根 $\lambda_1$、$\lambda_2$ 在 $s$ 平面上的位置。下面根据线性化方程的特征根 $\lambda_1$、$\lambda_2$ 在 $s$ 平面上的分布情况,对奇点进行分类研究。

① 焦点    如果系统的特征根是一对共轭复根 $\lambda_{1,2} = \sigma \pm \mathrm{j}\omega$,其相轨迹是一簇绕坐标原点的螺旋线。如果 $\sigma$ 为负值,即特征值为一对具有负实部的共轭根,则相应的相轨迹图如图 8-11(a)所示。由图可见,不管初始条件如何,这种相轨迹总是卷向坐标原点。由于坐标原点是奇点,在奇点附近的相轨迹都向它卷入,故称这种奇点为稳定焦点。反之,如果 $\sigma$ 为正值,则相应的相轨迹如图 8-11(b)所示。由于这种相轨迹总是卷离坐标原点,故相应的奇点称为不稳定焦点。

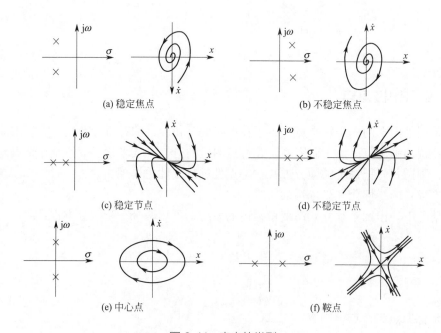

(a) 稳定焦点          (b) 不稳定焦点

(c) 稳定节点          (d) 不稳定节点

(e) 中心点            (f) 鞍点

图 8-11    奇点的类型

② 节点    如果系统的两特征根为不相等的负实数根,$\lambda_1 = \sigma_1$,$\lambda_2 = \sigma_2$。如果两特征根为不相等的负实数,相轨迹如图 8-11(c)所示。由该图可见,不管初始条件如何,系统的相轨迹最终都趋向于坐标原点,因此,这种奇点被称为稳定节点。此时相轨迹以非振荡的方式趋近于平衡点。反之,如果两特征根为不相等的正实数,则其在 $(x, \dot{x})$ 平面上的相轨迹如图 8-11(d)所示。由图可见,从任何初始状态出发的相轨迹都将远离平衡状态,因而这种奇点称为不稳定节点;此时相轨迹以非振荡的方式从平衡点散出。

③ 中心点　如果系统的特征值为一对共轭虚根，即 $\lambda_{1,2} = \pm j\omega$。其相轨迹是一簇圆，如图 8-11(e) 所示。由于坐标原点（奇点）周围的相轨迹是一簇封闭的曲线，故称这种奇点为中心点。

④ 鞍点　如果系统的特征根一个为正实数，一个为负实数。相轨迹如图 8-11(f) 所示。由该图可见，在特定的初始条件下，分隔线将相平面分隔为 4 个不同的运动区域，除了分隔线外，其余所有的相轨迹都将随着时间 $t$ 的增长而远离奇点，故这种奇点称为鞍点。

（3）极限环

前面已叙述非线性系统的运动除了发散和收敛两种模式外，还有另一种的运动模式，即在无外作用时，系统会产生具有一定振幅和频率的自持振荡。这种自持振荡在相平面上表现为一个孤立的封闭轨迹线——极限环，与它相邻所有的相轨迹，或是卷向极限环，或是从极限环卷出。

如果在极限环的附近，起始于极限环外部和内部的相轨迹都无限地趋向于这个极限环，则这种极限环称为稳定极限环，如图 8-12（a）所示。此时，若有微小的扰动使系统状态稍稍离开极限环，经过一定的时间后，系统状态能回到这个极限环。在极限环上，系统的运动状态为稳定周期的自持振荡。极限环内部的相轨迹发散至极限环，而极限环外的相轨迹均趋向于极限环。极限环内部为不稳定区，极限环外部为稳定区。

如果极限环附近的相轨迹是从极限环发散出去的，则这种极限环称为不稳定极限环，如图 8-12(b)所示。

此外，还有的极限环是介于上述两者之间，即其内部的相轨迹均卷向极限环，而其外部的相轨迹均离它卷出，如图 8-12(c)所示；或者反之，这些极限环称为半稳定极限环，如图 8-12(d)所示。

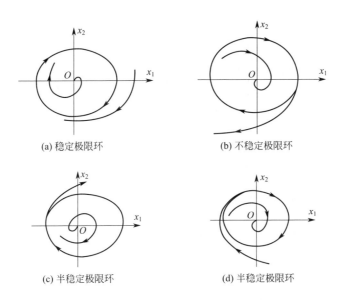

(a) 稳定极限环　　　　　　　　　　(b) 不稳定极限环

(c) 半稳定极限环　　　　　　　　　(d) 半稳定极限环

图 8-12　极限环的类型

除简单的情况外，一般用解析法去确定极限环在相平面上的精确位置是很困难的，甚至是不可能的。极限环在相平面上的精确位置，只能由图解法或通过实验的方法去确定。一般情况，控制系统中不希望有极限环产生，在不能做到完全把它消除时，也要设法将其振荡的幅值限制在工程所允许的范围之内。

## 8.3.6　相平面分析举例

当非线性元件静特性可以用分段直线来表示时，这样的非线性系统就可以用几个分段线性系统来描述。这时，整个相平面可以划分成若干个区域，其中每一个区域相应于一个单独的线性工作状态。相应地每一个区域都有一个奇点，不过这个奇点有时可能不一定在本区域之内，而是在其他区域。如果奇点位于本区域之内，则称为实奇点；如果奇点位于本区域之外，那么该区内的相轨迹就永远不可能到达该点，因此，称这样的奇点为虚奇点。具有分段线性特性的二阶系统，一般只有一个实奇点，因此与具有实奇点的区域相邻接的所有区域都将具有虚奇点。每一个奇点的位置和性质，都取决于相应区域的运动方程。每一个区域的相平面图均表示一个相应线性系统的相平面图。有了这些相平面图以后，只要在区域的边界线上，把相应的相轨迹连接起来，就可构成整个系统的完整的相轨迹。下面举例说明具体做法。

（1）具有非线性增益的控制系统

设如图 8-13(a)所示的非线性控制系统，图中 $G_N$ 表示的方块是一个非线性放大器，其静特性如图 8-13(b)所示，当误差信号 $e$ 的数值大于 $e_1$ 或小于 $e_1$ 时，放大器的增益 $k$ 分别等于 1 或小于 1，即

$$m = \begin{cases} e & |e| > e_1 \\ ke & |e| < e_1 \end{cases} \tag{8-20}$$

可见，系统在大误差信号时，具有大的增益；而在小误差信号时，增益也小。

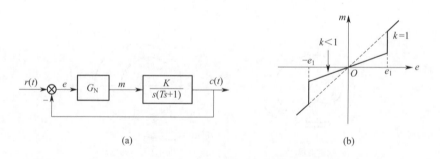

图 8-13　非线性系统和非线性放大器的静特性

因为图 8-13(a)所示系统是分段线性的，所以可以把它看成是两个线性系统的组合，其相应的相轨迹也由两个线性系统的相轨迹组合而成。具体做法如下。

假设系统初始状态为静止平衡状态。根据系统结构图，写出变量 $c$ 与 $m$ 之间的微分方程为

$$T\ddot{c} + \dot{c} = Km$$

由于 $e = r - c$，代入上式得

$$T\ddot{e} + \dot{e} + Km = T\ddot{r} + \dot{r} \tag{8-21}$$

设系统在单位阶跃输入 $r(t) = 1(t)$ 作用下，在 $e\text{-}\dot{e}$ 平面上作相应的相轨迹。

对于单位阶跃输入，当 $t > 0$ 时，$\ddot{r} = \dot{r} = 0$，所以式(8-21)成为

$$T\ddot{e}+\dot{e}+Km=0 \tag{8-22}$$

上式即为非线性系统在单位阶跃作用下的误差微分方程。将式(8-20)代入式(8-22)得下列两个线性微分方程：

$$T\ddot{e}+\dot{e}+Ke=0 \qquad\qquad |e|>e_1 \tag{8-23}$$

$$T\ddot{e}+\dot{e}+Kkm=0 \qquad\qquad |e|<e_1 \tag{8-24}$$

在下面的分析中，假设方程式(8-23)为欠阻尼的运动方程，其特征根为具有负实部的共轭复数根，对应的相轨迹如图 8-14(a)所示，奇点（0，0）为稳定焦点。假设方程式(8-24)为过阻尼的运动方程，相应的特征根为两个负实根，相轨迹如图 8-14(b)所示，奇点（0，0）为稳定节点。

根据方程式(8-23)和式(8-24)所确定的相应区域，将图 8-14（a）和（b）组合在一起就可得到图 8-13 所示非线性系统的相轨迹图，如图 8-15 所示。图中系统参数为：$T=1$，$k=0.0625$，$K=4$ 和 $e_1=0.2$。

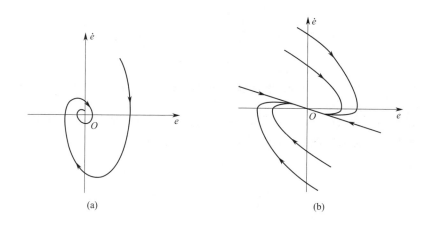

图 8-14　图 8-13 所示系统欠阻尼和过阻尼时相轨迹

由图 8-15 可知，相平面被分割成三个区域：在直线 $e=e_1$ 和 $e=-e_1$ 限定的区域内对应着方程式(8-24)，而在这个区域以外相轨迹由方程式(8-23)确定。相轨迹起始于 $A$ 点，该点由初始条件 $e(0)=0$，$\dot{e}(0)=0$ 确定。从 $A$ 点出发的相轨迹，首先沿图 8-14(a)所示相轨迹运动，并"企图"收敛到稳定焦点（虚奇点，坐标原点）。然而，当相点（描述点）运动到 $B$ 点，即到达本区域的边界线 $e=e_1$ 线上时，若继续运动将越出边界而进入新的区域。因此，相轨迹将在 $B$ 点发生转换，$B$ 点是上一区域的终点，同时也是下一区域的起点。从 $B$ 点开始直至再发生下一次转换为止，相点将沿图 8-14(b)所示相轨迹运动而"企图"收敛到稳定节点（0，0）。但是在 $C$ 点，系统又一次发生转换，相轨迹趋向于收敛虚奇点（稳定焦点）。同样，当相点到达 $D$ 点时又将发生转换。如此反复继续下去，直至最后相轨迹进入 $\pm e_1$ 区域，不再越出并最终收敛到稳定节点，即实奇点(0,0)为止。可见，非线性系统的整个相轨迹为 $ABCDEFO$，如图 8-15 的实线所示。显然，系统在阶跃输入下稳态误差为零。图 8-15 中用虚线描绘的相轨迹为图 8-16 所示欠阻尼二阶系统在单位阶跃作用下的相轨迹图。比较这两条相轨迹，可见前者所对应的阶跃响应特性比后者要好。首先收敛速度快，即系统速度性提高了，其次，超调量小。对于较小的阶跃输入，响应甚至是无超调的。对于中等大小的阶跃输入，系统的阶跃响应具有一次超调。对于大的阶跃输入，虽然在系统的响应

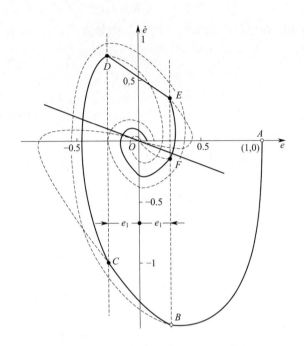

图 8-15　系统单位阶跃响应的相轨迹

曲线中可能出现超调和反向超调，但其超调量肯定比图 8-16 所示的线性系统要小。图 8-13 所示系统在典型阶跃输入时的误差响应曲线如图 8-17 所示。

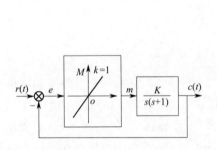

图 8-16　欠阻尼二阶系统

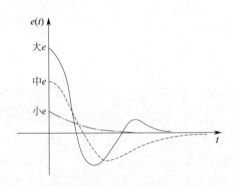

图 8-17　图 8-13 所示系统在典型阶跃输入时的误差响应曲线

（2）继电系统

在图 8-13 所示非线性随动系统中，将放大器换成继电器，并假定继电器具有理想的继电器特性，系统结构图如图 8-18 所示。

理想继电器特性的数学表达式为

$$m = \begin{cases} 1 & e > 0 \\ -1 & e < 0 \end{cases} \tag{8-25}$$

假设系统初始状态为静止平衡状态。继电系统运动方程为

$$T\ddot{e} + \dot{e} + Km = T\ddot{r} + \dot{r}$$

对于阶跃输入 $r(t) = R_0 \times 1(t)$，当 $t > 0$ 时，有 $\dot{r} = \ddot{r} = 0$，所以上式为

$$T\ddot{e}+\dot{e}+Km=0 \qquad (8\text{-}26)$$

将式(8-25)代入上式得方程组

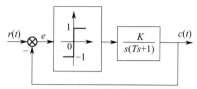

图 8-18　继电系统

$$\begin{cases} T\ddot{e}+\dot{e}+K=0 & e>0 \\ T\ddot{e}+\dot{e}-K=0 & e<0 \end{cases} \qquad (8\text{-}27)$$

显然，两个方程均为线性微分方程。因为继电特性是由两条直线段组成的，所以两条直线段内继电系统的特性仍为线性的，只是在继电器切换时才表现出非线性特性。

将 $\ddot{e}=\dot{e}\dfrac{\mathrm{d}\dot{e}}{\mathrm{d}e}$ 代入式(8-26)，则有

$$T\dot{e}\frac{\mathrm{d}\dot{e}}{\mathrm{d}e}+\dot{e}+Km=0$$

或

$$\mathrm{d}e=-\frac{T\dot{e}}{Km+\dot{e}}\mathrm{d}\dot{e}$$

对上式两边进行积分得相轨迹方程

$$e=e_0+T\dot{e}_0-T\dot{e}+TKm\ln\frac{\dot{e}+Km}{\dot{e}_0+Km}$$

将假设条件 $e_0=R_0$、$\dot{e}_0=0$ 代入上式可得

$$e=R_0-T\dot{e}+TKm\ln\left(\frac{\dot{e}}{Km}+1\right) \qquad (8\text{-}28)$$

代入 $m$ 值，则有

$$\begin{cases} e=R_0-T\dot{e}+TK\ln\left(\dfrac{\dot{e}}{K}+1\right) & e>0 \\ e=R_0-T\dot{e}-TK\ln\left(-\dfrac{\dot{e}}{K}+1\right) & e<0 \end{cases} \qquad (8\text{-}29)$$

根据上两式可作出继电系统的相轨迹，如图 8-19 所示。由图可见，相轨迹起始于($R_0$，0)点，在 $e>0$ 的区域内按式(8-29)中的第一个方程变化，到达 $\dot{e}$ 轴上的 $A$ 点时，继电器切换，相轨迹方程按式(8-29)中的第二个方程变化。这样依次进行，最后趋于坐标原点（0，0），得系统完整的相轨迹如图 8-19 所示。另外由图 8-19 可见，相轨迹转换均在纵轴上，这种直线称为开关线，它表示继电器工作状态的转换。

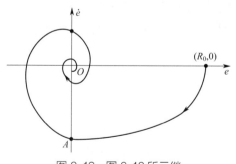

图 8-19　图 8-18 所示继电系统阶跃响应的相轨迹

（3）速度反馈对继电系统阶跃响应的影响

假设系统结构图如图 8-20 所示，图中 $K_t<T$，$M=1$。这时理想继电特性的数学表达式为

$$m=\begin{cases} 1 & e+K_t\dot{e}>0 \\ -1 & e+K_t\dot{e}<0 \end{cases} \qquad (8\text{-}30)$$

系统运动方程为

$$T\ddot{e}+\dot{e}+Km=T\ddot{r}+\dot{r}$$

对于阶跃输入 $r(t)=R_0\times1(t)$，当 $t>0$ 时，$\dot{r}=\ddot{r}=0$，上式为

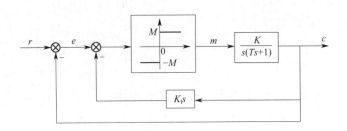

图 8-20　具有速度反馈的继电系统

$$T\ddot{e}+\dot{e}+Km=0 \tag{8-31}$$

将式(8-30)代入式(8-31)得方程组

$$\begin{cases} T\ddot{e}+\dot{e}+K=0 & e+K_t\dot{e}>0 \\ T\ddot{e}+\dot{e}-K=0 & e+K_t\dot{e}<0 \end{cases} \tag{8-32}$$

上式方程组与方程式(8-27)比较，可见它们完全相同，不同之处仅是方程所对应的区域不同。

根据方程式(8-29)可知，具有速度反馈的继电系统的相迹方程为

$$\begin{cases} e=R_0-T\dot{e}-TK\ln\left(\dfrac{\dot{e}}{K}+1\right) & e+K_t\dot{e}>0 \\ e=R_0-T\dot{e}-TK\ln\left(-\dfrac{\dot{e}}{K}+1\right) & e+K_t\dot{e}<0 \end{cases} \tag{8-33}$$

由上两式边界条件可得开关线方程为

$$e+K_t\dot{e}=0 \tag{8-34}$$

根据开关线方程及相轨迹方程可作出系统的相轨迹，如图 8-21 所示。将此相轨迹图与图 8-19 比较，可看出两者主要是开关线不同。未接入速度反馈时，开关线为 $e=0$ 的虚轴；在接入速度反馈后，开关线逆时针转了一个角度 $\varphi=\arctan K_t$。由于开关线逆时针方向转动的结果，相轨迹将提前进行切换，这样就使得系统阶跃响应的超调量减小，调节时间缩短，系统的动态性能得到改善。由于开关线转角随着速度反馈强度的增大而增大，因此，当 $K_t<T$ 时，系统性能将随着速度反馈强度的增大而得到改善。

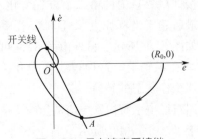

图 8-21　具有速度反馈继<br/>电系统阶跃响应的相轨迹

综上所述，相平面法一般可解决下列问题：

① 相平面上可以清晰地表示出系统在各种初始条件下的所有可能的运动；

② 相平面上可用奇点来分析系统的稳定性；

③ 相平面上可用极限环来分析系统的自振稳定性；

④ 由相轨迹可以求出系统的瞬态响应。

最后应当强调指出，相平面法只能用来分析二阶系统在初始条件下或在一些特殊的外作用下的运动。如果是三阶系统，相应地要用三个变量（状态）$x$、$\dot{x}$ 和 $\ddot{x}$ 才能完全描述系统的运动，此时相轨迹就必须描绘在 $x$、$\dot{x}$ 和 $\ddot{x}$ 所组成的三维空间中了。因此，确定相空间的相轨迹比相平面的相轨迹要复杂和困难得多。对高阶系统来说，就必须用抽象的多维空间来描述了，现代控制理论的状态空间法实际上就是相平面法的扩展。

## 8.4　描述函数分析法

非线性系统的描述函数表示，是线性部分频率特性表示法的一种推广。该方法首先通过描述函数将非线性特性线性化，然后应用线性系统的频率法对系统进行分析。该方法是研究非线性系统自持振荡的有效方法。

### 8.4.1　描述函数的基本思想

假设非线性控制系统经过变换和归化可表示为图 8-22 所示的典型结构。其中 $N$ 是非线性元件，$G(s)$ 为系统的线性环节。

我们知道，线性元件在正弦信号输入时，其输出也是同频率的正弦函数，可以用幅相频率特性来描述。但是对于非线性元件，当输入为正弦信号时，即 $e(t)=A\sin\omega t$ 时，其输出 $x(t)$ 一般为同频率的非正弦周期函数，即输出不仅含有与输入同频率的基波分量，而且还含有高次谐波分量。故非线性元件不能直接用幅相频率特性来描述。

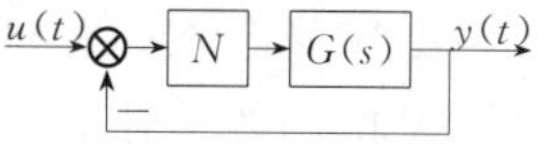

图 8-22　非线性控制系统典型结构图

描述函数法的基本思想是，当系统满足一定条件时，系统中非线性环节在正弦信号作用下的输出可用一次谐波分量来近似，由此导出非线性环节的近似等效频率特性，表达形式上类似于线性理论中的幅相频率特性，即描述函数。描述函数法——基于谐波分解的线性化近似方法，也叫谐波平衡法。为此要求非线性控制系统满足以下条件：

① 非线性元件 $N$ 无惯性。

② 非线性元件 $N$ 的特性是斜对称的，即 $f(e)=-f(-e)$。因此在正弦信号作用下，输出量的平均值等于零，没有恒定直流分量。前节所例举的典型非线性元件均满足以上两个条件。

③ 系统中的线性部分 $G(s)$ 具有良好的低通滤波特性。这个条件对一般控制系统来说是可以满足的，而且线性部分阶次越高，低通滤波特性越好。这一点使得非线性元件输出量中的高次谐波通过线性部分后，其幅值被衰减得很小，近似认为只有基波沿着闭环通道传递。显然这种近似的准确性完全取决于非线性元件输出信号中高次谐波相对于基波成分的比例，高次谐波成分比例小，准确性高，反之，误差较大。

### 8.4.2　描述函数法的表示式

根据以上的基本思想和应用条件，可推导出非线性元件的数学模型——描述函数。图 8-23 所示的非线性元件，假设它的输出量 $x(t)$ 只与输入量 $e(t)$ 有关，即

$$x=f(e)$$

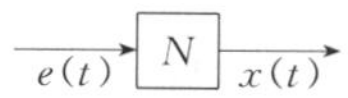

图 8-23　非线性元件

当输入量为正弦函数 $e(t)=A\sin\omega t$ 时，其输出 $x(t)$ 一般是非正弦周期函数。将输出 $x(t)$ 用傅里叶级数展开，可以写成

$$x(t)=A_0+\sum_{k=0}^{+\infty}(A_k\cos k\omega t+B_k\sin k\omega t)$$

考虑到非线性控制系统满足上述应用条件，则级数中的恒定分量 $A_0=0$，高次谐波可忽略。故上式可简化为

$$x(t)=A_1\cos\omega t+B_1\sin\omega t=C_1\sin(\omega t+\varphi_1) \tag{8-35}$$

式中，$A_1=\dfrac{1}{\pi}\displaystyle\int_0^{2\pi}x_2(t)\cos\omega t\,\mathrm{d}(\omega t)$，$B_1=\dfrac{1}{\pi}\displaystyle\int_0^{2\pi}x_2(t)\sin\omega t\,\mathrm{d}(\omega t)$，$C_1=\sqrt{A_1^2+B_1^2}$，

$\varphi_1=\tan^{-1}\dfrac{A_1}{B_1}$，其中 $C_1$ 是基波分量的幅值，$\varphi_1$ 是基波分量的相角。

仿照线性理论中频率特性的概念，非线性元件的等效幅相特性可用输出的基波分量和输入正弦量的复数比来描述，即下式：

$$N(X)=\frac{C_1\angle\varphi_1}{X\angle 0}=\frac{C_1}{X}\angle\varphi=\frac{\sqrt{A_1^2+B_1^2}}{X}\angle\arctan\frac{A_1}{B_1}=\frac{B_1}{X}+\mathrm{j}\frac{A_1}{X}$$

式中，函数 $N(X)$ 称为该非线性元件的描述函数。此描述函数 $N(X)$ 是正弦输入信号幅值 $X$ 的函数。对非线性元件做了上述近似线性化处理后，图 8-22 所示的非线性系统可用图 8-24 来表示。这时线性系统中的频率法就可用来研究非线性系统的基

本特性。$-\dfrac{1}{N(X)}$ 称为描述函数的负倒数特性。

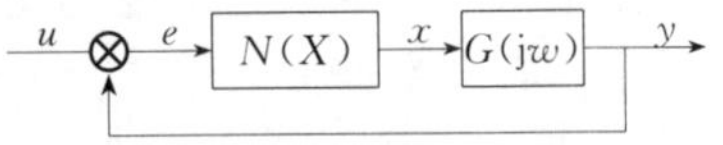

描述函数法最重要的任务，是非线性元件描述函数 $N(X)$ 的计算。下面以典型非线性元件的描述函数为例，介绍非线性元件描述函数的求解方法。

图 8-24　非线性控制系统等效结构图

### 8.4.3　典型非线性元件的描述函数

（1）间隙特性的描述函数

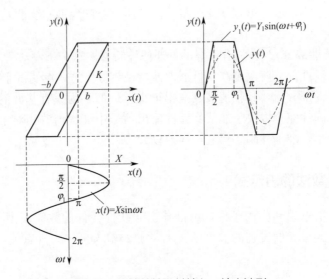

图 8-25　间隙特性及其输入、输出波形

间隙特性及其在正弦信号 $x(t)=X\sin\omega t$ 作用下的输出波形如图 8-25 所示。当正弦输入的振幅 $X<b$ 时，非线性的输出 $y(t)=0$；当 $X>b$ 时，非线性输出 $y(t)$ 为：

$$y(t)=\begin{cases} K(X\sin\omega t - b), 0\leqslant\omega t<\dfrac{\pi}{2} \\ K(X-b), \dfrac{\pi}{2}\leqslant\omega t<\varphi_1 \\ K(X\sin\omega t + b), \varphi_1\leqslant\omega t<\pi \end{cases} \tag{8-36}$$

式中，$\varphi_1=\pi-\arcsin\left(1-\dfrac{2b}{X}\right)$。

由于间隙特性为多值函数，所以 $A_1$、$B_1$ 都需要计算：

$$A_1=\frac{1}{\pi}\int_0^{2\pi}y(t)\cos\omega t\,\mathrm{d}(\omega t)$$

$$=\frac{2}{\pi}\Big[\int_0^{\pi/2}K(X\sin\omega t-b)\cos\omega t\,\mathrm{d}(\omega t)+\int_{\pi/2}^{\varphi_1}K(X-b)\cos\omega t\,\mathrm{d}(\omega t)$$

$$+\int_{\varphi_1}^{\pi}K(X\sin\omega t+b)\cos\omega t\,\mathrm{d}(\omega t)\Big]$$

$$=\frac{4Kb}{\pi}\left(\frac{b}{X}-1\right)$$

$$B_1=\frac{1}{\pi}\int_0^{2\pi}y(t)\sin\omega t\,\mathrm{d}(\omega t)$$

$$=\frac{2}{\pi}\Big[\int_0^{\pi/2}K(X\sin\omega t-b)\sin\omega t\,\mathrm{d}(\omega t)+\int_{\pi/2}^{\varphi_1}K(X-b)\sin\omega t\,\mathrm{d}(\omega t)$$

$$+\int_{\varphi_1}^{\pi}K(X\sin\omega t+b)\sin\omega t\,\mathrm{d}(\omega t)\Big]$$

$$=\frac{KX}{\pi}\left[\frac{\pi}{2}+\arcsin\left(1-\frac{2b}{X}\right)+2\left(1-\frac{2b}{X}\right)\sqrt{\frac{b}{X}\left(1-\frac{b}{X}\right)}\right]$$

于是可得间隙特性的描述函数为：

$$N(X)=\frac{B_1}{X}+\mathrm{j}\frac{A_1}{X}$$

$$=\frac{K}{\pi}\left[\frac{\pi}{2}+\arcsin\left(1-\frac{2b}{X}\right)+2\left(1-\frac{2b}{X}\right)\sqrt{\frac{b}{X}\left(1-\frac{b}{X}\right)}\right]$$

$$+\mathrm{j}\frac{4Kb}{\pi X}\left(\frac{b}{X}-1\right),X\geqslant b \tag{8-37}$$

由上式可见，间隙特性的描述函数是输入信号幅值的复函数，与输入频率无关。

（2）死区特性的描述函数

死区特性及其在正弦信号 $x(t)=X\sin\omega t$ 作用下的输出波形如图 8-26 所示。输出 $y(t)$ 为

$$y(t)=\begin{cases} 0, 0\leqslant\omega t\leqslant\varphi_1 \\ K(X\sin\omega t-\Delta), \varphi_1\leqslant\omega t\leqslant\dfrac{\pi}{2} \end{cases}$$

$$\varphi_1=\arcsin\frac{\Delta}{X} \tag{8-38}$$

式中，$\Delta$ 为死区范围，$K$ 为线性部分的斜率。由于死区特性是单值奇对称的，所以

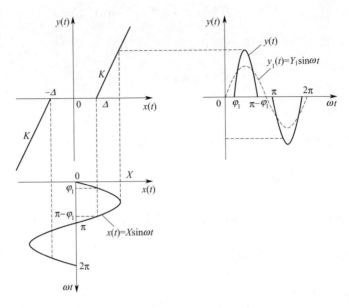

图 8-26  死区特性及其正弦响应

$A_1 = 0$，$\varphi_1 = 0$。$B_1$ 可按下式计算：

$$B_1 = \frac{1}{\pi} \int_0^{2\pi} y(t) \sin\omega t \, \mathrm{d}(\omega t)$$

$$= \frac{4}{\pi} \int_{\varphi_1}^{\frac{\pi}{2}} K(X\sin\omega t - \Delta) \sin\omega t \, \mathrm{d}(\omega t)$$

$$= \frac{4KX}{\pi} \int_{\varphi_1}^{\frac{\pi}{2}} \sin^2\omega t \, \mathrm{d}(\omega t) - \frac{4K\Delta}{\pi} \int_{\varphi_1}^{\frac{\pi}{2}} \sin\omega t \, \mathrm{d}(\omega t)$$

$$= \frac{4KX}{\pi} \left[ \frac{\omega t}{2} - \frac{1}{4}\sin 2\omega t \right]\Bigg|_{\varphi_1}^{\frac{\pi}{2}} - \frac{4K\Delta}{\pi} \left[ -\cos\omega t \right]\Bigg|_{\varphi_1}^{\frac{\pi}{2}}$$

$$= \frac{4KX}{\pi} \left[ \frac{\pi}{4} - \frac{\varphi_1}{2} + \frac{1}{4}\sin 2\varphi_1 - \frac{\Delta}{X}\cos\varphi_1 \right]$$

$$= \frac{2KX}{\pi} \left[ \frac{\pi}{2} - \arcsin\frac{\Delta}{X} - \frac{\Delta}{X}\sqrt{1 - \left(\frac{\Delta}{X}\right)^2} \right] \tag{8-39}$$

于是可得死区特性的描述函数为：

$$N(X) = \frac{B_1}{X} = \frac{2K}{\pi} \left[ \frac{\pi}{2} - \arcsin\frac{\Delta}{X} - \frac{\Delta}{X}\sqrt{1 - \left(\frac{\Delta}{X}\right)^2} \right], X \geqslant \Delta \tag{8-40}$$

由上式可见，死区特性的描述函数是输入信号幅值实函数，与输入正弦信号的频率无关。当 $\Delta/X$ 很小时，$N(X) \approx K$，即输入幅值很大或死区很小时，死区的影响可以忽略。

（3）饱和特性的描述函数

图 8-27 所示为饱和特性及其输入输出的波形图。当 $X < b$ 时，工作在线性段，没有非线性影响；当 $X \geqslant b$ 时，工作在非线性段。因此饱和特性的描述函数，只有在 $X \geqslant b$ 时才有意义。其输出 $y(t)$ 为：

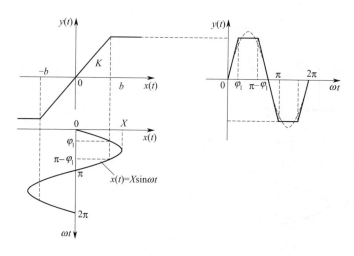

图 8-27　饱和特性及其正弦响应

$$y(t)=\begin{cases}KX\sin\omega t,0\leqslant\omega t\leqslant\varphi_1\\Kb,\varphi_1\leqslant\omega t\leqslant\dfrac{\pi}{2}\end{cases}$$

(8-41)

$$\varphi_1=\arcsin\dfrac{b}{X}$$

式中，$b$ 为线性范围，$K$ 为线性部分的斜率。由于饱和特性是单值奇对称的，所以 $A_1=0$，$\varphi_1=0$。$B_1$ 可按下式计算：

$$\begin{aligned}B_1&=\dfrac{1}{\pi}\int_0^{2\pi}y(t)\sin\omega t\,\mathrm{d}(\omega t)\\&=\dfrac{4}{\pi}\int_0^{\varphi_1}KX\sin^2\omega t\,\mathrm{d}(\omega t)+\dfrac{4}{\pi}\int_{\varphi_1}^{\frac{\pi}{2}}Kb\sin\omega t\,\mathrm{d}(\omega t)\\&=\dfrac{2KX}{\pi}\left[\arcsin\dfrac{b}{X}+\dfrac{b}{X}\sqrt{1-\left(\dfrac{b}{X}\right)^2}\right]\end{aligned}$$

(8-42)

于是可得饱和特性的描述函数为：

$$N(X)=\dfrac{B_1}{X}=\dfrac{2K}{\pi}\left[\arcsin\dfrac{b}{X}+\dfrac{b}{X}\sqrt{1-\left(\dfrac{b}{X}\right)^2}\right],X\geqslant b$$

(8-43)

由上式可见，饱和特性的描述函数是输入信号幅值的实函数，与输入频率无关。

（4）继电器特性的描述函数

具有死区和滞环的继电器特性以及它对正弦输入的输出波形如图 8-28 所示。其输出 $y(t)$ 为：

$$y(t)=\begin{cases}0,0\leqslant\omega t<\varphi_1\\M,\varphi_1\leqslant\omega t<\varphi_2\\0,\varphi_2\leqslant\omega t<\pi\end{cases}$$

(8-44)

式中，$\varphi_1=\arcsin\dfrac{h}{X}$，$\varphi_2=\pi-\arcsin\dfrac{mh}{X}$。由于继电器特性为多值函数，所以 $A_1$、$B_1$ 都需要计算：

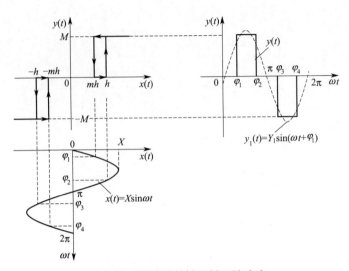

图 8-28 继电器特性及其正弦响应

$$A_1 = \frac{1}{\pi}\int_0^{2\pi} y(t)\cos\omega t\, d(\omega t)$$

$$= \frac{2}{\pi}\int_{\varphi_1}^{\varphi_2} M\cos\omega t\, d(\omega t)$$

$$= \frac{2Mh}{\pi X}(m-1) \qquad\qquad (8\text{-}45)$$

$$B_1 = \frac{1}{\pi}\int_0^{2\pi} y(t)\sin\omega t\, d(\omega t)$$

$$= \frac{2}{\pi}\int_{\varphi_1}^{\varphi_2} M\sin\omega t\, d(\omega t)$$

$$= \frac{2M}{\pi}\left[\sqrt{1-\left(\frac{mh}{X}\right)^2}+\sqrt{1-\left(\frac{h}{X}\right)^2}\right] \qquad (8\text{-}46)$$

于是可得继电器特性的描述函数为：

$$N(X) = \frac{B_1}{X}+j\frac{A_1}{X}$$

$$= \frac{2M}{\pi X}\left[\sqrt{1-\left(\frac{mh}{X}\right)^2}+\sqrt{1-\left(\frac{h}{X}\right)^2}\right]+j\frac{2Mh}{\pi X^2}(m-1)\,,X\geqslant h \qquad (8\text{-}47)$$

由上式可见，继电器特性的描述函数是输入信号幅值的复函数，与输入频率无关。
在式(8-47) 中令 $h=0$，就可得到两位置理想继电器特性的描述函数：

$$N(X) = \frac{4M}{\pi X} \qquad\qquad (8\text{-}48)$$

在式(8-47)中令 $m=1$，就可得到三位置理想继电器特性的描述函数：

$$N(X) = \frac{4M}{\pi X}\sqrt{1-\left(\frac{h}{X}\right)^2}\,,X\geqslant h \qquad (8\text{-}49)$$

在式(8-47)中令 $m=-1$，就可得到具有滞环的两位置继电特性的描述函数：

$$N(X) = \frac{4M}{\pi X}\sqrt{1-\left(\frac{h}{X}\right)^2}-j\frac{4Mh}{\pi X^2}\,,X\geqslant h \qquad (8\text{-}50)$$

表 8-1 列出了一些典型非线性特性的描述函数，以供查用。

表 8-1　典型非线性特性及其描述函数对照表

| 非线性特性 | 描述函数 |
|---|---|
| | $\dfrac{4M}{\pi X}$ |
| | $\dfrac{4M}{\pi X}\sqrt{1-\left(\dfrac{h}{X}\right)^2},X\geqslant h$ |
| | $\dfrac{4M}{\pi X}\sqrt{1-\left(\dfrac{h}{X}\right)^2}-\mathrm{j}\dfrac{4Mh}{\pi X^2}$ |
| | $\dfrac{2M}{\pi X}\left[\sqrt{1-\left(\dfrac{mh}{X}\right)^2}+\sqrt{1-\left(\dfrac{h}{X}\right)^2}\right]+\mathrm{j}\dfrac{2Mh}{\pi X^2}(m-1),X\geqslant h$ |
| | $K+\dfrac{4M}{\pi X}$ |
| | $\dfrac{2K}{\pi}\left[\dfrac{\pi}{2}-\arcsin\dfrac{\Delta}{X}-\dfrac{\Delta}{X}\sqrt{1-\left(\dfrac{\Delta}{X}\right)^2}\right],X\geqslant\Delta$ |
| | $\dfrac{2K}{\pi}\left[\arcsin\dfrac{S}{X}+\dfrac{S}{X}\sqrt{1-\left(\dfrac{S}{X}\right)^2}\right],X\geqslant S$ |
| | $\dfrac{2K}{\pi}\left[\arcsin\dfrac{S}{X}+\dfrac{S}{X}\sqrt{1-\left(\dfrac{S}{X}\right)^2}-\arcsin\dfrac{\Delta}{X}-\dfrac{\Delta}{X}\sqrt{1-\left(\dfrac{\Delta}{X}\right)^2}\right],X\geqslant\Delta$ |

续表

| 非线性特性 | 描述函数 |
|---|---|
| 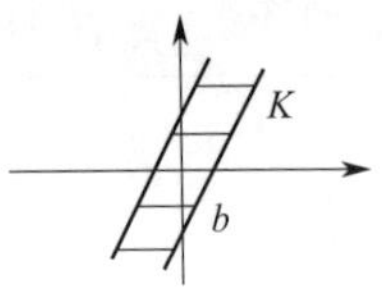 | $\dfrac{K}{\pi}\left[\dfrac{\pi}{2}+\arcsin\left(1-\dfrac{2b}{X}\right)+2\left(1-\dfrac{2b}{X}\right)\sqrt{\dfrac{b}{X}\left(1-\dfrac{b}{X}\right)}\ \right]$ <br> $+\mathrm{j}\dfrac{4Kb}{\pi X}\left(\dfrac{b}{X}-1\right),X\geqslant b$ |
| 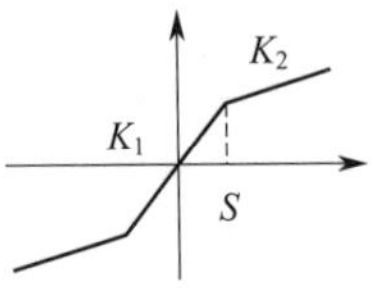 | $K_2+\dfrac{2(K_1-K_2)}{\pi}\left[\arcsin\dfrac{S}{X}+\dfrac{S}{X}\sqrt{1-\left(\dfrac{S}{X}\right)^2}\ \right],X\geqslant S$ |
| 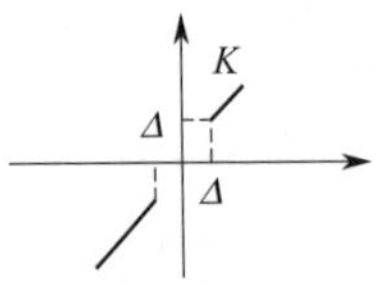 | $\dfrac{2K}{\pi}\left[\dfrac{\pi}{2}-\arcsin\dfrac{\Delta}{X}-\dfrac{\Delta}{X}\sqrt{1-\left(\dfrac{\Delta}{X}\right)^2}\ \right]+\dfrac{4\Delta}{\pi X}\sqrt{1-\left(\dfrac{\Delta}{X}\right)^2},X\geqslant\Delta$ |

## 8.4.4　用描述函数法分析非线性系统

当非线性元件用描述函数表示后，则描述函数 $N(X)$ 在系统中可以作为一个实变量或复变量放大系统来处理，这样就可以应用线性系统中频率法的某些结论来研究非线性系统。但由于描述函数仅表示非线性元件在正弦信号作用下，其输出基波分量与输入正弦信号的关系，因而它不能全面表征系统的性能，只能近似用于分析一些与系统稳定性有关的问题。本节介绍如何应用描述函数分析法分析系统的稳定性、自持振荡产生的条件及振幅和频率的确定。

（1）系统的典型结构及基本条件

① 非线性系统能简化成一个非线性环节和一个线性部分且闭环连接的典型结构形式，如图 8-29 所示，其中 $G(s)$ 代表系统的线性部分。

② 非线性环节输入输出特性 $y(x)$ 应是 $x$ 的奇函数，即 $f(x)=-f(-x)$，以保证非线性环节的正弦响应不含有常值分量，即 $A_0=0$。

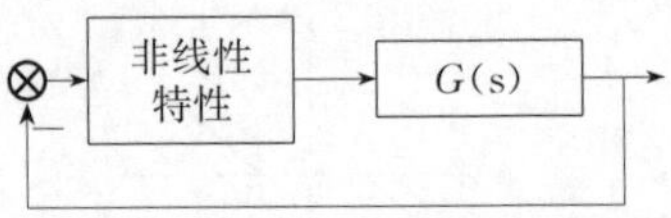

图 8-29　非线性控制系统

③ 系统的线性部分应具有较好的低通滤波性能。当非线性环节的输入为正弦信号时，实际输出必定含有高次谐波分量，但经线性部分传递之后，由于低通滤波的作用，高次谐波分量将被大大削弱，从而保证描述函数法所分析的结果比较准确。

（2）非线性系统的稳定性分析

非线性系统经过简化后，具有图 8-29 所示的典型结构形式，且非线性环节与线性部分满足描述函数法的应用条件，则非线性系统经过谐波线性化后变成一个等效的线性系统，可以应用线性系统理论中的频域稳定判据来分析非线性系统的稳定性。

已知图 8-29 所示系统中非线性特性的描述函数 $N(X)$ 和线性部分的频率特性 $G(\mathrm{j}\omega)$，

由于要求 $G(s)$ 具有低通特性，所以其极点全在 $s$ 平面的左半平面。当非线性特性采用描述函数近似等效时，闭环系统的特征方程为

$$N(X)G(\mathrm{j}\omega)+1=0 \tag{8-51}$$

即

$$G(\mathrm{j}\omega)=-1/N(X) \tag{8-52}$$

$-1/N(X)$ 称为非线性环节的负倒描述函数。由线性控制系统理论知，线性系统的特征方程为

$$G(\mathrm{j}\omega)=-1 \tag{8-53}$$

根据复平面内系统的开环频率特性 $G(\mathrm{j}\omega)$ 曲线与临界点（$-1$，j0）的相对位置，应用奈奎斯特判据，可以分析线性控制系统的稳定性。将方程式(8-52)与式(8-53)对照，显然可以把奈奎斯特判据推广应用于谐波线性化的非线性系统，需要修改的仅仅是将复平面内的临界点（$-1$，j0）扩展为临界曲线，即 $-1/N(X)$ 曲线。

根据奈奎斯特判据，如果 $-1/N(X)$ 曲线不被 $G(\mathrm{j}\omega)$ 曲线包围，如图 8-30(a)所示，则系统是稳定的。

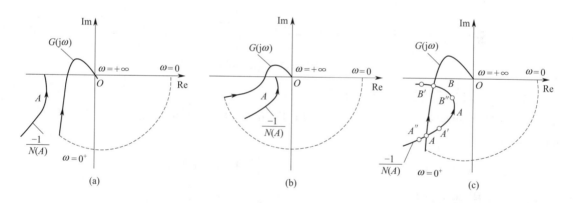

图 8-30　非线性系统零平衡状态的稳定性

如果 $-1/N(X)$ 曲线被 $G(\mathrm{j}\omega)$ 曲线全部包围，如图 8-30(b)所示，则系统状态在干扰作用下，不能回到平衡状态，所以系统是不稳定的。

如果 $-1/N(X)$ 曲线与线性部分频率特性 $G(\mathrm{j}\omega)$ 曲线相交，如图 8-30(c)所示，交点处的参数，即振幅 $A_{\mathrm{i}}$ 和频率 $\omega_{\mathrm{i}}$ 使方程式(8-51) 成立，非线性系统可能产生 $A_{\mathrm{i}}\sin\omega_{\mathrm{i}}t$ 的自持振荡。

假如非线性系统的工作点准确地位于图 8-30(c)中两曲线的交点 $A$ 和 $B$ 上，理论上非线性系统均可产生自持振荡。但是实际的系统工作时不可避免地会受到干扰（外界干扰或系统内部参数的变化），使非线性系统的工作点偏离交点 $A$ 或 $B$。假设非线性系统最初工作在图 8-30（c）中的 $A$ 点，如果系统受到干扰，使非线性元件的正弦输入振幅 $X$ 稍微增大，系统的工作点由 $A$ 点变到 $A'$ 点，此时的 $A'$ 点成为临界点，由于 $G(\mathrm{j}\omega)$ 曲线包围了 $A'$ 点，系统将产生发散的振荡，其振幅 $X$ 继续增大而远离工作点 $A$。如果系统受到干扰，使振幅 $X$ 稍微减小，工作点由 $A$ 点变动到 $A''$ 点，不被 $G(\mathrm{j}\omega)$ 曲线包围，系统将产生衰减振荡，其振幅 $X$ 继续减小而又远离工作点 $A$，因此 $A$ 点处所对应的自持振荡是不稳定的。假设非线性系

统最初工作在图 8-30(c)中的 $B$ 点，如果系统受到干扰，使振幅 $X$ 稍微增大（或减小），工作点由 $B$ 点变动到 $B'$（或 $B''$）点，不被（或被）$G(j\omega)$ 曲线包围，系统将产生衰减（或发散）振荡，使振幅 $X$ 减小（或增大）而回到原工作点 $B$，因此 $B$ 点处的自持振荡是稳定的。

上述分析可综合叙述为：在复平面内 $G(j\omega)$ 曲线与 $-1/N(X)$ 曲线有交点，如果干扰使系统的工作点由交点处变动到 $A$ 稍微增大的新工作点处，不被 $G(j\omega)$ 曲线包围，则该交点处的自持振荡是稳定的。如果系统的工作点由交点处变动到 $A$ 稍微增大的新工作点，被 $G(j\omega)$ 曲线包围，则该交点处的自持振荡是不稳定的。

稳定的自持振荡是振幅固定不变、频率固定不变的周期振荡，具有抗干扰性。稳定的自持振荡可以通过系统的仿真实验观测到；而不稳定的自持振荡实际上在系统中是不存在的，在系统的仿真实验中也是观测不到的。

（3）用描述函数法分析非线性系统举例

［例 8-3］ 非线性系统的结构图如图 8-31 所示，用描述函数法判断该系统的稳定性。

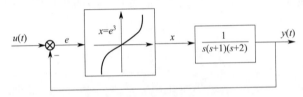

图 8-31  非线性系统结构图

［解］ ① 求非线性部分的描述函数。

设 $e(t)=A\sin\omega t$，则 $x(t)=A^3\sin^3\omega t$；因此 $x(t)$ 是奇函数，故有 $A_0=0$，$A_1=0$，$\varphi_1=0$，其中

$$B_1(A)=\frac{1}{\pi}\int_0^{2\pi}x(t)\sin\omega t\,d(\omega t)=\frac{1}{\pi}\int_0^{2\pi}A^3\sin^4\omega t\,d(\omega t)=\frac{3}{4}A^3$$

非线性部分的描述函数为

$$N(A)=\frac{B_1}{A}=\frac{3}{4}A^2$$

② 判断系统的稳定性。

描述函数的相对负倒数特性为

$$-\frac{1}{N(A)}=-\frac{4}{3A^2}$$

当 $A=0\sim+\infty$ 时，$-1/N(A)=-\infty\sim0$。$-1/N(A)$ 曲线示于图 8-32，为整个负实轴。由

$$\text{Im}[G(j\omega)]=\text{Im}\left[\frac{1}{j\omega(j\omega+1)(j\omega+2)}\right]=0$$

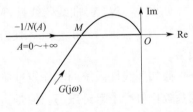

图 8-32  $-1/N$ $(A)$ 和 $G$ $(j\omega)$曲线

解得 $\omega=\sqrt{2}$，代入 $\text{Re}G(j\omega)$ 求得：

$$\text{Re}[G(j\omega)]\big|_{\omega=\sqrt{2}}=\text{Re}\left[\frac{1}{j\omega(j\omega+1)(j\omega+2)}\right]\bigg|_{\omega=\sqrt{2}}=-\frac{3}{18}=-0.167$$

则 $(-0.167,j0)$ 点为 $G(j\omega)$ 曲线与负实轴的交点，亦是 $-1/N(A)$ 和 $G(j\omega)$ 的交点，如图 8-32 所示。其振幅由下列方程解出

$$-\frac{1}{N(A)}=\mathrm{Re}G(j\omega)\big|_{\omega=\sqrt{2}}=-0.167$$

解得 $A=2\sqrt{2}$。因 $-1/N(A)$ 穿入 $G(j\omega)$，故交点为发散点。当 $A>2\sqrt{2}$ 时，系统稳定；当 $A<2\sqrt{2}$ 时，系统不稳定。

[**例 8-4**]　具有理想继电器特性的非线性系统如图 8-33 所示，其中线性部分的传递函数为 $G(s)=\dfrac{10}{s(s+1)(s+2)}$，试确定其自持振荡的幅值和频率。

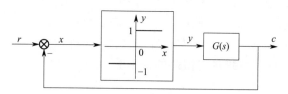

图 8-33　理想继电器特性的非线性系统结构图

[**解**]　继电器特性的描述函数为

$$N(A)=\frac{4M}{\pi A}=\frac{4}{\pi A}$$

负倒描述函数为

$$-\frac{1}{N(A)}=-\frac{\pi A}{4}$$

当 $A=0$ 时，$-1/N(A)=0$，当 $A=+\infty$ 时，$-1/N(A)=-\infty$，因此当 $A=0\rightarrow+\infty$ 时，$-1/N(A)$ 曲线为整个负实轴。

又线性部分的频率特性为

$$G(j\omega)=\frac{10}{j\omega(j\omega+1)(j\omega+2)}=-\frac{30}{\omega^4+5\omega^2+4}-j\frac{10(2-\omega^2)}{\omega(\omega^4+5\omega^2+4)}$$

画出 $G(j\omega)$ 和 $-1/N(A)$ 曲线如图 8-34 所示，由图可知，两曲线在负实轴上有一个交点，且该自持振荡点是稳定的。

令 $\mathrm{Im}[G(j\omega)]=0$，即

$$\frac{10(2-\omega^2)}{\omega(\omega^4+5\omega^2+4)}=0\Rightarrow2-\omega^2=0$$

求得自持振荡频率 $\omega=\sqrt{2}$。将 $\omega=\sqrt{2}$ 代入 $G(j\omega)$ 的实部，得到

$$\mathrm{Re}[G(j\omega)]\big|_{\omega=\sqrt{2}}=-\frac{30}{\omega^4+5\omega^2+4}\bigg|_{\omega=\sqrt{2}}=-1.66$$

由 $G(j\omega)N(A)=-1$，可得到

$$-\frac{1}{N(A)}=G(j\omega)$$

即有

$$-\frac{1}{N(A)}=-\frac{\pi A}{4}=-1.66$$

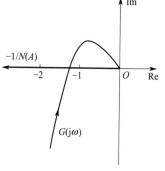

图 8-34　系统的 $-1/N(A)$
和 $G(j\omega)$ 曲线

于是求得自持振荡的幅值为 $A=2.1$，自持振荡频率为 $\omega=\sqrt{2}$。

[**例 8-5**]  非线性系统的 $G(j\omega)$ 及 $-1/N(A)$ 的轨迹如图 8-35 所示［该非线性系统相对负倒描述函数 $-1/N(A)$ 曲线重合于实轴，为了清晰起见，画成了双线］。其中交点 $M_1$ 处的振幅为 $A_1=0.76$，交点 $M_2$ 处的振幅为 $A_2=1.83$，频率为 $\omega=200$。试确定系统是否存在自持振荡，若有自持振荡，求出系统自持振荡的幅值和频率。

[**解**]  $-1/N(A)$ 的轨迹与 $G(j\omega)$ 曲线相交，则系统的输出有可能产生自持振荡。在交点 $M_1$ 处，$-1/N(A)$ 曲线沿箭头方向从稳定区进入了不稳定区，$M_1$ 点产生的自持振荡就是不稳定的；而在交点 $M_2$ 处，$-1/N(A)$ 曲线沿箭头方向是由不稳定区进入到了稳定区，故在该交点处产生的自持振荡是稳定的；即 $M_2$ 点是自振荡点，所以系统自持振荡的幅值为 $A_2=1.83$，频率为 $\omega=200$。

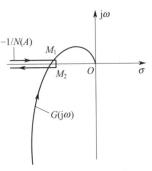

图 8-35  非线性系统的 $G(j\omega)$ 及 $-1/N(A)$ 的曲线

（4）非线性系统结构图的简化

以上讨论的非线性系统，在其结构上均属于一个非线性部分和一个线性部分串联。然而实际系统作出的原始结构图，并非完全符合上述形式。为了应用描述函数法分析系统的自持振荡及稳定性，需要将各种结构形式归化为典型结构。

在讨论自持振荡及稳定性时，只研究由系统内部造成的周期运动，并不考虑外作用。因此，在将系统结构图进行归化变换时，可以认为所有外作用均为零，只考虑系统的闭环回路。

在结构归化时，若系统中出现两个非线性环节并联或串联结构，可以将两个非线性环节合并为一个等效环节进行处理。具体地说，两个非线性环节相并联，合并后的等效环节的描述函数为两个非线性环节的描述函数之和；两个非线性环节相串联，应先求出它们的等效非线性特性，再求其等效描述函数。

若非线性系统含有一个非线性环节和多个线性环节，此时可以按结构图等效变换法则对线性环节进行合并，将系统归化为典型结构形式。图 8-36 给出了一个非线性系统，其中非线性环节被线性局部反馈所包围。对这种结构，可视 $G_1$、$G_2$ 为并联结构，按结构图等效变换法将其合并为一个线性部分，则系统就归化为典型结构形式。若非线性环节处于局部反馈通道中，也可通过适当变换，将系统归化为一个线性部分和一个非线性部分的串联，如图 8-37 所示。

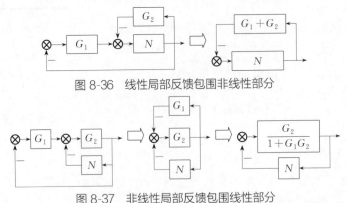

图 8-36  线性局部反馈包围非线性部分

图 8-37  非线性局部反馈包围线性部分

## 习　题

8-1　设一阶非线性系统的微分方程为

$$\dot{x} = -x + x^3$$

试确定系统有几个平衡状态，分析平衡状态的稳定性，并画出系统的相轨迹。

8-2　试确定下列方程的奇点及其类型，并用等倾斜线法绘制相平面图。

① $\ddot{x} + \dot{x} + |x| = 0$；

② $\begin{cases} \dot{x}_1 = x_1 + x_2 \\ \dot{x}_2 = 2x_1 + x_2 \end{cases}$。

8-3　已知系统运动方程为 $\ddot{x} + \sin x = 0$，试确定奇点及其类型。

8-4　死区继电器非线性的控制系统如图 8-38 所示，其中，$G(s) = \dfrac{1}{s(Ts+1)}$ 在初始条件为零时，$r = 1(t)$，要求：

① 在 $e\text{-}\dot{e}$ 平面上作出相轨迹；

② 判断系统是否稳定，最大稳态误差是多少？

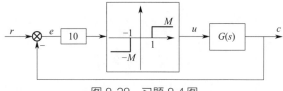

图 8-38　习题 8-4 图

8-5　图 8-39 所示为继电器非线性的控制系统，其中，$G_1(s) = 9/s^2$，$G_2(s) = (1+s)/6$，系统输入为 $r(t) = 4 \times 1(t)$，初始状态 $c(0) = -3, \dot{c}(0) = 0$ 时，绘制系统的相轨迹，并求出系统最大速度及峰值时间。

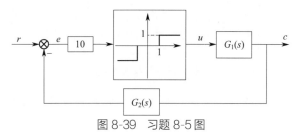

图 8-39　习题 8-5 图

8-6　具有理想继电器的非线性系统如图 8-40 所示，试用相平面法分析：

① $k = 0$ 时系统的运动。

② $k = 0.5$ 时系统的运动，并说明比例微分对改善系统的作用。

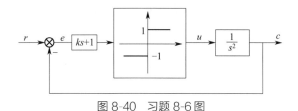

图 8-40　习题 8-6 图

8-7  试推导非线性特性 $y=x^3$ 的描述函数。

8-8  已知非线性系统的结构图如图 8-41 所示，图中非线性环节的描述函数为 $N(A)=$ $\dfrac{A+6}{A+2}$，$A>0$。试用描述函数法确定：

① 使该非线性系统稳定、不稳定以及产生周期运动时，线性部分的 $k$ 值范围；

② 判断周期运动的稳定性，并计算稳定周期运动的振幅和频率。

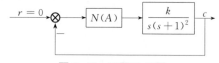

图 8-41  习题 8-8 图

8-9  具有滞环继电器特性的非线性控制系统如图 8-42 所示，其中 $M=1$，$h=1$。

① 当 $T=0.5$ 时，分析系统的稳定性，若存在自持振动，确定自持振动参数；

② 讨论 $T$ 对自持振动的影响。

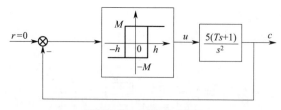

图 8-42  习题 8-9 图

8-10  非线性系统如图 8-43 所示，试用描述函数法分析周期运动的稳定性，并确定系统输出信号振荡的振幅和频率。

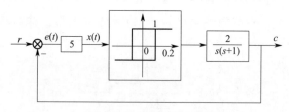

图 8-43  习题 8-10 图

8-11  将图 8-44 所示非线性系统简化成环节串联的典型结构图形式，并写出线性部分的传递函数。

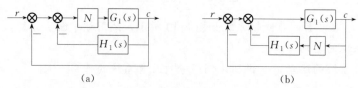

(a)                                    (b)

图 8-44  习题 8-11 图

# 第 9 章
# 应用 MATLAB 的控制系统分析

MATLAB 软件是信号和图像处理、通信、控制系统设计、测试、分析以及计算生物学等众多领域中的常用工具。它将数值分析、矩阵计算、科学数据可视化以及非线性动态系统的建模和仿真等诸多强大功能集成在一个易于使用的视窗环境中。本章主要介绍应用 MATLAB/Simulink 对本书中各章节的重要知识点进行自动控制分析与设计的基本方法。

## 9.1 应用 MATLAB 建立控制系统数学模型

### 9.1.1 控制系统数学模型的建立与转换

（1）传递函数的多项式模型

连续系统的传递函数模型一般表达式为

$$G(s) = \frac{b_0 s^m + b_1 s^{m-1} + \cdots + b_m}{a_0 s^n + a_1 s^{n-1} + \cdots + a_n} = \frac{\text{num}(s)}{\text{den}(s)}, \quad n \geqslant m$$

在 MATLAB 中用分子、分母多项式系数按 $s$ 的降幂次序构成以下两个矢量：

$$\text{num} = [b_0, b_1, \cdots, b_m]; \quad \text{den} = [a_0, a_1, \cdots, a_n]$$

使用命令 tf(num，den) 建立控制系统的传递函数。

如果传递函数的分子或分母是两个以上多项式乘积形式，可借助多项式乘法函数 conv（A，B）来处理，返回一个由多项式系数构成的矢量。其中，$A$ 和 $B$ 分别表示一个多项式系数按 $s$ 的降幂次序构成的矢量。

（2）传递函数的零极点模型

传递函数的零、极点模型一般表达式为

$$G(s) = \frac{K(s-z_1)(s-z_2)\cdots(s-z_m)}{(s-p_1)(s-p_2)\cdots(s-p_n)}$$

式中，$K$ 为系统增益，$z_i(i=1,2,\cdots,m)$、$p_j(j=1,2,\cdots,n)$ 分别为系统的零点和极点。

在 MATLAB 中零、极点模型的建立如下：

$$\text{sys} = \text{zpk}(z, p, k)$$

其中，$z=[z_1,z_2,\cdots,z_m]$，$p=[p_1,p_2,\cdots,p_n]$，$k=[K]$。

（3）传递函数模型的相互转换

传递函数部分分式展开式模型一般表达式为

$$G(s)=\frac{\text{num}(s)}{\text{den}(s)}=\frac{r_1}{s-p_1}+\frac{r_2}{s-p_2}+\cdots+\frac{r_n}{s-p_n}+k(s)$$

式中，$r=[r_1,r_2,\cdots,r_n]$，是部分分式展开式的分子常数矢量；$p=[p_1,p_2,\cdots,p_n]$是部分分式展开式的分母极点矢量；$k$ 是部分分式展开式的余数矢量。

如果系统有 $m$ 个相同极点（$m$ 重根）时（$n>m$），$r=[r_1,r_2,\cdots,r_m,r_{m+1},\cdots,r_n]$，$p=[p_1,p_1,\cdots,p_1,p_{m+1},\cdots,p_n]$，则展开式模型为

$$G(s)=\frac{r_1}{s-p_1}+\frac{r_2}{(s-p_1)^2}+\cdots\frac{r_m}{(s-p_1)^m}+\frac{r_{m+1}}{s-p_{m+1}}+\cdots+\frac{r_n}{s-p_n}+k(s)$$

零极点模型转换为多项式模型：$[\text{num},\text{den}]=\text{zpk2tf}(z,p,k)$。

多项式模型转换为零极点模型：$[z,p,k]=\text{tf2zp}(\text{num},\text{den})$。

多项式模型转换为部分分式模型：$[r,p,k]=\text{residue}(\text{num},\text{den})$。

部分分式模型转换为多项式模型：$[\text{num},\text{den}]=\text{residue}(r,p,k)$。

[例 9-1]　已知系统的传递函数为 $G(s)=\dfrac{s+5}{(s+1)(s+2)(s+3)}$，试分别建立多项式模型、零极点模型和部分分式模型。

[解]　%多项式模型程序如下

num＝[1 5];

den＝conv(conv([1 1],[1 2]),[1 3])

sys＝tf(num,den)

运行结果为

Transfer function：

$$\frac{s+5}{s^3+6\ s^2+11\ s+6}$$

%继续输入零极点模型程序

[z,p,k]＝tf2zp(num,den)

sys＝zpk(z,p,k)

运行结果为

Zero/pole/gain：

$$\frac{(s+5)}{(s+3)(s+2)(s+1)}$$

%继续输入部分分式模型程序

[r,p,k]＝residue(num,den)

运行结果为：分子系数矢量 $r$ 是 1，$-3$，2；分母系数矢量 $p$ 是$-3$，$-2$，$-1$；余数矢量 $k$ 为 0。即转化后的部分分式展开式为

$$G(s) = \frac{1}{s+3} + \frac{-3}{s+2} + \frac{2}{s+1}$$

## 9.1.2　各系统模型连接后的等效模型

应用 MATLAB 进行结构图化简，可以归纳为处理串联、并联或反馈三种情况。

设 $sys1 = G_1(s) = \dfrac{num1(s)}{den1(s)}$ 和 $sys2 = G_2(s) = \dfrac{num2(s)}{den2(s)}$ 分别以串联、并联和反馈的形式连接，则连接后的等效传递函数分别可以由以下函数求得。

串联连接：$[num, den] = series(num1, den1, num2, den2)$ 或 $sys = series(sys1, sys2)$。

并联连接：$[num, den] = parallel(num1, den1, num2, den2)$ 或 $sys = parallel(sys1, sys2)$。

反馈连接：$[num, den] = feedback(num1, den1, num2, den2, sign)$ 或 $sys = feedback(sys1, sys2, sign)$。其中 sign 是反馈极性，sign 缺省时默认为负反馈，$sign = -1$；正反馈时，$sign = 1$；单位反馈时，$sys2 = 1$，且不能缺省。

[**例 9-2**]　已知系统前向通道的传递函数分别为 $G_1(s) = \dfrac{1}{s+1}$，$G_2(s) = \dfrac{s}{s^2 + 2s + 1}$，反馈通道的传递函数为 $H(s) = \dfrac{s+2}{s+10}$，试求负反馈闭环系统的传递函数。

[**解**]　％输入程序如下

num1=[1];den1=[1 1];num2=[1 0];den2=[1 2 1];num3=[1 2];den3=[1 10];

[numc,denc]=series(num1,den1,num2,den2);

[num,den]=feedback(numc,denc,num3,den3);

sys=tf(num,den)

运行结果为

Transfer function：
$$\frac{s^\wedge 2 + 10s}{s^\wedge 4 + 13\ s^\wedge 3 + 34\ s^\wedge 2 + 33\ s + 10}$$

## 9.1.3　应用 Simulink 求控制系统的传递函数

在 Simulink 中创建系统的框图模型后，使用线性化函数 linmod 可以方便地导出其传递函数。该方法对于求解结构图较为复杂的系统传递函数尤为有效。

用 Simulink 建立框图模型的步骤为：启动 Simulink，打开一个新的模型文件，进入浏览库界面；拖动功能模块到模型文件窗口，设置功能模块参数；连接功能模块构成框图模型。

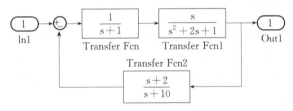

图 9-1　基于 Simulink 建立的例 9-2 中的控制系统模型

**[例 9-3]** 试应用 Simulink 建立例 9-2 中的控制系统，并求其闭环传递函数。

**[解]** 应用 Simulink 建立例 9-2 中的控制系统模型，如图 9-1 所示，并保存该模型文件名为 model。

%输入程序如下

open_system('model');

[a,b,c,d]=linmod('model');

[num,den]=ss2tf(a,b,c,d);

sys=tf(num,den);

minreal(sys)

运行结果为

　　　　　　Transfer function：

$$\frac{s^2+10\ s}{s^4+13\ s^3+34\ s^2+33\ s+10}$$

由运行结果可见该结果与例 9-2 等效的传递函数一致。

# 9.2　应用 MATLAB 进行控制系统时域分析

控制系统的时域分析包括瞬态响应、稳定性、稳态误差分析几个方面。本节简单介绍控制系统基于 MATLAB 的时域分析。

## 9.2.1　绘制系统的响应曲线与读取动态性能指标

（1）单位阶跃响应

利用命令 step(sys)、step(sys,$t$) 或 step(num,den) 可以直接绘制出单位阶跃响应曲线。其中对象 sys 可以是 tf()、zpk() 函数中任何一个建立的系统模型，时间 $t$ 可以指定一个仿真终止时间，也可以设置为一个时间矢量（如 $t$=Tstart:dt:Tfinal，即 Tstart 为初始时刻，dt 是步长，Tfinal 是终止时刻）。

（2）单位脉冲响应

利用命令 impulse(num,den) 或 impulse(sys,$t$) 可以直接绘制出单位脉冲响应。其中，num、den、sys、$t$ 含义同上。

（3）任意函数作用下系统的响应

在许多情况下，需要求取在任意已知函数作用下系统的响应，此时可用线性仿真函数 lsim() 来实现，其调用格式为

$$[y,x]=\text{lsim}(\text{num},\text{den},u,t)$$

其中，$y$ 为系统输出响应，$x$ 为系统状态响应，$u$ 为系统输入信号，$t$ 为仿真时间。只是需要注意的是调用函数 lsim() 时，应给出与时间 $t$ 矢量相对应的输入矢量。此时，绘制任意输入函数作用下系统的响应时，采用命令 plot($t$,$y$) 即可画出响应曲线。

（4）读取系统动态性能指标

在单位阶跃响应曲线图中，利用快捷菜单中的命令，可以在曲线对应的位置自动显示动

态性能指标的值。在曲线图中空白区域，单击鼠标右键，在快捷菜单中选择"Character"命令，可以显示动态性能指标"Peak Response"（峰值）、"Setting Timo"（调节时间）、"Rise Time"（上升时间）和稳态值"Steady State"，将它们全部选中后，曲线图上就在四个位置出现了相应的点，用鼠标单击后，相应性能值就显示出来。

　　系统默认显示当误差带为 2％时的调节时间，若要显示误差带为 5％时的调节时间，可以单击鼠标右键，在出现的快捷菜单中选择"Properties"命令，显示属性编辑对话框，在"Option"选项卡的"Show setting time within"文本框中，可以设置调节时间的误差带 2％或 5％，注意键盘输入数字后必须回车确认才会有效。

　　[**例 9-4**]　已知闭环系统的传递函数为 $W(s)=\dfrac{1}{s^2+s+2}$，试分别绘制系统的单位阶跃响应、单位脉冲响应和输入 $r(t)=1+t+t^2$ 作用下系统的响应曲线，并读取单位阶跃响应曲线的动态系能指标。

　　[**解**]　％输入程序如下

num＝[1];den＝[1,1,2];t＝0:0.1:10;

figure(1);step(num,den,t);figure(2);impulse(num,den)

u＝1+t+t.$^{\wedge}$2;[y,x]＝lsim(num,den,u,t);figure(3);plot(t,y)

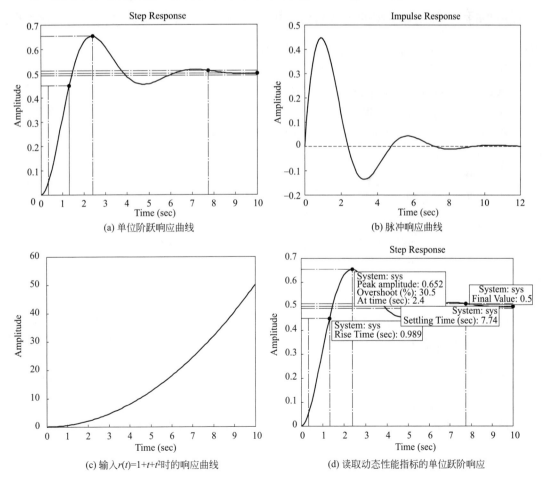

(a) 单位阶跃响应曲线

(b) 脉冲响应曲线

(c) 输入 $r(t)=1+t+t^2$ 时的响应曲线

(d) 读取动态性能指标的单位跃阶响应

图 9-2　例 9-4 系统的响应曲线

运行结果如图 9-2 所示。从图 9-2（d）中的数据可以得到系统的稳态值为 0.5，动态性能指标为：超调量 $M_p = 30.5\%$，峰值时间 $t_p = 2.4s$，调节时间 $t_s = 7.74s$，上升时间 $t_r = 0.989s$。

## 9.2.2　系统的稳定性分析

线性系统稳定的充分必要条件是：闭环系统的特征方程的所有根全部具有负实部，或闭环传递函数的极点均位于 $s$ 平面的左半平面。

（1）求系统的特征根

如果给定闭环系统传递函数 $W(s) = \dfrac{\text{num}(s)}{\text{den}(s)}$，其中，num 和 den 分别为分子和分母多项式系数矢量，则系统的特征多项式 $D(s)$ 已知，利用 roots 函数可以求其特征根。若已知系统闭环传递函数，还可以利用 eig 函数直接求出系统的特征根。调用格式分别如下：

$$\text{roots(den)}$$
$$\text{sys} = \text{tf(num, den)}; \text{eig(sys)}$$

（2）求系统的闭环根、阻尼比 $\zeta$ 和自然振荡频率 $\omega_n$

利用命令 damp(den) 可以计算出闭环根、阻尼比 $\zeta$ 和自然振荡频率 $\omega_n$。

[例 9-5]　已知闭环系统的传递函数为 $W(s) = \dfrac{1}{s^2 + s + 2}$，试分别求出系统的特征根，阻尼比 $\zeta$ 和自然振荡频率 $\omega_n$，并分析系统的稳定性。

[解]　％输入程序如下

num＝[1];den＝[1,1,2];sys＝tf(num,den);
eig(sys)％求系统的特征根
damp(den)％计算出闭环根、阻尼比和自然振荡频率
运行结果如下：
ans＝
　−0.5000＋1.3229i
　−0.5000−1.3229i

| Eigenvalue | Damping | Freq. (rad/s) |
|---|---|---|
| −5.00e−001＋1.32e+000i | 3.54e−001 | 1.41e+000 |
| −5.00e−001−1.32e+000i | 3.54e−001 | 1.41e+000 |

即系统闭环根为一对共轭复根 $-5 \pm j1.32$，阻尼比为 0.354，无阻尼振荡频率为 1.41rad/s。，由于系统的两个闭环根均在 $s$ 平面的左半平面内，因此系统稳定。

（3）求系统稳定时 $K$ 的取值范围

[例 9-6]　已知单位负反馈系统的开环传递函数为 $G(s) = \dfrac{K}{s^3 + 3s^2 + 6s}$，试求出使系统稳定的 $K$ 的取值范围。

[解]　系统的闭环特征方程为 $D(s) = s^3 + 3s^2 + 6s + K = 0$，系统稳定时 $K$ 的取值范围可由以下程序求出。

K＝0;
D＝[1,3,6 K];％定义特征多项式

```
[m,n]=size(D);%求矢量 D 的维数
p=roots(D);%求出 K=0 时的特征根
a=1;%定义循环变量初值
while(all(p<=0))%全部特征根在 s 平面的左半平面时进入循环,否则推出
    P(:,a)=p%将符合稳定条件的特征根存入矩阵 P
    a=a+1;%循环变量+1
    D(:,n)=D(:,n)+0.1;%K+0.2
    p=roots(D);%在新的 K 值下继续计算特征根
end
K=D(:,n)%第一个不符合稳定条件的 K 值
```

当 $K=18.1$ 时，程序退出循环。前一个点满足循环条件，稳定范围为 $0<K<18$。

## 9.2.3　系统的稳态误差分析

可以用 MATLAB 的求极限函数 limit 求误差系数，若求静态位置误差系数 $K_p$、静态速度误差系数 $K_v$ 和静态加速度误差系数 $K_a$，其调用格式分别为

$$K_p=\text{limit}(G,s,0,'\text{right}');$$
$$K_v=\text{limit}(s*G,s,0,'\text{right}');$$
$$K_a=\text{limit}(s^{\wedge}2*G,s,0,'\text{right}');$$

其中，$G$ 为系统的开环传递函数 $G_K(s)$ 的表达式的符号变量，$s$ 是符号变量。使用前通过 syms 命令进行符号变量定义。

[例 9-7]　已知单位负反馈系统的开环传递函数为 $G(s)=\dfrac{10}{s(0.2s+1)}$，试分别求出系统在单位阶跃输入和单位斜坡输入时的稳态误差。

[解]　首先判断闭环系统是否稳定。

```
%稳定性判断程序如下
num=[10];den=conv([1,0],[0.2,1]);
G=tf(num,den);Gb=feedback(G,1)
eig(Gb)
```

运行结果为

```
ans=
      -2.5000+6.6144i
      -2.5000-6.6144i
```

由结果可知，系统是稳定的。

```
%绘制响应曲线程序如下
t=0:0.01:2;
figure(1);step(Gb,t);u=t;[y,x]=lsim(Gb,u,t);
figure(2);plot(t,y,t,u)
```

运行结果如图 9-3 所示。

```
%求稳态误差的程序如下
```

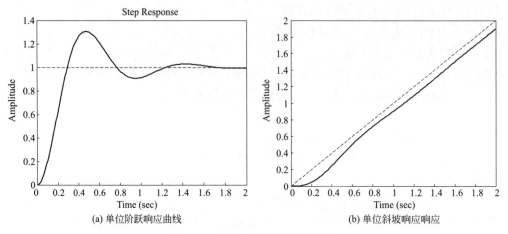

(a) 单位阶跃响应曲线　　　　　　(b) 单位斜坡响应响应

图 9-3　例 9-7 系统的响应曲线

syms s G

G＝10/(s * (0.2 * s＋1));

Kp＝limit(G,s,0,′right′)

Kv＝limit(G * s,s,0,′right′)

运行结果如下：

Kp＝Inf；Kv＝10

即单位阶跃输入下的稳态误差为 $e_{ss}=1/(1+K_p)=0$；单位斜坡输入下的稳态误差为 $e_{ss}=1/K_v=1/10=0.1$。

## 9.3　应用 MATLAB 绘制系统的根轨迹

MATLAB 绘制系统的根轨迹主要使用 rlocus、rlofind 函数。

函数 rlocus 的作用与调用格式为：

rlocus(num,den)——绘制根轨迹；

$[r,k]$＝rlocus(num,den)——求根或绘制根轨迹；

$[r]$＝rlocus(num,den,$K$)——求特定增益下的根。

不带输出变量调用时 MATLAB 自动绘出系统的根轨迹，带输出变量调用得到一组与 $K$ 对应的极点数据，数据以 $r$，$k$ 为变量名存入工作空间。

rlocus(sys1,′r′,sys2,′g * ′,sys3,′b＋′)——一幅图上用不同颜色和线条画出多条根轨迹。

函数 rlofind 的作用与调用格式为：

$[k,p]$＝rlofind(num,den)——计算给定一组根的根轨迹增益。

函数 rlofind 要求先绘制好根轨迹，执行该命令后产生一个十字光标，单击根轨迹上某一点，根轨迹每个分支上出现红色十字标志，根轨迹上这点对应的 $K$ 值和在这个 $K$ 值下的所有的闭环极点存入工作空间的变量 $k$ 和 $p$。

此外，使用函数 pzmap(num，den) 可以绘制系统的零、极点图。

这里 num 和 den 分别表示开环传递函数降幂排列的分子、分母系数矢量，sys 是由 tf 或 zpk 函数得到的开环传递函数变量。

[**例 9-8**]　已知系统的开环传递函数为 $G(s)H(s)=\dfrac{K(2s^2+5s+1)}{s^4+4s^3+s^2+3s+8}$，试确定系统开环零极点位置。

[**解**]　％输入程序如下

num＝[2 5 1]；

den＝[1 4 1 3 8]；

pzmap(num,den)；

title('Pole-zero Map')；

运行结果如图 9-4 所示。

[**例 9-9**]　设系统开环传递函数为 $G(s)H(s)=\dfrac{K^*(s+1)}{(s+0.1)(s+0.5)}$，试绘制系统的根轨迹。

[**解**]　％输入程序如下

num＝[11]；

den＝conv([10.1],[10.5])；

rlocus(num,den)；

运行结果如图 9-5 所示。

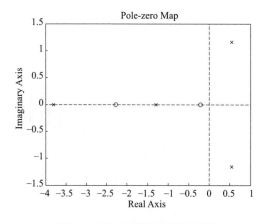

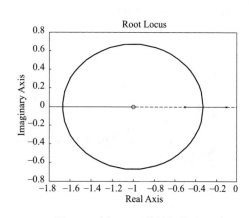

图 9-4　例 9-8 系统的零极点图　　　　图 9-5　例 9-9 系统的根轨迹

[**例 9-10**]　设系统开环传递函数为 $G(s)H(s)=\dfrac{K^*(s+2)}{(s^2+3s+6)^2}$，试绘制系统的根轨迹，并分析系统的稳定性。

[**解**]　％输入程序如下

num＝[1,2]；

den1＝[1,3,6]；

den＝conv(den1,den1)；

figure(1)；

rlocus(num,den)；

[k,p]＝rlocfind(num,den)；

运行结果如图 9-6 所示。

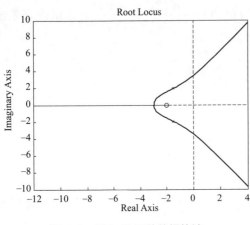

图 9-6　例 9-10 系统的根轨迹

```
num1=k*[1,2];
den=[1,3,6];
den1=conv(den,den);
[num,den]=cloop(num1,den1,-1);
impulse(num,den);
```

运行结果如图 9-8 所示。

% 继续输入程序
```
figure(2);
k=30;
num1=k*[1,2];
den=[1,3,6];
den1=conv(den,den);
[num,den]=cloop(num1,den1,-1);
impulse(num,den);
title('Impulse Response (k=30)');
```
运行结果如图 9-7 所示。
% 继续输入程序
```
figure(3);
k=40;
```

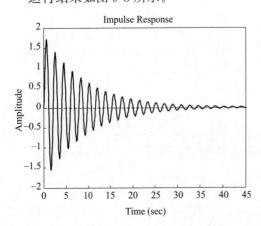

图 9-7　例 9-10 系统 $K^* = 30$ 时的脉冲响应

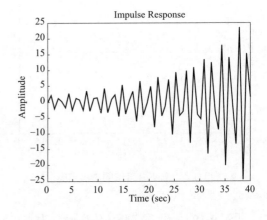

图 9-8　例 9-10 系统 $K^* = 40$ 时的脉冲响应

## 9.4　应用 MATLAB 进行控制系统频域分析

MATLAB 控制系统工具箱提供了频域特性的对数坐标图、极坐标图等相关求解函数。

### 9.4.1　对数坐标图的绘制

（1）绘制连续系统的伯德图

对数坐标图是通过半对数坐标分别表示幅频和相频特性的图形，也称 Bode（伯德）图。

如果给定系统开环传递函数 $G(s) = \dfrac{\text{num}(s)}{\text{den}(s)}$ 中的分子和分母多项式系数矢量 num 和 den，在 MATLAB 中 bode() 函数用来绘制连续系统的伯德图，其常用调用格式有以下三种。

格式一：bode(num, den)

在当前图形窗口中直接绘制系统的 Bode 图，角频率矢量 $\omega$ 的范围自动设定。

格式二：bode(num, dcn, $\omega$)

用于绘制系统的 Bode 图，$\omega$ 为输入给定角频率，用来定义绘制 Bode 图时的频率范围或者频率点。$\omega$ 为对数等分，用对数等分函数 logspuec() 完成，其调用格式为：logspace(dl, d2, n)，表示将变量 $\omega$ 作对数等分，命令中 d1、d2 为 $10^{d1} \sim 10^{d2}$ 的变量范围，n 为等分点数。

格式三：[mag, phase, w]=bode（mun, den)

返回变量格式，不作图，计算系统 Bode 图的输出数据，输出变量 mag 是系统 Bode 图的幅值矢量 mag=$|G(j\omega)|$，注意此幅值不是分贝值，须用 magdb=20 * log(mag)转换；phase 为 Bode 图的幅角矢量 phase=$\angle |G(j\omega)|$，单位为（°）；$\omega$ 是系统 Bode 图的频率矢量，单位是 rad/s。

（2）计算系统的稳定裕度（包括增益裕度和相位裕度）

函数 margin() 可以从系统频率响应中计算系统的稳定裕度及其对应的频率。

格式一：margin(num, den)

给定开环系统的数学模型，作 Bode 图，并在图上标注增益裕度 $G_m$ 和对应的频率 $\omega_g$，相位裕度 $P_m$ 和对应的频率 $\omega_c$。

格式二：[$G_m$, $P_m$, $\omega_g$, $\omega_c$]=margin（num, den)

返回变量格式，不作图。

格式三：[$G_m$, $P_m$, $\omega_g$, $\omega_c$] =margin(m, p, $\omega$)

给定频率特性的参数矢量：幅值 $m$、相位 $p$ 和频率 $\omega$，由插值法计算 $G_m$ 及 $\omega_g$、$P_m$ 和 $\omega_c$。

**[例 9-11]** 已知单位负反馈系统的开环传递函数为 $G(s) = \dfrac{30}{(s+1)(2s+4)(5s+1)}$，试绘制伯德图，并求增益与相位裕度。

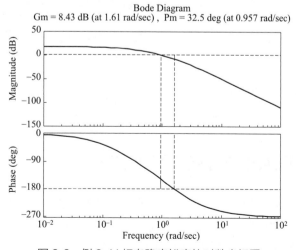

图 9-9　例 9-11 标有稳定裕度的对数坐标图

[**解**]　％输入程序如下

num＝30；

den＝conv(conv([11],[24]),[51])；

margin(num,den)；

运行结果如图9-9所示。

### 9.4.2　极坐标图的绘制

利用MATLAB的nyquist函数绘制Nyquist图非常简便。如果给定系统开环传递函数的分子多项式系数num和分母多项式系数den，在MATLAB软件中nyquist（）函数用来绘制系统的奈奎斯特曲线，函数调用格式有以下三种。

格式一：nyquist（num，den）

作Nyquist图，角频率矢量的范围自动设定，默认$\omega$的范围为（$-\infty$，$+\infty$）。

Tips：在自动控制理论中，幅频特性$L(\omega)$为$\omega$的偶函数，相频特性$\phi(\omega)$为$\omega$的奇函数，则$\omega$从零变化至$+\infty$与从零变化至$-\infty$的Nyquist曲线是关于实轴对称的，即曲线在（$-\infty$，0）与（0，$+\infty$）范围，是以横轴为镜像的。因此，一般只绘制$\omega$从零变化至$+\infty$的幅相特性曲线，这仅是MATLAB中的函数命令nyquist（）执行后绘制的关于横轴对称的幅相特性曲线，即关于$\omega$范围为（0，$+\infty$）的部分。

格式二：nyquist（num，den，$\omega$）

作开环系统的奈奎斯特曲线，角频率矢量$\omega$的范围可以人工给定。$\omega$为对数等分，用对数等分函数logspace（）完成，其调用格式为：logspace(d1，d2，n)，表示将变量$\omega$作对数等分，命令中d1、d2为$10^{d1}\sim10^{d2}$的变量范围，n为等分点数。

格式三：　[re，im，w]＝nyquist（num，den）

返回变量格式不作曲线，其中re为频率响应的实部，im为频率响应的虚部，w是频率点。

[**例9-12**]　已知单位负反馈系统的开环传递函数为$G(s)=\dfrac{1}{s^2+3s^2+2s+4}$，试绘制极坐标图，并判定系统的稳定性。

[**解**]　％输入程序如下

num＝1；den＝[1 3 2 4]；figure(1)；nyquist（num，den）；

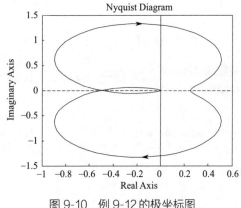

图9-10　例9-12的极坐标图

运行结果如图9-10所示。由图可见，Nyquist曲线不包围（$-1$，j0）点，系统稳定。

## 9.5　应用MATLAB进行线性系统校正

通过调整系统中的某些参数，可以有效地改善系统的动态、静态特性，然而，对于许多实际系统，必须在系统中附加一些校正装置，来改变系统解耦以获取要求的动态、静态特性。控制中常采用串联超前、串联滞后和串联滞后-超前校正等。校正方法可采用根轨迹法和频率法。计算机辅助设计为控制系统校正提供了极大的方便。下面通过两个例题来说明具体校正的设计。

## 9.5.1　应用 MATLAB 程序进行系统校正

[例 9-13]　已知单位负反馈控制系统的开环传递函数为 $G(s) = \dfrac{40}{s(0.012s+1)(0.05s+1)}$，试对系统进行串联超前校正设计，使系统校正后满足：相位裕度 $\gamma \geqslant 45°$，剪切频率 $\omega_c \geqslant$ 40rad/s。

[解]　① 求校正前系统的相位裕度与剪切频率，检查是否满足题目要求。

%求解例 9-13 的 MATLAB 程序

num＝40;den＝conv(conv([10],[0.0125 1]),[0.05 1]);

G＝tf(num,den);figure(1);bode(num,den);grid;%校正前的伯德图

Gb＝feedback(G,1);%校正前闭环传递函数

[gm1,pm1,wg1,wc1]＝margin(G);%求校正前的稳定裕度

figure(2);step(Gb);grid on;%求校正前的单位阶跃响应

程序运行后，得伯德图和阶跃响应曲线，参见图 9-11 及图 9-12。

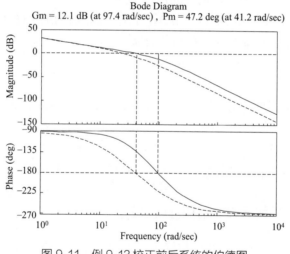

图 9-11　例 9-13 校正前后系统的伯德图

校正前相关性能指标：幅值裕度：$L = 7.96$dB，穿越频率：$\omega_g = 40$rad/s；相位裕度：$\gamma = 22.5°$，剪切频率：$\omega_c = 24.3$rad/s。由于相位裕度 $\gamma = 22.5° < 45°$，剪切频率 $\omega_c = 24.3$rad/s$< 40$rad/s 均不满足要求，故原系统需要校正。

② 由于原系统剪切频率 $\omega_c < 40$rad/s，现进行超前校正。设超前校正的传递函数为

$$G_c(s) = \frac{\alpha Ts + 1}{Ts + 1}$$

计算超前网络参数：试选择 $\omega_m = \omega_c = 41$rad/s，在图 9-11 中查出对应的 $L(\omega_c) = -8.44$dB，可计算得 $\alpha = 6.9823$，$T = 0.0092$；具体程序如下：

%续例 9-13 程序

wm＝41;%此数据根据系统校正后要求的剪切频率设定

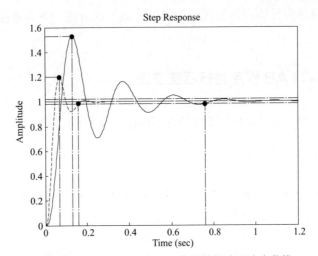

图 9-12　例 9-13 校正前后系统的单位阶跃响应曲线

lwm＝－8.44；％此数据来源于系统校正前伯德图对应 wm 处的取值

alfa＝10^(－lwm/10)；T＝1/wm/sqrt(alfa)；

num2＝[alfa * T,1]；den2＝[T,1]；num3＝conv(num,num2)；den3＝conv(den,den2)；

G3＝tf(num3,den3)；％校正后的开环传递函数

figure(1)；hold on；margin(num3,den3)；grid；％校正后的伯德图和稳定裕度

figure(2)；hold on；％绘制校正后的单位阶跃响应曲线

G4＝feedback(G3,1)；％校正后闭环传递函数

step(G4)；grid；

③ 校正后相关性能指标。由程序求出幅值裕度：$L_h$＝12.1dB，穿越频率：$\omega_g$＝97.4rad/s；相位裕度：$\gamma$＝47.2°，剪切频率：$\omega_c$＝41.2rad/s。校正后伯德图见图 9-11（上面实线为校正后的），相位裕度 $\gamma$＝47.2°＞45°，剪切频率 $\omega_c$＝41.2rad/s＞40rad/s；阶跃响应曲线见图 9-12（下面虚线为校正后的），超调量在 20％左右，调整时间小于 0.16s，满足要求。

## 9.5.2　Simulink 环境下的系统设计和校正

在 Simulink 环境下进行仿真设计和校正，更为形象、直观，参数的修改也比较方便，还可根据需要设置合适的时间响应。

[**例 9-14**]　已知被控对象的传递函数为 $G(s)=\dfrac{10}{s^2+2s+10}$，试通过 PID 校正来分析比例 P、积分 I 和微分 D 的控制作用。

[**解**]　打开 MATLAB 中的 Simulink 环境，首先构建一个单位负反馈控制系统的仿真模型，如图 9-13 所示。其中，控制器为 PID 调节器。

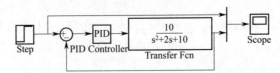

图 9-13　单位负反馈控制系统的仿真模型

为分析 PID 调节器各参数的作用，首先，只设置参数 P＝10 对系统进行校正，其单位阶跃响应曲线如图 9-14 所示；然后，设置参数 P＝10，I＝5 对系统进行校正，其单位阶跃响应曲线如图 9-15 所示；最后设置参数 P＝10，I＝5，D＝1 对系统进行校正，其单位阶跃响应曲线如图 9-16 所示。

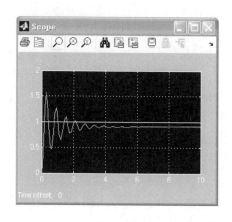

图 9-14　仅 P 调节的单位阶跃响应曲线

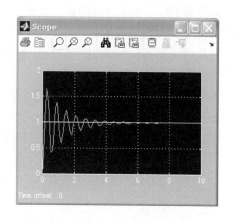

图 9-15　PI 调节的单位阶跃响应曲线

从仿真结果图可以看出，PID 调节器各参数的作用如下：

（1）比例调节作用

采用比例调节器适当调整其参数，既可以提高系统的稳态性能，又可以加快瞬态响应速度。但仅用比例调节器校正系统是不够的，过大的开环增益不仅使系统的超调量增大，而且会使系统的稳定裕度变小，对高阶系统来说，甚至会使系统变得不稳定。

（2）积分调节作用

积分调节器可以提高系统型别，消除或减少稳态误差，使系统的稳态性能得到改善。但积分调节器的引入，会影响系统的稳定性。此外，由于积分器是靠对误差的积累来消除稳态误差的，势必会使系统的反应速度降低。

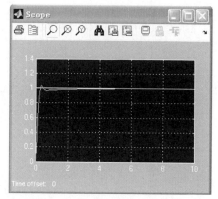

图 9-16　PID 调节的单位阶跃响应曲线

（3）微分调节作用

主要起超前校正作用，减小超调量，加快系统的动态响应。

## 9.6　MATLAB 在离散控制系统中的应用

MATLAB 在离散控制系统的分析和设计中起着重要作用。无论将连续系统离散化、对离散系统进行分析、对离散系统进行设计等，都可以应用 MATLAB 软件具体实现。

### 9.6.1　连续系统的离散化

离散系统的数学模型主要是差分方程和 Z 传递函数，描述了系统输出与输入之间的传递关系。除了在符号运算下的 $Z$ 变换函数 ztrans，离散系统的数学模型主要是由连续系统模型离散化得到的。MATLAB 提供了连续系统的离散化函数 c2d，它将连续时间模型转化为离散时间模型，其调用格式为

$$\text{sysd}=\text{c2d(sys,}T,\text{'method')} \text{ 或 sysd}=\text{c2d(sys,}T)$$

输入参数 sys 为连续时间模型对象，通过 tf 或 zpk 函数定义。$T$ 为采样周期。离散化方法由 method 指定，method 可选以下任一个关键字：imp 脉冲响应不变法，即 $Z$ 变换，在采样开关后无保持器的情况下选用这种方法；zoh 零阶保持器；foh 一阶保持器；tustin 双线性逼近法；prewarp 改进的 tusti 法，此时调用格式为 sysd＝c2d(sys,$T$,'method',W)，W 为截止频率；matched 零、极点匹配方法，仅适用于单输入单输出系统。

如果采用 sysd＝c2d(sys,$T$) 简便格式调用函数，则默认采用零阶保持器方法。

在需要得到 $Z$ 传递函数的分子、分母多项式变量的时候，函数为

$$[\text{numz,denz}]=\text{c2dm(num,den,}T,\text{'method')}$$

$G(z)=\text{numz}(z)/\text{denz}(z)$，$G(s)=\text{num}(s)/\text{den}(s)$，$T$ 和 method 的定义同函数 c2d。

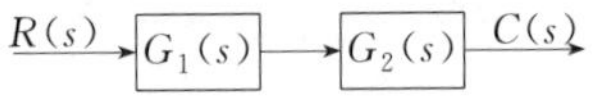

$$R(s) \rightarrow \boxed{G_1(s)} \rightarrow \boxed{G_2(s)} \rightarrow C(s)$$

图 9-17　例 9-15 的系统结构图

**［例 9-15］**　已知离散控制系统结构图如图 9-17 所示，求开环脉冲传递函数。其中，采样周期 $T=1s$，$G_1(s)=\dfrac{1-\mathrm{e}^{-sT}}{s}$，$G_2(s)=\dfrac{2}{s(s+2)}$。

**［解］**　可用解析法求 $G(z)$：

$$G(z)=\frac{z-1}{z}z\left[\frac{1}{s^2(s+1)}\right]=\frac{0.568z+0.297}{z^2-1.135z+0.135}$$

用 MATLAB 可以方便求得上述结果。程序如下。

num＝2；den＝conv([1 0],[1 2])；T＝1；[numz,denz]＝c2dm(num,den,T,'zoh')；
printsys(numz,denz,'z')

打印结果为

$$\frac{0.568z+0.297}{z^2-1.135z+0.135}$$

### 9.6.2　离散控制系统的稳定性分析

前面几章介绍过的 MATLAB 的控制系统工具箱函数，很多可以用在离散系统的分析中，如计算零、极点的 pmap、pole，绘制根轨迹的 locus、rlocfind 等，只是在调用这些函数时输入参数中的数学模型变量为离散系统的数学模型。其他的求时域与频域响应的函数，控制系统工具箱同样为用户提供了离散控制系统分析函数，函数名字是在相关的连续系统分析函数前加字母 d，这些函数的功能与介绍过的连续系统分析函数相同，调用时输入参数的数学模型为离散模型。

离散系统的时域响应函数为 dstep, dimpulse, dlsim；频域响应分析函数为 dbode, dnyquist, nichols, margin。

以 dstep、dbode 函数为例，说明以上函数的调用格式：

$$[c,t]=\text{dstep(nz,dz)} \text{ 或 }[c,t]=\text{dstep(nz,dz,m)}$$

若离散系统以 $\text{sys}(z)=nz(z)/dz(z)$ 形式表示，dstep(nz, dz) 函数可求其阶跃响应；

dstep(nz，dz，m）函数求出用户指定采样点数为 $m$ 的阶跃响应。当带有输出变量引用函数时，可以得到系统阶跃响应的输出数据，否则直接绘出响应曲线。

$$[\text{mag},\text{phase},\text{w}]=\text{dbode}(\text{nz},\text{dz},T)\text{或}[\text{mag},\text{phase},\text{w}]=\text{dbode}(\text{nz},\text{dz},T,\text{w})$$

dbode 函数用于计算离散系统的对数幅频特性和相频特性（即伯德图），输入变量 nz、dz 同 dstep，$T$ 为采样周期，w 为频率，当不带输入 w 频率参数时，系统会自动给出。带输出参数及不带输出参数调用的用法同 dstep。

[**例 9-16**]　已知带有零阶保持器的离散控制系统如图 9-18 所示，其中，$G_1(s)=\dfrac{1-\mathrm{e}^{-sT}}{s}$，$G_2(s)=\dfrac{K}{s(s+1)}$，$H(s)=1$。

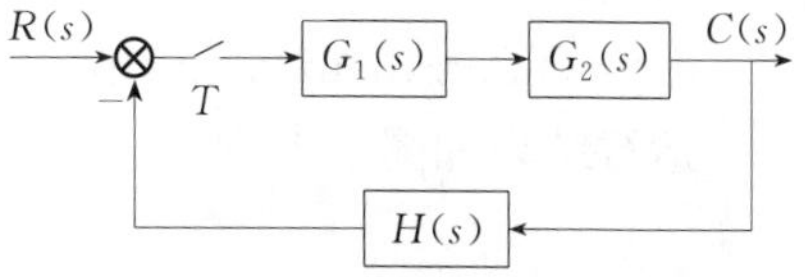

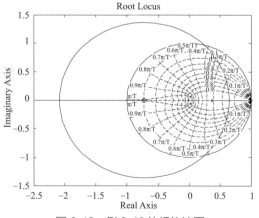

图 9-18　例 9-16 的系统结构图

① 当 $K=2$，$T=1\mathrm{s}$ 时，试判断闭环系统的稳定性。

② 当 $T=1\mathrm{s}$ 时，绘制采样系统的根轨迹图，求出系统稳定时 $K$ 的取值范围。

③ 当 $K=3$、$T=0.2\mathrm{s}$ 时，画出离散系统的单位阶跃响应曲线。

④ 当 $K=3$、$T=0.2\mathrm{s}$ 时，$r(t)=1+t$，用静态误差系数法求稳态误差。

[**解**]　％求解例 9-16 的 MATLAB 程序

① ％判断系统的稳定性

num＝2;den＝[1 1 0];sys＝tf(num,den);T＝1;

sysd＝c2d(sys,T);％离散方法采用零阶保持器法

sysdb＝sysd/(1+sysd);％求闭环脉冲传递函数

sysdb＝minreal(sysdb);％消去公因子

P＝pole(sysdb);％求特征根

P＝

　　0.3161＋0.8925i

　　0.3161－0.8925i

在单位圆内，$K=2$、$T=1\mathrm{s}$ 时系统稳定。

② ％求 $K$ 的取值范围

rlocus(sysd);grid

结果见图 9-19。可见，当 $K=1.2$ 时，根轨迹离开单位圆，$T=1\mathrm{s}$ 时，$0<K<1.2$ 时系统稳定。

图 9-19　例 9-16 的根轨迹图

③ %求单位阶跃响应曲线

num＝3;den＝[1 1 0];sys＝f(num,den);T＝0.2;

sysd＝c2d(sys,T);

[numz,denz]＝c2dm(num,den,T);

denz＝numz＋denz;

figure(1)

dstep(numz,denz);%绘制系统的单位阶跃响应曲线

运行结果如图 9-20 所示。

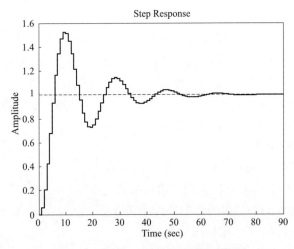

图 9-20　例 9-16 的单位阶跃响应曲线

④ %求稳态误差

num＝3;den＝[1 1 0];sys＝tf(num,den);T＝0.2;

sysd＝c2d(sys,T);

[numz,denz]＝c2dm(num,den,T);

syms z Gz;

Gz＝(0.5518 * z＋0.3964)/(z^2-1.3679 * z＋0.3679);

Kp＝limit(1＋Gz,z,1,′right′)

Kv＝limit((z-1) * Gz,z,1,′right′)

运行结果为

　　Kp＝

　　　　Inf

　　Kv＝

　　　　9482/6321

　　Es＝1/Kp＋T/Kv

运行结果为

　　Es＝

　　　　6321/47410

即稳态误差为：$e_{ss}$＝0.1333。

### 9.6.3　离散控制系统的最少拍设计

［例 9-17］　已知离散控制系统如图 9-21 所示，连续部分的传递函数为

$$G(s)=G_{\mathrm h}(s)G_0(s)=\frac{1-\mathrm e^{-sT}}{s}\times\frac{10}{s}$$

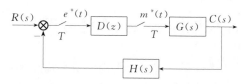

图 9-21　例 9-17 的系统结构图

已知采样周期 $T=1\mathrm s$。若要求系统在 $r(t)=1+t$ 输入时实现最少拍控制，试求数字控制器脉冲传递函数 $D(z)$。

［解］　计算给定系统的开环脉冲传递函数，即

$$G(z)=Z[G(s)]=\frac{10z^{-1}}{1-z^{-1}}$$

输入 $r(t)=1+t$ 的 $Z$ 变换为

$$R(z)=\frac{z}{z-1}+\frac{z}{(z-1)^2}=\frac{1}{(1-z^{-1})^2}$$

设闭环误差脉冲传递函数为 $W_{\mathrm e}(z)=(1-z^{-1})^2$，可得数字控制器的脉冲传递函数为

$$D(z)=\frac{1-W_{\mathrm e}(z)}{G(z)W_{\mathrm e}(z)}=\frac{2z-1}{10(z-1)}$$

％求解例 9-17 的 MATLAB 程序

num＝10；

den＝［1 0］；

T＝1；

［numz,denz］＝c2dm(num,den,T)％计算开环脉冲传递函数 $G(z)$

运行结果为

numz＝

　　　0　　　10

denz＝

　　　1　　　－1

从而获得

$$G(z)=\frac{10}{z-1}$$

％继续输入程序

syms z Gz;Gz＝10/(z−1);Rz＝1/(1−z^1)^2;We＝(1−z^1)^2;N＝1−We;D＝Gz＊We;

ps1＝expand(N);％ D(z)的分子转换成多项式

ps2＝expand(D);％ D(z)的分母转换成多项式

Dz1＝ps1/ps2；%求得 D(z)

Dz＝simplify(Dz1)；%化简 D(z)

运行结果为

　Dz＝

$1/10 * (2 * z-1)/(z-1)$

## 9.7　MATLAB 在非线性控制系统中的应用

利用 MATLAB 可以对非线性系统进行相平面分析和描述函数分析，形象、直观，且不受系统阶数的限制，极大简化了非线性系统的分析。

### 9.7.1　基于 Simulink 非线性控制系统的相平面分析

[例 9-18]　非线性系统如图 9-22 所示，系统初始处于静止状态。非线性环节为饱和特性，其饱和特征值为 $\pm 0.5$，线性区 $K=1$。当输入

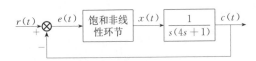

图 9-22　例 9-18 非线性系统结构图

单位阶跃信号时，试画出误差的相轨迹图和系统输出响应曲线。

[解]　输入为初始时间为 0、幅值为 1 的单位阶跃信号时，有 $\dot{e}(t)=-\dot{c}(t)$，在 Simulink 下搭建的仿真系统结构图如图 9-23 所示。在 Simulink 中使用 XY Graph 模块可以观察系统的相平面图。在 XY Graph 模块的 X、Y 输入端分别输入 $e(t)=r(t)-c(t)$ 和 $\dot{e}(t)=-\dot{c}(t)$，故 XY Graph 显示出 $e\text{-}\dot{e}$ 相平面图。坐标范围：X 轴为（$-0.5$，1），Y 轴为（$-0.3$，0.2），采样时间为 0.01s。积分器的初始状态取为 0。

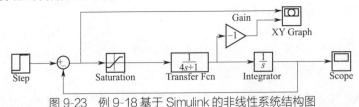

图 9-23　例 9-18 基于 Simulink 的非线性系统结构图

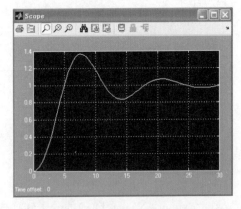

图 9-24　例 9-18 饱和非线性的相轨迹图　　　图 9-25　例 9-18 系统的单位阶跃响应曲线

运行仿真模型，系统的相轨迹图和单位阶跃响应曲线分别如图 9-24 和图 9-25 所示。从相平面图上可以看出相轨迹的起点为（1，0），终点为（0，0），说明系统偏差开始时最大且最大值为 1，稳定后稳态误差为 0，输出能完全跟踪阶跃输入；相轨迹与 X 轴坐标第一次的交点为（−0.365，0），说明此刻系统响应达到最大值 $e(t_p) = -0.365$，则输出为最大超调量，由 $e(t) = 1 - c(t)$ 可得到 $c(t_p) = 1.365$。这些结果与系统阶跃响应曲线比较，正好吻合。

## 9.7.2　利用 MATLAB 判断非线性系统的稳定性及自持振荡

利用 MATLAB 绘制复平面上线性部分的极坐标图和非线性部分的负倒描述函数曲线，能够方便地分析非线性系统的稳定性及自持振荡。下面举例说明。

[**例 9-19**]　具有滞环非线性的系统如图 9-26 所示，其中非线性特性参数 $M = 5$，$\Delta = 1$。分析非线性系统是否有自持振荡存在。若有，求自持振荡的参数。

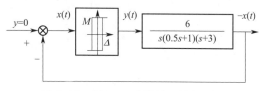

图 9-26　例 9-19 非线性系统结构图

[**解**]　在命令窗口执行以下程序，在复平面内画出 $-1/N(A)$ 和 $G(j\omega)$ 曲线。

%求解例 9-19 的 MATLAB 程序

A＝1:0.1:20;%A 的范围和步长

M＝5;delt＝1;%定义非线性特征值

disN1＝4 * M/pi. /A. * sqrt(1−(delt. /A). ^2)−j * 4 * M * delt/pi. /A. ^2;%非线性部分的描述函数

disN＝−1. /disN1;%负倒描述函数

w＝1:0.01:200;%频率范围和步长

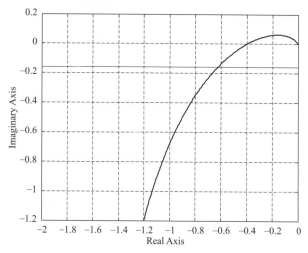

图 9-27　例 9-19 系统的 -1/N（A）曲线和 G（jω）曲线

num＝6;den＝conv(conv([1 0],[0.5 1]),[1 3]);

[r,i,w]＝Nyquist(num,den,w);

plot(real(disN),imag(disN),r,i);

xlabel('Real Axis');ylabel('Imaginary Axis');grid;

仿真结果如图 9-27 所示。由图可见，随着 $A$ 的增加，$-1/N(A)$ 曲线由右向左移动，随着 $\omega$ 的增加，$G(j\omega)$ 曲线由下向上移动，$G(j\omega)$ 曲线和 $-1/N(A)$ 曲线相交，系统出现稳定的自持振荡，用放大工具将交点处的图像局部放大，可见交点处的坐标为（$-0.625$，$-0.157$）。

％续例 9-19 程序

A0＝spline(real(disN)，A，$-0.625$);％用样条函数插值出 $-0.625$ 处的幅值

w0＝spline（I，w，$-0.157$);％用样条函数插值出 $-0.157$ 处的频率值

求出自持振荡的频率 $\omega_0＝1.9$，自持振荡的图 9-26 例 9-19 系统的 $-1/N(A)$ 振幅 $A_0＝4.1$。

# 部分习题参考答案

### 第 2 章

2-1　①$x(t)=t-2+2\mathrm{e}^{-0.5t}$，图略。

②$x(t)=\dfrac{2}{\sqrt{3}}\mathrm{e}^{-0.5t}\sin\dfrac{\sqrt{3}}{2}t=1.155\mathrm{e}^{-0.5t}\sin(0.866t)$，图略。

③$x(t)=1-t\mathrm{e}^{-t}-\mathrm{e}^{-t}$，图略。

2-2　图（a）$R_1R_2C\dfrac{\mathrm{d}u_\mathrm{o}}{\mathrm{d}t}+(R_1+R_2)u_\mathrm{o}=R_1R_2C\dfrac{\mathrm{d}u_\mathrm{i}}{\mathrm{d}t}+R_2u_\mathrm{i}$。

图（b）$R_1C_1R_2C_2\dfrac{\mathrm{d}^2u_\mathrm{o}}{\mathrm{d}t^2}+(R_1C_1+R_2C_2+R_1C_2)\dfrac{\mathrm{d}u_\mathrm{o}}{\mathrm{d}t}+u_\mathrm{o}=u_\mathrm{i}$。

2-3　$T^2\dfrac{\mathrm{d}^2y(t)}{\mathrm{d}t^2}+2\zeta T\dfrac{\mathrm{d}y(t)}{\mathrm{d}t}+y(t)=\dfrac{F(t)}{K}$。

2-4　图（a）$\dfrac{U_\mathrm{o}(s)}{U_\mathrm{i}(s)}=-\dfrac{R_2R_3Cs+R_2+R_3}{R_1}$。

图（b）$\dfrac{U_\mathrm{o}(s)}{U_\mathrm{i}(s)}=-\dfrac{R_1}{R_1R_2Cs+R_2}$。

2-5　图（a）$\dfrac{U_\mathrm{c}(s)}{U_\mathrm{r}(s)}=-\left(\dfrac{R_2}{R_1}+\dfrac{C_1}{C_2}+R_2C_1s+\dfrac{1}{R_1C_2s}\right)$。

图（b）$\dfrac{U_\mathrm{c}(s)}{U_\mathrm{r}(s)}=-\dfrac{R_2}{R_1}\times\dfrac{1}{R_2Cs+1}$。

2-6　图略。$\dfrac{C(s)}{R(s)}=\dfrac{k_1k_2}{T_2T_1s^2+(T_2+T_1+k_3k_2T_1)s+(k_1k_2+k_3k_2+1)}$。

2-7　略。

2-8　图（a）$\dfrac{C(s)}{R(s)}=\dfrac{G_1G_2G_3G_4}{1+G_1G_2+G_3G_4+G_2G_3+G_1G_2G_3G_4}$。

图（b）$\dfrac{C(s)}{R(s)}=\dfrac{G_1G_2G_3+G_4(1+G_2H_1+G_1G_2H_1+G_2G_3H_2)}{1+G_2H_1+G_1G_2H_1+G_2G_3H_2}$。

2-9　图略。$\dfrac{C(s)}{R(s)}=\dfrac{G_1G_2G_3}{1+G_2H_1+G_2G_3H_2-G_1G_2H_1}+G_4$。

2-10 图（a）$\dfrac{C(s)}{R(s)}=\dfrac{0.5K}{s^3+3.5s^2+s+0.5K}$。

图（b）$\dfrac{C(s)}{R(s)}=\dfrac{G_1G_2G_3G_4+G_1G_5+G_6(1+G_4H_2)}{1+G_1G_2H_1+G_1G_2G_3+G_1G_5+G_4H_2+G_1G_2G_4H_1H_2}$。

2-11 图（a）$\dfrac{C(s)}{R(s)}=\dfrac{G_1G_2+G_1G_3(1+G_2H)}{HG_2H+G_1G_2+G_1G_3+G_1G_2G_3H}$，

$\dfrac{C(s)}{N(s)}=\dfrac{-1-G_2H+G_4G_1G_2+G_4G_1G_3(1+G_2H)}{1+G_2H+G_1G_2+G_1G_3+G_1G_2G_3H}$。

图（b）$\dfrac{C(s)}{R(s)}=\dfrac{G_2G_4+G_3G_4+G_1G_2G_4}{1+G_2G_4+G_3G_4}$，$\dfrac{C(s)}{N(s)}=\dfrac{G_4}{1+G_2G_4+G_3G_4}$。

2-12 ①$\dfrac{C(s)}{R(s)}=\dfrac{k_1k_2k_3}{Ts^2+s+k_1k_2k_3}$，$\dfrac{C(s)}{N(s)}=\dfrac{k_1k_2k_3G_c(s)-k_3k_4s}{Ts^2+s+k_1k_2k_3}$

②$G_c(s)=\dfrac{k_4s}{k_1k_2}$。

2-13 $\dfrac{C(s)}{R(s)}=\dfrac{K(\tau s+1)+Ks+s^3+s^2}{K(\tau s+1)+Ks+s^3+s^2}=1$。

2-14 $C(s)=$
$$\dfrac{[G_1G_2+G_1G_3(1+G_2H)]R(s)+[1+G_2H+G_1G_2G_4+G_1G_3G_4(1+G_2H)]N(s)}{1+G_1G_2+G_2H+G_1G_3+G_1G_2G_3H}$$。

## 第3章

3-1 ①$W(s)=\dfrac{600}{s^2+70s+600}$；②$\omega_n=24.5,\zeta=1.429$。

3-2 ①$t_s=4T=0.4s$；②$K_H=4$。

3-3 ①当$K=2$时，阶跃响应$c(t)=1-2e^{-t}+e^{-2t}$，$t_s=3T_1=3s$（±5%误差带）；

②当$K=4$时，阶跃响应$c(t)=1-1.51\sin(1.32t+41.4°)$，$\sigma\%=2.8\%$，$t_s=2s$（±5%误差带）。

3-4 $W(s)=\dfrac{1340}{s^2+26.4s+1340}$。

3-5 略。

3-6 $\sigma\%=9.5\%$；$t_p=\dfrac{\pi}{\omega_d}=\dfrac{\pi}{1.6}=1.96(s)$；误差带2%时，$t_s=3.75(s)$，误差带5%时，$t_s=2.92(s)$。

3-7 $K_1=36/25=1.44$，$K_t=0.31$。

3-8 ①系统稳定。

②有两个正实部的根，系统不稳定。

③有两对纯虚根，$s_{1,2}=\pm j0.52$，$s_{3,4}=\pm j1.93$，系统临界稳定。

④有两个正实部的根，系统不稳定。

3-9 $0<K<8$。

3-10 ①$0<k<9$；②$\dfrac{14}{9}>k>\dfrac{5}{9}$。

3-11　①$b_0=10$，$b_1=2.6$；②$e_{ss}=0.51$。

3-12　加入前，$K_p=\lim\limits_{s\to\infty}G(s)=\infty$，$K_v=\lim\limits_{s\to0}sG(s)=\infty$，$K_a=\lim\limits_{s\to0}s^2G(s)=10$；加入后，$K_p=\lim\limits_{s\to0}G(s)=\infty$，$K_v=\lim\limits_{s\to0}sG(s)=0.5$，$K_a=\lim\limits_{s\to0}s^2G(s)=0$。

3-13　$e_{ss}=\infty$。

3-14　$e_{ss}=1$。

3-15　$v=1$，$K=10$，$T=1$。

3-16　$1<K_1<3$。

## 第 4 章

4-1　图略。$(-2,j0)$ 在根轨迹上，$(0,j)$ 和 $(-3,j2)$ 不在根轨迹上。

4-2　图略。交点的坐标为 $\pm j\sqrt{2}$，$K^*=6$ 为临界根轨迹增益。

4-3　分离点 $d_1=-2.12$，$d_2=0.12$（舍去），图略。

4-4　分离点 0.414 及 -2.414，与虚轴交点 $\pm j$，$K>1$ 稳定。图略。

4-5　图略，分离点 -2，与虚轴交点 $\omega=\pm2\sqrt{3}$，$K=64$。

4-6　图略，$\theta_1=\theta_2=0°$。

4-7　图略，分离点 $s_1=-1.586$，会合点 $s_2=-4.414$。

4-8　渐近线 $\theta=\pm90°$，$\sigma=0$；分离会合点 $\pm2$ 及 $\pm j3.46$；入射角 $\mp90°$；系统不稳定。

4-9　渐近线 $\theta=\pm60°$，$180°$，$\sigma=-2/3$；出射角 $\mp63°$；分离会合点 1.6 及 -3.43；无论 $K$ 取何值系统均不稳定。

4-10　$K=14$，$T=-1/2$；图略；$0<K<6$。

4-11　等效传递函数为 $G_1(s)H_1(s)=\dfrac{6\tau s}{(s+3)(s^2+2)}$；渐近线 $\theta=\pm90°$，$\sigma=-3/2$；出射角 $\mp155°$；图略。

4-12　负反馈：渐近线 $\theta=\pm60°$，$180°$，$\sigma=-5/3$；与虚轴交点 $s=\pm j1.414$，稳定范围 $0<K<12$；正反馈：渐近线 $\theta=0°$，$\pm120°$，$\sigma=-5/3$；系统恒不稳定。

4-13　图略；由 $\zeta=0.707$ 的等阻尼比线与根轨迹的交点，求得此时闭环共轭复数极点为 $-s_{1,2}=-2\pm j2$，相应的 $K^*=8$，$K=2$。$y(t)=1(t)-2e^{-2t}-\sqrt{2}\,e^{-2t}\sin(2t-45°)$。

4-14　图略；从根轨迹图可以看出，当 $0<T\leqslant0.015$ 时，系统阶跃响应为单调收敛过程；$0.015<T<0.2$ 时，阶跃响应为振荡收敛过程；$T>0.2$ 时，有两支根轨迹在 $s$ 平面的右半平面，此时系统不稳定。

4-15　①图略；②在根轨迹图上画出 $\zeta=0.5(\beta=60°)$ 的直线，定出对应的闭环极点 $\lambda_{1,2}=-1\pm\sqrt{3}$，由根之和法则定出相应的另一极点 $\lambda_3=3\times(-2)-(-1-1)=-4$，因此，$K=1$；③$e_{ss}>1/8$。

## 第 5 章

5-1　$G(j\omega)=\dfrac{36}{\sqrt{\omega^2+16}\times\sqrt{\omega^2+81}}e^{-j(\arctan\frac{\omega}{4}+\arctan\frac{\omega}{9})}$。

5-2　$c_{ss}(t)=A_c\sin(t+\theta_2)=0.78\sin(t+18.7°)$。

5-3　$\omega_n = 1.847$，$\zeta = 0.653$。

5-4　图略。

5-5　$G(j\omega) = \dfrac{jR_2 C\omega + 1}{j(R_1 + R_2)C\omega + 1}$，图略。

5-6　①图略，$Z = 0$，稳定；②图略，$Z = 2$，不稳定。

5-7　图略，$Z = 2$，不稳定。

5-8　$Z = 1$，不稳定。

5-9　图略。

5-10　(a) $G(s)H(s) = \dfrac{1000}{(s+1)(\frac{1}{10}s+1)(\frac{1}{300}s+1)}$；(b) $G(s)H(s) = \dfrac{\omega_1 \omega_c (\frac{1}{\omega_1}s+1)}{s^2 (\frac{1}{\omega_2}s+1)}$。

5-11　$a = 0.84$。

5-12　$K = 1.52$，其中 $\omega_g = 0.722$。

5-13　①$0 < K < 1.5$；②$0 < T < 1/9$；③$0 < K < 1 + 1/T$。

5-14　$\omega_c \approx 1.22$，$\gamma = 26°$；$K_g = 3$。

5-15　$\omega_c = 58.8$，$T = 0.032$；$\sigma\% = 35\%$，$t_s = 0.14s$。

5-16　①$G(s) = \dfrac{4(5s+1)}{s(25s+1)(0.5s+1)(0.1s+1)}$；

②方法一，利用开环对数幅频特性近似计算穿越频率 $\omega_c$：

$$20\lg \frac{\omega_c}{0.2} + 40\lg \frac{0.2}{0.04} = 40 \Rightarrow \omega_c \approx 0.8$$

方法二，根据定义计算穿越频率 $\omega_c$：

$$\frac{4\sqrt{25\omega_c^2 + 1}}{\omega_c \sqrt{625\omega_c^2 + 1}\sqrt{0.25\omega_c^2 + 1}\sqrt{0.01\omega_c^2 + 1}} = 1 \Rightarrow \omega_c \approx 0.77$$

③$\gamma = 180° + \angle G_k(j\omega_c)|_{\omega_c = 0.8} = 52.45°$ 或 $\gamma = 180° + \angle G_k(j\omega_c)|_{\omega_c = 0.77} = 53°$。

④$e_{ss} = \dfrac{r_0}{k_v} = \dfrac{0.5}{4} = 0.125$。

5-17　由于 $\gamma = 180° - 2 \times 90° - \arctan 0.1 \times 34.64 - \arctan 0.08 \times 34.64 = -144.1° < 0$，所以系统不稳定。

5-18　①$\dfrac{K}{\omega_c \sqrt{(0.1\omega_c)^2 + 1}\sqrt{\omega_c^2 + 1}} = 1 \Rightarrow K = 0.57$。

②$K_g = -20\lg \dfrac{K}{\omega_g \times \sqrt{\omega_g^2 + 1} \times \sqrt{(0.1\omega_g)^2 + 1}}\Bigg|_{\omega_g = \sqrt{10}} = 20 \Rightarrow K \approx 1.1$。

③$K = \omega_c \sqrt{0.01\omega_c^2 + 1}\sqrt{\omega_c^2 + 1}|_{\omega_c = 0.83} = 1.1$。

## 第 6 章

6-1　$G_c(s) = \dfrac{0.032s + 1}{0.081s + 1}$。

6-2　$G_c(s) = \dfrac{0.38s + 1}{0.076s + 1}$。

6-3　$G_c(s) = \dfrac{0.048s + 1}{0.008s + 1}$。

6-4　$G_c(s) = \dfrac{0.22s + 1}{0.05s + 1}$。

6-5　$G_c(s) = \dfrac{20.4s + 1}{180s + 1}$。

6-6　$G_c(s) = \dfrac{11s + 1}{121s + 1}$。

6-7　$G_c(s) = \dfrac{0.31s + 1}{2.51s + 1} \cdot \dfrac{0.09s + 1}{0.01s + 1}$。

6-8　加入前稳态误差为 $e_{ss}(t) = \lim\limits_{s \to 0} sE(s) = \lim\limits_{s \to 0} s\dfrac{s(Ts + 1)}{s(Ts + 1) + K_0} \times \dfrac{R}{s^2} = \dfrac{R}{K_0}$；加入后的稳态

误差为 $e_{ss}(t) = \lim\limits_{s \to 0} sE(s) = \lim\limits_{s \to 0} s\dfrac{T_1 s^2(Ts + 1)}{T_1 s^2(Ts + 1) + K_P K_0(1 + T_1 s)} \times \dfrac{R}{s^2} = 0$。由此可见，采用 PI 控

制器可以消除系统响应匀速信号的稳态误差。PI 控制器改善了给定 1 型系统的稳态性能。

### 第 7 章

7-1　①$X(z) = \dfrac{Tz}{(z-1)^2}$；　②$X(z) = \dfrac{(1 - e^{-aT})z}{(z-1)(z - e^{-aT})}$；

　　③$X(z) = \dfrac{z(z - \cos\omega T)}{z^2 - 2z\cos\omega T + 1}$；　④$X(z) = \dfrac{Tze^{-aT}}{(z - e^{-aT})^2}$。

7-2　①$X(s) = \dfrac{1}{b-a}\left[\dfrac{(e^{-aT} - e^{-bT})z}{(z - e^{-aT})(z - e^{-bT})}\right]$；　②$X(s) = \dfrac{K}{a}\dfrac{z(1 - e^{-aT})}{z^2 - (1 + e^{-aT})z + e^{-aT}}$。

7-3　①$x^*(t) = 10\delta(t - T) + 50\delta(t - 2T) + 210\delta(t - 3T) + \cdots$；

　　②$x^*(t) = \sum\limits_{k=0}^{\infty}(1 - e^{-akT})\delta(t - kT)$；　③$x^*(t) = \sum\limits_{k=0}^{\infty}(-1)^k(1-2)^k\delta(t - kT)$；

　　④$x^*(t) = \dfrac{e^{-t} - e^{-2t}}{(z - e^{-T})(z - e^{-2T})}$。

7-4　$2c(k) - 3c(k-1) + 6c(k-2) = r(k) + 10r(k-1)$。

7-5　$c^*(t) = \delta(t - T) - 25\delta(t - 2T) + 5\delta(t - 3T) - 10\delta(t - 4T) + \cdots$。

7-6　$C(z) = \dfrac{1 - e^{-T}}{z^2(z - e^{-T})}R(z)$。

7-7　$\dfrac{C(z)}{R(z)} = \dfrac{G_1(z)G_2(z)}{1 + G_1(z)G_2H(z)}$。

7-8　解系统的闭环特征根为 $z_1 = -0.1026$，$z_2 = -3.5864$。因为 $|z_2| > 1$，所以该系统不稳定。

7-9　由于劳斯表首列有两次符号改变，故有 2 个根在 $w$ 平面的右半平面，即离散闭环特征方程 $D(z) = 0$ 有两个根在 $z$ 平面以原点为圆心的单位圆外，系统是不稳定的。

7-10　$-1 < K < \dfrac{1 + e^{-T}}{1 - e^{-T}}$。

7-11  $e(\infty)=0.1$。

7-12  $D(z)=\dfrac{2.717(1-0.368z^{-1})(1-0.5z^{-1})}{(1-z^{-1})(1+0.717z^{-1})}$。

## 第8章

8-1  系统平衡状态 $x_e=0$，$-1$，$+1$，其中：$x_e=0$ 是稳定的平衡状态；$x_e=-1$，$+1$ 是不稳定平衡状态。

当 $|x(0)|<1$ 时，系统最终收敛到稳定的平衡状态；当 $|x(0)|>1$ 时，系统发散；$x(0)<-1$ 时，$x(t)\rightarrow-\infty$；$x(0)>1$ 时，$x(t)\rightarrow+\infty$。图略。

8-2  ①平衡点 $x_e=0$。

$$\begin{cases} \mathrm{I}: s^2+s+1=0,\ s_{1,2}=-\dfrac{1}{2}\pm\mathrm{j}\dfrac{\sqrt{3}}{2} & (\text{稳定的焦点}) \\ \mathrm{II}: s^2+s-1=0,\ s_{1,2}=-1.618,\ +0.618 & (\text{鞍点}) \end{cases}$$

②平衡点 $x_e=0$。

$$s^2-2s-1=0,\ \lambda_{1,2}=\begin{cases} 2.414 \\ -0.414 \end{cases} \quad (\text{鞍点})$$

8-3  平衡点 $x_e=k\pi$  $(k=0,\ \pm1,\ \pm2\cdots)$。

当 $k$ 为偶数时：$s^2+1=0$，$\lambda_{1,2}=\pm\mathrm{j}$  （中心点）

当 $k$ 为奇数时：$s^2-1=0$，$\lambda_{1,2}=\pm1$  （鞍点）

8-4  ①图略。分 3 个区域，$T\ddot{e}+\dot{e}=\begin{cases} -M,\ e>0.1 \\ 0,\ -0.1<e<0.1, \\ M,\ e<-0.1 \end{cases}$ 开关线 $e=\pm0.1$。

②系统稳定，$e_{max}=0.1$。

8-5  图略。开关线方程 $\begin{cases} 6c+\dot{c}=18 \\ 6c+\dot{c}=30 \end{cases}$，峰值时间 $20/9$s。

8-6  图略。开关线 $k=0$ 时，$e=0$；$k=0.5$ 时，$\dot{e}=-2e$。加入比例微分控制可以改善系统的稳定性，当微分作用增强时，响应加快。

8-7  $N(A)=\dfrac{B_1}{A}+\mathrm{j}\dfrac{A_1}{A}=\dfrac{3A^2}{4}$

8-8  ①$k$：$0\rightarrow2/3\rightarrow2\rightarrow\infty$

  稳定  自激  不稳定

②$\begin{cases} A=\dfrac{6k-4}{2-k} & (\dfrac{2}{3}<k<2) \\ \omega=1 \end{cases}$

8-9  自持振动角频率随 $T$ 增大而增大，当 $T=0.5$ 时，$\omega=3.18$；当 $T=0.5$ 时，$A=1.18$。自持振动振幅随 $T$ 增大而减小。

8-10  $\omega=3.91$，$A=0.806$；$c(t)$ 的振幅为 $\dfrac{0.806}{5}=0.161$。

8-11  图（a）图略。$G(s)=G_1(s)[1+H_1(s)]$；

  图（b）图略。$G(s)=H_1(s)\dfrac{G_1(s)}{1+G_1(s)}$。

# 参考文献

［1］ DISTEFANO J J, STUBBERUD A R, WILLAMS I J. Feedback and control systems ［M］. 2nd ed. New York: Mc Graw-Hall, 1995.

［2］ 李友善. 自动控制原理 ［M］. 北京：国防工业出版社，1981.

［3］ 胡寿松. 自动控制原理 ［M］. 第5版. 北京：科学出版社，2007.

［4］ 孟华. 自动控制原理 ［M］. 第2版. 北京：机械工业出版社，2013.

［5］ 刘文定，谢克明. 自动控制原理 ［M］. 第3版. 北京：电子工业出版社，2013.

［6］ 熊晓君. 自动控制原理实验教程 ［M］. 北京：机械工业出版社，2013.

［7］ 薛定宇. 控制系统计算机辅助设计：MATLAB语言及应用 ［M］. 北京：清华大学出版社，1996.

［8］ 谢克明. 现代控制理论基础 ［M］. 北京：北京工业大学出版社，2000.

［9］ 绪方胜彦. 现代控制工程 ［M］. 第3版. 卢伯英，等译. 北京：电子工业出版社，2000.

［10］ 陈小琳，自动控制原理例题习题集 ［M］. 北京：国防工业出版社，1982.

［11］ 戴忠达. 自动控制理论基础 ［M］. 北京：清华大学出版社，1997.

［12］ 张爱民. 自动控制理论 ［M］. 北京：清华大学出版社，2006.

［13］ 邹伯敏. 自动控制理论 ［M］. 第2版. 北京：机械工业出版社，2007.

［14］ 夏德铃，翁贻方. 自动控制理论 ［M］. 第2版. 北京：机械工业出版社，2014.

［15］ 吴晓燕，张权选. MATLAB在自动控制中的应用 ［M］. 西安：西安电子科技大学出版社，2006.

［16］ Mathworks Inc. The student edition of Simulix: Dynamic system simulation sofrware for technical education ［M］. New Jersey: Prentice-Hall, 1996.

［17］ ROBERT H B. Modern control systems analysis and design using MATLAB ［M］. Menlo Park California: Addision Wesley Publishing Company, 1993.

［18］ DORF R C, BISHOP R H. Modem Control Systems ［M］. 11th ed. New Jersey: Pearson Education Inc, 2008.

［19］ DORF R C, BISHOP R H. Modern Control Systems ［M］. 12th ed. New Jersey: Pearson Educatin Inc, 2011.